W0173053

JOACHIM EKRUTT

Sterne und Planeten

bestimmen, kennen lernen und erleben

Mit allen wichtigen Himmelsereignissen
bis ins Jahr 2010 und
Lexikon der Himmelskörper

140 Sternkarten, Sternbilder und Grafiken
40 Himmelsfarbfotos

Sternkarten und Grafiken: Wil Tirion

Vorwort/Inhalt

Ein Blick an den Himmel in einer sternklaren Nacht beschert ein eindrucksvolles Naturerlebnis. Doch es ist gar nicht so einfach, sich in dem blinkenden und funkelnden Gewirr zurechtzufinden. Planeten, Sternbilder, Galaxien – wie kann man sie bestimmen? Und es gibt auch noch besondere Himmelserscheinungen, etwa Kometen oder Mond- und Sonnenfinsternisse – wo und wann sind sie zu sehen?

Seit der totalen Sonnenfinsternis am 11. August 1999 ist der Kreis der Himmelsgucker noch größer geworden. Allen, ob Anfängern oder geübten Beobachtern, war der GU Naturführer »Sterne und Planeten« bisher ein praktisches Hilfsmittel und ein informativer Begleiter. Jetzt liegt er aktualisiert bis ins Jahr 2010 vor!

Zunächst bietet eine anschauliche Himmelskunde das nötige Grundwissen. Mit Hilfe der darauf folgenden Sternkarten – der international anerkannte Fachmann Wil Tirion hat sie entwickelt – kann jeder und jede sich auf Anhieb am Himmel orientieren. Sie zeigen jeweils jenen Himmelsausschnitt, den man beim Blick nach Norden beziehungsweise nach Süden sieht, und es sind für jeden Monat die am Abendhimmel mit bloßem Auge gut sichtbaren Sterne und Sternbilder erfasst. Diese Sternkarten gelten weltweit! Wesentliche Himmelsereignisse bis zum Jahr 2010, wie Mond- und Sonnenfinsternisse oder Merkur- und Venusdurchgänge sowie die Sichtbarkeit der Planeten, sind in übersichtlichen Tabellen dargestellt. Ein astronomischer Kalender, in dem wichtige Erscheinungen Monat für Monat aufgelistet sind, führt schließlich durch zehn ereignisreiche Jahre. Am Schluss des Bandes befindet sich ein Lexikon der Himmelskörper – Nachschlagewerk und spannende Lektüre zugleich.

Dieses faszinierende Bestimmungsbuch ist ein Wegweiser zu erlebnisreichen Sternstunden und wird Ihnen den Himmel ein Stück näher bringen.

Der Lagunennebel im Schützen, eine leuchtende Wolke aus Wasserstoffgas (→ Seite 142).

Inhalt

*Foto auf der vorhergehenden Doppelseite: Die
Erde und ihr Begleiter, der Mond.
Foto auf der nachfolgenden Doppelseite: Saturn
und seine Monde. Eine spektakuläre Fotomon-
tage aus Aufnahmen der Raumsonde Voyager I.
Grafik unten: Sternkarte NI/1, Januar-Norden.*

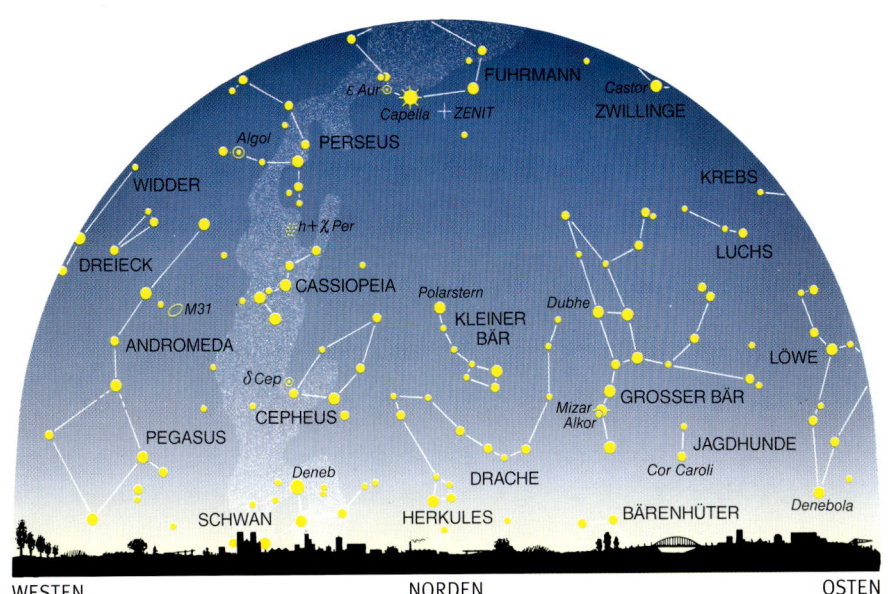

Himmelskunde leicht gemacht

Die Astronomie, die Sternkunde, gehört zu den ältesten Naturwissenschaften. Schon die Menschen der Frühzeit blickten zum gestirnten Himmel. Früh erkannten sie die strenge Gesetzmäßigkeit, mit der sich die Gestirne bewegen. Die wichtigsten Ergebnisse aus jahrtausendelanger Forschung helfen auch heute noch beim Erkennen und Verstehen des Sternenhimmels.

Die Bewegung der Erdkugel

Die Erde ist eine fast exakte Kugel mit einem Durchmesser von 12756 Kilometern. Mit großer Präzision dreht sie sich um ihre Achse, um eine gedachte Linie, die vom Nord- zum Südpol verläuft. Diese Bewegung geht sehr schnell vonstatten. So bewegt sich zum Beispiel am Äquator jeder Punkt der Erdoberfläche mit einer Geschwindigkeit von 1669 Kilometern pro Stunde ständig im Kreis. Doch wir bemerken davon nichts, weil alles mit uns rotiert, die Luft, die Landmassen, die Ozeane und die gesamte natürliche Umgebung.

In 24 Stunden dreht sich die Erde einmal um sich selbst. Dies ist die Grundlage unserer Zeitmessung. Die Erde dreht sich von Westen nach Osten. Ihre Bewegung wäre nur sehr schwer nachweisbar, wenn es nicht die Gestirne weit außerhalb der Erdatmosphäre im Weltall gäbe. Im Unterschied zur Erde sind sie unbeweglich. Wir sehen sie aber, durch die Erddrehung bedingt, in entgegengesetzter Richtung am Himmel wandern, also von Osten nach Westen. Der Aufgang der Sterne, des Mondes, der Sonne und aller anderen Himmelskörper im Osten und ihr Untergang im Westen sind also nur scheinbare Bewegungen, hervorgerufen durch die Rotation der Erde in entgegengesetzter Richtung.

Erst sehr spät, im 19. Jahrhundert, hat man Methoden gefunden, die die Erdbewegung auch ohne Beobachtung der Gestirne zeigen. Die berühmteste ist wohl das »Pendel des Foucault«, ein geniales Experiment, das der französische Physiker Jean Bernard Léon Foucault ersann. Im Jahre 1851 ließ er ein Pendel in der Kuppel des berühmten Pariser Pantheon aufhängen. Da die Erde sich dreht, verschob sich der Fußboden deutlich unter diesem Pendel, das selbst, aufgrund der Trägheit, verharrte. Ein sensationelles Experiment, das im vergangenen Jahrhundert die Menschen fasziniert erkennen ließ, dass die Erde tatsächlich rotiert und nicht etwa die Gestirne in rasender Fahrt um die Erde herumsausen, wie man im Altertum und auch während des Mittelalters lange Zeit vermutete.

Worin Himmelskugel und Erdkugel sich gleichen

Obwohl wir heute wissen, dass es keine Himmelskugel, womöglich noch aus Kristall, gibt, an der die Sterne quasi aufgehängt sind, hat diese alte Vorstellung auch heute noch durchaus einen Sinn. Denken wir uns einmal die Erdkugel aufgeblasen wie einen Ballon, sodass sie an diese scheinbare Himmelskugel stößt. Wäre die Oberfläche dieser aufgeblasenen Erde mit Stempelfarbe versehen, bildeten sich ihre wichtigsten Linien an der Himmelskugel ab. Der Erdäquator (→ Zeichnung Seite 9) würde einen Himmeläquator ergeben, die Längenkreise und Breitenkreise würden sich ebenfalls abbilden. Der Nordpol der Erde würde zum Himmelsnordpol und der Südpol zum Himmelssüdpol. Genauso wird die Himmelskugel auch heute noch von den Astronomen eingeteilt. Der Himmelsäquator teilt die himmlische Kugel in eine Nord- und eine Südhälfte, der Himmelsnordpol und der Himmelssüdpol bezeichnen die Stellen an der Himmelskugel, die sich bei der Rotation nicht bewegen, sondern die Achse des Himmels markieren. Fast genau am Himmelsnordpol steht der berühmte, zur Orientierung sehr wertvolle Polarstern (→ Zeichnung Seite 22), während den Himmelssüdpol kein auffälliger Stern markiert (→ Zeichnung Seite 22).

Worin Himmelskugel und Erdkugel sich gleichen

Mit Hilfe der (gedachten) Himmelskugel und der Erdkugel lassen sich die unterschiedlichen Gestirnsbewegungen leicht klarmachen.

Nordpol, Südpol und Äquator

Ein Beobachter am Nord- oder am Südpol der Erde sähe den Himmelsnordpol beziehungsweise -südpol genau über sich, weil Erd- und Himmelsachse identisch sind. Der Pol steht an der höchsten Stelle des sichtbaren Himmels (→ Zeichnung unten), dem Zenit. Alle Gestirne laufen hier parallel zum Horizont, der die sichtbare Himmelshalbkugel begrenzt. Der Himmelsäquator liegt genau im Horizont. Während des ganzen Jahres ist daher nur eine Himmelshälfte sichtbar. Die Forscher auf der amerikanischen Südpolforschungsstation Scott Amundsen können daher während der südlichen Wintermonate ununterbrochen dieselben Sterne sehen, die sich immer im Kreis um sie drehen.

Das andere Extrem herrscht am Äquator. Hier steigt der Himmelsäquator als gedachte Linie senkrecht am Horizont empor und verläuft durch den Zenit, den höchsten Punkt des Himmels. Himmelsnord- und Himmelssüdpol liegen genau im Horizont. Ein Beobachter kann alle Sterne sehen, die senkrecht im Osten emporsteigen und senkrecht im Westen wieder unter den Horizont versinken.

Für alle geographischen Breiten zwischen diesen beiden extremen Orten ist ein Teil des Himmels immer unsichtbar, und zwar der Himmelsabschnitt, der um den nicht sichtbaren Himmelspol liegt. Also auf der Nordhalbkugel der Erde die Bereiche um den Himmelssüdpol. Der Himmelsabschnitt aber, der dem sichtbaren Pol besonders nahe steht, ist

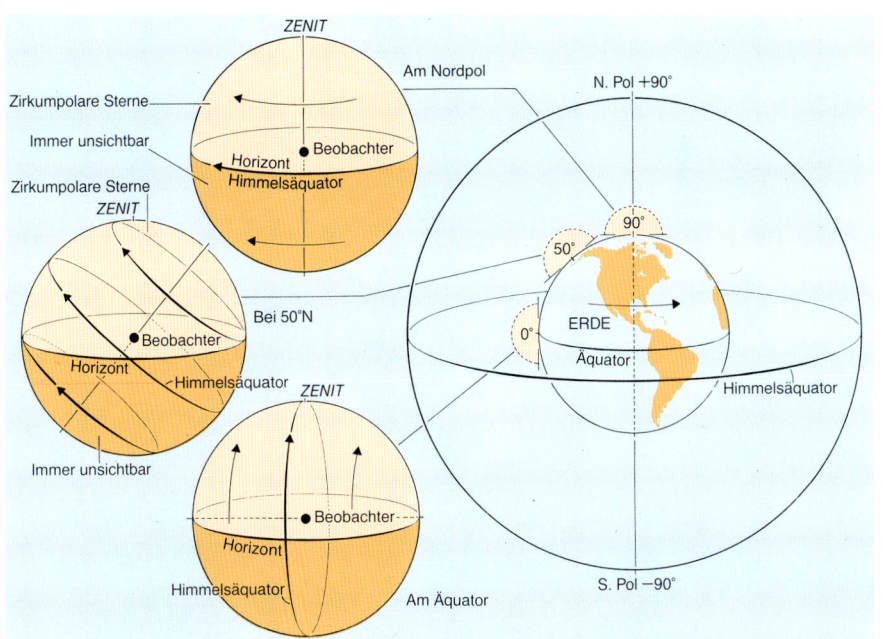

Welchen Himmelsabschnitt sieht ein Beobachter von welchem Breitengrad aus: Am Nordpol bewegen sich die Sterne parallel, am Äquator senkrecht, dazwischen (etwa bei 50° Nord) schräg zum Horizont.

9

Himmelskunde

ständig zu sehen. Die Gestirne in diesem Teil des Himmels gehen nie unter und wandern in Kreisbahnen um den Himmelspol. Solche Sterne, die niemals untergehen, nennt man »Zirkumpolarsterne«, weil sie ständig um den Pol zu kreisen scheinen. Es gibt umso mehr Zirkumpolarsterne, je dichter man zu den Polen hin beobachtet. Dort rotiert eine Himmelshalbkugel parallel zum Horizont, und alle dort sichtbaren Sterne werden zirkumpolar.

Merke: Für die Sternbestimmung entscheidend ist nur der Breitengrad, von dem aus Sie den Himmel beobachten.

Ein Beobachter in Kanada sieht daher dieselben Sterne wie einer in Mitteleuropa oder in Nordjapan, Buenos Aires, Kapstadt und Adelaide in Australien haben denselben Sternenhimmel über sich. Dieselben Sterne sind zirkumpolar und dieselben Sterne sind niemals

sichtbar, weil sie ständig unter dem Horizont bleiben.

Fixsterne sind gar nicht so unverrückbar
Schon die ersten Menschen, die vor mehreren Tausend Jahren den gestirnten Himmel betrachteten, merkten, dass die Gestirne zwar auf- und untergehen, ansonsten aber – mit einigen bemerkenswerten Ausnahmen – ihre Lage zueinander nicht verändern. Sirius zum Beispiel, der hellste aller Sterne, behält ständig seinen Abstand etwa zum Stern Aldebaran oder zu den Zwillingssternen Castor und Pollux bei. Man bezeichnete daher diese Sterne schon sehr früh als Fixsterne, das heißt als Sterne, die scheinbar fix, fest und unverrückbar an der Himmelskugel stehen. Denn noch bevor sich die Menschen darüber klar wurden, dass es in Wirklichkeit die Erde ist, die durch ihre rasche Rotation den Auf- und Untergang der Sterne hervorruft, glaubte man wirklich, alle Gestirne stünden an einer un-

Eine Foto-Langzeit-Belichtung zeigt die Sterne als leuchtende Spur, hervorgerufen durch die Erdrotation.

Sternbilder als Orientierungshilfe

endlich großen, kristallenen Himmelskugel, die sich mit unvorstellbarer Geschwindigkeit um die Erde herum dreht. Heute wissen wir natürlich, dass die Sterne keineswegs fest und unverrückbar an einer scheinbaren Himmelskugel stehen.

Wie die Sternbilder entstanden

Die Fixsterne sind so unvorstellbar weit von der Erde entfernt, dass ihre Bewegung erst in extrem langen Zeiträumen, in mehreren Zehntausend Jahren, zu einer sichtbaren Veränderung des Sternenhimmels führen würde. Die Entfernung der Fixsterne wird daher nicht in Kilometern, sondern in Lichtjahren gemessen. Ein Lichtjahr ist die Strecke, die ein Lichtstrahl (Geschwindigkeit = 300.000 Kilometer pro Sekunde) in einem Jahr zurücklegt. Sie entspricht 9,46, also rund 10 Billionen Kilometern, einer Eins mit 13 Nullen. Selbst der nächste Stern, Alpha Centauri (→ Seite 128, 129), ist 4,3 Lichtjahre entfernt, die meisten anderen noch wesentlich weiter. Bei solchen in der Tat astronomischen Entfernungen schrumpfen große Distanzen zu unermessbar kleinen Winkeln zusammen. Auch heute noch sehen wir die Sterne praktisch in der gleichen Stellung, wie sie schon den Ägyptern oder den Babyloniern vor 4000 bis 5000 Jahren erschienen.

Von dieser Erkenntnis war es nur ein kurzer Schritt bis zur Entstehung der Sternbilder. Schon manche der frühesten Kulturen meinten in den scheinbar ewig gleich bleibenden Positionen der Sterne zueinander charakteristische Figuren zu erkennen, die sie fantasievoll mit Gestalten aus ihren Sagen und Geschichten füllten. So entstanden die Sternbilder, die eines der wichtigsten Symbole des gestirnten Himmels sind und die eine erhebliche Erleichterung bei der Orientierung am Himmel bilden. Selbst in der modernen Astronomie haben sie noch immer eine große Bedeutung. Welche Sternbilder es gibt, wie sie zusammenstehen und welche Geschichten

hinter ihnen verborgen sind, wird bei der Beschreibung des Sternenhimmels jedes Monats erklärt (ab Seite 27).

Die Sonne – Zentralgestirn des Sonnensystems

Der Auf- und Untergang eines Gestirns ist für uns von besonderer Bedeutung, der der Sonne. Auch die Sonne erscheint aufgrund der Erdrotation im Osten, wandert dann über den Himmel zum Süden und geht im Westen unter. Auf der Südhalbkugel der Erde, also etwa in Kapstadt oder Melbourne, erscheint die Sonne ebenfalls am Osthimmel, erreicht im Norden ihre höchste Stellung, um im Westen zu versinken. Ihr Auf- und Untergang bestimmt den hellen Tag und die dunkle Nacht, die wesentlichsten Einteilungen des menschlichen Tagesablaufs.

Wenn die Sonne am Tag über dem Horizont steht, verblassen alle Gestirne in ihrer Umgebung, da sie diese durch ihre extrem große Helligkeit überstrahlt. Die Erdatmosphäre trägt entscheidend zur Dominanz des Sonnenlichts bei, indem sie die Sonnenstrahlen so stark über die ganze sichtbare Himmelshalbkugel streut, dass sich das Licht keines Gestirns mehr durchsetzen kann – mit Ausnahme des Mondes und manchmal auch des Planeten Venus. Beide können, dank ihrer großen Helligkeit, auch am Taghimmel gesehen werden (→ Seite 23, 24). Erst wenn die Sonne abends im Westen versunken ist, werden die Sterne sichtbar.

Der Übergang vom hellen Tag zur dunklen Nacht erfolgt nicht abrupt. Dazwischen liegt die Zeit der Dämmerung, in der es zunächst im Osten allmählich dunkel wird, im Westen aber noch längere Zeit Sonnenschein über den Horizont dringt. Die Sterne werden erst später, nach Sonnenuntergang, sichtbar. Auch die Dämmerung entsteht durch die Erdatmosphäre, die das Sonnenlicht, selbst wenn die Sonne schon unter dem Horizont steht, immer noch über den Himmel wirft.

Himmelskunde

Dämmerung, Mitternachtssonne und Polarnacht

Der Astronom unterscheidet verschiedene Dämmerungsphasen, die immer abhängig von der geographischen Breite sind. Denn die Sonne sinkt, wie die Sterne, unterschiedlich steil zum Horizont (→ Zeichnung unten). Am Äquator, überhaupt in den Tropen, bei geringen geographischen Breiten, ist die Dämmerung deshalb sehr kurz, weil die Sonne senkrecht unter den Horizont wandert und dadurch in sehr kurzer Zeit tief sinkt. In mittleren geographischen Breiten ist diese Zeit wesentlich länger, und schließlich kommen wir in hohen geographischen Breiten in ein Gebiet, in dem die Sonne zu manchen Zeiten des Jahres überhaupt nicht mehr tief genug sinkt, um es richtig dunkel werden zu lassen. Dies ist die Zeit der berühmten Mitternachtssonne, eine Zeit, in der die Sonne nicht mehr untergeht, sondern selbst »zirkumpolar« wird; das heißt, sie geht im Lauf von 24 Stunden, also im Lauf von einer vollen Erdrotation, nicht unter.

Alle Erdorte nördlich des nördlichen beziehungsweise südlich des südlichen Polarkreises, das heißt ab 66 1/2 Grad nördlicher beziehungsweise südlicher geographischer Breite, also zum Beispiel Tromsö und Murmansk, erleben dieses einmalige Phänomen. Mehrere Wochen und Monate geht die Sonne überhaupt nicht mehr unter, während sie ein halbes Jahr später überhaupt nicht mehr aufgeht und wir die Zeit der Polarnacht haben. Ex-

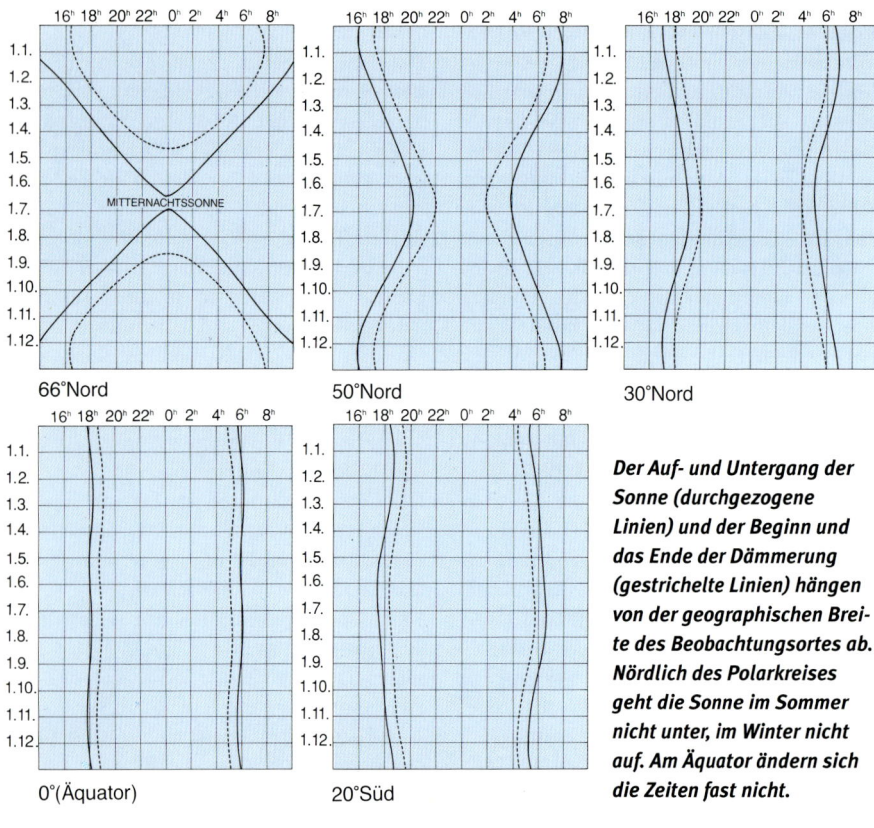

66°Nord 50°Nord 30°Nord

0°(Äquator) 20°Süd

Der Auf- und Untergang der Sonne (durchgezogene Linien) und der Beginn und das Ende der Dämmerung (gestrichelte Linien) hängen von der geographischen Breite des Beobachtungsortes ab. Nördlich des Polarkreises geht die Sonne im Sommer nicht unter, im Winter nicht auf. Am Äquator ändern sich die Zeiten fast nicht.

Sonne, Erde und Jahreszeiten

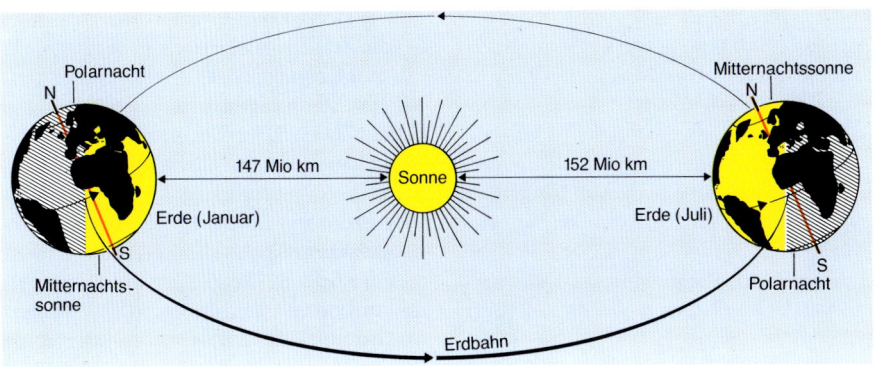

Die Lage der Erdachse (rote Linie) entscheidet über die Jahreszeiten.

tremwerte kommen wieder am Nord- und Südpol vor, wo die Sonne etwas mehr als 6 Monate im Jahr über dem Horizont und etwas weniger als 6 Monate unter dem Horizont steht. Alle diese unterschiedlichen Erscheinungen, die schwankende Tageslänge, Mitternachtssonne, die Polarnacht und die Jahreszeiten, lassen sich auf zwei einfache Ursachen zurückführen: die Bewegung der Erde um die Sonne und die Stellung der Erdachse im Raum (→ Zeichnung oben).

Wie entstehen Jahreszeiten?

Unsere Erde dreht sich nicht nur um sich selbst, sie bewegt sich auch um die Sonne. Die Zeit, die sie dafür benötigt (mit einer durchschnittlichen Geschwindigkeit von 30 Kilometern pro Sekunde), beträgt ein Jahr, die zweite grundlegende Zeiteinheit unserer Zeitmessung. Ganz genau sind es 365 Tage, 5 Stunden, 48 Minuten und 46 Sekunden, die die Erde benötigt, um einmal um die Sonne zu laufen. Sie hat sich also nach einer Umrundung der Sonne rund 365- und 1/4-mal um ihre eigene Achse gedreht. Die Rotationsachse der Erde steht aber nicht senkrecht auf der Erdbahn um die Sonne, sondern sie ist hierzu um genau 66 1/2 Grad geneigt. Dies hat große Konsequenzen. Nur der Schrägstellung der Erdachse zur Erdbahn verdanken wir die

Jahreszeiten und alle vorstehend beschriebenen Erscheinungen.

Die Zeichnung oben verdeutlicht diese Tatsache: Die Erde wendet einmal (Mitte Dezember) ihre südliche Hälfte der Sonne zu, während die nördliche abgewandt ist. Auf der südlichen scheint die Sonne sehr hoch am Himmel und beschreibt eine weit ausholende Bahn, die sie weit mehr als 12 Stunden scheinen lässt.

Auf der Nordhalbkugel sind die Verhältnisse umgekehrt: Die Sonnenstrahlen fallen tief ein; die Polargebiete werden nicht mehr von Sonnenstrahlen erreicht, es herrscht die Zeit der Polarnacht. Auf der Erdsüdhalbkugel haben wir Sommer, auf der Nordhalbkugel Winter.

Ein halbes Jahr später (Mitte Juni) ist es genau umgekehrt. In der Zeit dazwischen (Frühling und Herbst) strahlt die Sonne senkrecht über dem Erdäquator. Die Verhältnisse sind kurzzeitig auf der ganzen Erde gleich. Die Sonne scheint überall 12 Stunden, und die Nacht dauert ebenfalls 12 Stunden (zu den Jahreszeiten vergleiche im Übrigen Seite 104).

Himmelskunde

Welche Uhrzeit gilt wo?

Der Auf- und Untergang der Sonne liefert auch die Basis der Uhrzeit. Unsere Uhren demonstrieren den Lauf des Uhrwerks Erde mit dem Uhrzeiger Sonne. Wir sagen 12 Uhr mittags, wenn die Sonne ihre höchste Stellung im Süden (auf der Südhalbkugel im Norden) erreicht; es ist Mitternacht, wenn die Sonne in ihrer tiefsten Stellung unsichtbar unter dem Horizont steht. Dieses Modell ist stark vereinfacht. Unsere Uhren zeigen die Zeit für einen bestimmten Längengrad auf der Erde an, ihren Takt bestimmt eine Atomuhr. Aber auch die moderne, von Atomuhren definierte Zeit, wird immer noch in unregelmäßigen Abständen an die Stellung der Erde zur Sonne angepasst.

Alle Uhrzeiten in diesem Buch sind in Mitteleuropäischer Zeit (MEZ) angegeben. Die **MEZ** ist die Sonnenzeit, die genau für den 15. Längenkreis östlich von Greenwich gilt. Die Erdkugel wird in Längen- und Breitengrade eingeteilt, wobei die Breitenkreise vom Erdäquator nach Norden und Süden und die Längenkreise von der englischen Sternwarte Greenwich aus nach Osten und Westen zählen. Zur Vereinfachung hat man für praktische Zwecke die Erde in durchschnittlich 15 Grad breite Zonen eingeteilt, in denen jeweils die gleiche Zeit gilt, die so genannte Zonenzeit. Der Zeitunterschied von Zone zu Zone beträgt jeweils 1 Stunde.

Neben der mitteleuropäischen Zeit gilt in Europa die westeuropäische Zeit, die auch als Weltzeit bezeichnet wird, weil viele astronomische Ereignisse in ihr angegeben werden. Sie gilt heute zum Beispiel in Großbritannien und in Portugal. Östlich der MEZ-Zone gilt die osteuropäische Zeit, zum Beispiel in Rumänien, Griechenland und Skandinavien. Mit Hilfe der Weltzeitkarte (→ Zeichnung unten) kann man leicht die MEZ in andere Zeiten umrechnen. Östlich von Europa gelegene Orte addieren die Differenz zu 0 = Deutschland, westliche subtrahieren sie. Wenn auf Seite 104 der Frühlingsanfang zum Beispiel am 20. März 2008 um 6.48 Uhr angegeben ist, bedeutet dies für einen Bewohner in New York 0.48 Uhr, während in Tokio die Uhren bereits 14.48 Uhr angeben.

In vielen Ländern der Erde wird regelmäßig die Sommerzeit eingeführt. Man möchte hiermit im Sommer Energie sparen (so ist die englische Bezeichnung für Sommerzeit: day-

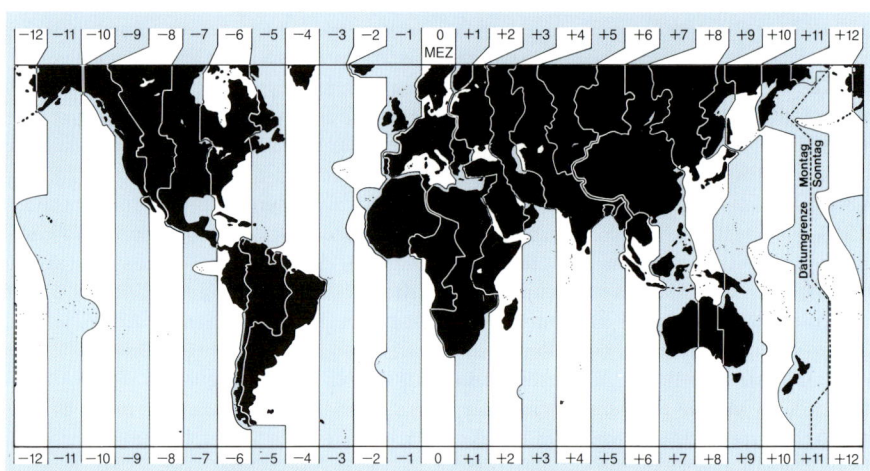

Die Zeitzonen der Erde richten sich im Stundenrhythmus nach den Ländergrenzen.

Ekliptik, die scheinbare Kreisbahn der Sonne

light savingtime, wörtlich übersetzt: Tageslichtsparzeit). Für sieben Monate (in der Europäischen Gemeinschaft immer vom letzten Sonntag im März bis zum letzten Sonntag im Oktober) werden die Uhren um eine Stunde vorgestellt, das heißt, die Zeitzone um eine weitere Zone nach Osten verlagert. Alle Gestirne gehen dann eine Stunde später auf, die Sonne strahlt morgens weniger Licht über noch schlafenden Städten aus und geht eine Stunde später unter. Die Sonne scheint damit abends, künstlich verlängert, eine Stunde länger. Wenn die Sommerzeit gilt, sind alle Zeiten um eine Stunde zu erhöhen. Die MEZ wird dann zur mitteleuropäischen Sommerzeit (MESZ). Aufpassen muss man bei Benutzung der Weltzeitkarte, weil zu unterschiedlichen Zeiten auch in anderen Ländern Sommerzeit gilt. Nur wenn Mitteleuropa und das betreffende Land gleichzeitig Sommerzeit haben, kann die Karte unverändert benutzt werden. Ansonsten ist die Differenz eine Stunde niedriger (Richtung Osten) oder eine Stunde höher (Richtung Westen).

Merke: Um festzustellen, wo auf der Erde wie lange Sommerzeit ist und welche Zeitzone gilt, bieten die Flugpläne der Fluggesellschaften exakte Informationen.

Alles über die scheinbare Sonnenbahn

So wie man die Erdrotation zunächst nur an der scheinbaren Bewegung des Sternenhimmels, am Auf- und Untergang der Fixsterne erkennen konnte – bis solche Experimente wie das berühmte Pendel des Foucault gemacht wurden –, genauso lange war die Bewegung der Erde nur indirekt zu erschließen, nämlich durch Beobachtung der Sonnenbewegung, besser der scheinbaren Sonnenbewegung. Die Sonne steht der Erde erheblich näher als die Fixsterne. Diese sind vielhunderttausendmal weiter von uns weg. Ein Blick auf die Zeichnung oben zeigt, dass man von den unterschiedlichen Positionen der Erde

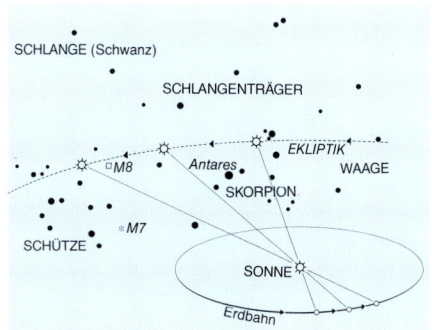

Durch die Bewegung der Erde scheint die Sonne von Stern zu Stern zu wandern.

aus die Sonne **vor** immer anderen Sternen am Himmel stehen sieht. Sie bewegt sich scheinbar vorwärts und ist dabei einmal vor weiter nördlich gelegenen Sternbildern zu sehen und einmal vor weiter südlichen. Diese scheinbare Kreisbahn, welche die Sonne im Lauf eines Jahres am Himmelsgewölbe beschreibt, nennt man **Ekliptik.** Dieser Name stammt von dem griechischen Wort Eklipsos für Finsternis (vergleiche im Englischen: eclipse = Finsternis), weil Sonne und Mond während der berühmten Sonnen- und Mondfinsternisse (→ Seite 108, 112) immer auf eben dieser Linie stehen. Das erkannten bereits die Astronomen in Babylon, Tausend Jahre vor Christus. Die Ekliptik ist eine der wichtigsten Linien am Sternenhimmel. Sie ist in allen Sternkarten gestrichelt eingezeichnet. Die Lage der Ekliptik am Himmel hängt unmittelbar mit der Stellung der Erdachse im Weltraum zusammen. Die scheinbare Sonnenbahn ist exakt um den gleichen Winkel gegen den Himmelsnordpol geneigt wie die Rotationsachse der Erde gegen die Erdbahn (→ Seite 13).

Sternbilder und Tierkreis

Entlang der Ekliptik liegen 12, genau genommen sogar 13 Sternbilder. Die Sonne bewegt sich im Lauf eines Jahres scheinbar immer nur an den Sternen dieser 13 Sternbilder

Himmelskunde

vorüber. Es sind die berühmten Tierkreissternbilder, die zu den ältesten Sternbildern überhaupt gehören. Es sind:

Die Tierkreisbilder

Widder (18.4.)	Skorpion (22.11.)
Stier (13.5.)	Schlangenträger (29.11.)
Zwillinge (21.6.)	Schütze (18.12.)
Krebs (20.7.)	Steinbock (19.1.)
Löwe (10.8.)	Wassermann (16.2.)
Jungfrau (16.9.)	Fische (11.3.)
Waage (30.10.)	

In Klammern steht der Tag, an dem die Sonne das Sternbild erreicht.

Diese Daten haben nichts mit den Horoskopzeiten zu tun.

Der Name Tierkreis ist darum nicht ganz richtig, weil sich zwischen den Tieren auch Menschen befinden (Zwillinge, Jungfrau, Schütze, Wassermann) und ein Gerät (die Waage). Aus dem Rahmen fällt der Schlangenträger, den es im klassischen Tierkreis nicht gab. Er wurde erst, im Zuge einer Neustrukturierung aller Sternbilder am Himmel, 1930 in den Bereich der Ekliptik ausgedehnt (→ Seite 66, 67) und steht neben dem Sternbild Skorpion.

Alle Sterne in direkter Umgebung der hell strahlenden Sonne sind für uns unsichtbar, weil sie mit ihr zusammen über den Tageshimmel wandern. Die jeweils auf der sonnenabgewandten Seite des Himmels stehenden Sternbilder sind dagegen nachts am Himmel erkennbar. Erreicht die Sonne ein halbes Jahr später, bei ihrer scheinbaren Wanderung am Himmel, dann diese Sternbilder, so bleiben sie wiederum unsichtbar. Die zunächst unentdeckbaren, jetzt aber am Himmel der Sonne gegenüberstehenden Sternbilder sind dann nachts zu sehen. Die Sonne entscheidet also darüber, welche Gestirne in den unterschiedlichen Jahreszeiten am Himmel sichtbar sind und welche nicht.

Mond und Planeten

Die Kreisbahn der Sonne, die Ekliptik, ist für die Orientierung am Himmel von großer Bedeutung. Denn auch der Mond und die Planeten bewegen sich ebenfalls alle entlang dieser Linie, das heißt, sie sind immer nur in den 13 Tierkreissternbildern zu sehen. Alle auffälligen Himmelskörper bewegen sich also entlang der Ekliptik.

Der Mond ist nach der Sonne der markanteste Himmelskörper. Er ist neben ihr der einzige, auf dessen Oberfläche man schon mit bloßem Auge Einzelheiten erkennen kann, dunkle und helle Flecken, die man zusammengesetzt auch als den bekannten »Mann im Mond« deuten kann (zum Mond als Himmelskörper → Seite 141, 142). Der Mond bewegt sich einmal im Monat an den Sternen des Tierkreises vorbei und steht maximal 5 Grad nördlich oder südlich der Ekliptik. Bei seiner Bewegung zeigt er den berühmten Phasenwechsel, leuchtet mal als Halbmond, mal als Vollmond und mal überhaupt nicht. Mehrmals im Jahr verursacht er die auffälligsten Himmelserscheinungen, die Sonnen- und Mondfinsternisse. Phasenwechsel und Finsternisse gehören zu den wichtigsten variablen Himmelserscheinungen. Sie sind daher ausführlich ab Seite 105 beschrieben.

Die Planeten sind Himmelskörper wie die Erde, die sich um die Sonne bewegen. Unsere Sonne besitzt 9 Planeten, die bis zu 6 Milliarden Kilometer von ihr entfernt sind und mit unterschiedlicher Geschwindigkeit um sie laufen. Zusammen mit einer unschätzbar großen Zahl kleinerer Gestirne, den Kometen (→ Seite 135), Meteoriten (→ Seite 138) und kleinen Planeten (→ Seite 143, 144) bilden sie das Sonnensystem. Alle Objekte des Sonnensystems werden von der Sonne beleuchtet. Sie werfen ihr Licht auch zur Erde, Fixsterne dagegen und alle anderen Himmelskörper wie Galaxien, Gasnebel, Sternhaufen (→ Seite 132, 142, 150) strahlen aus eigener Kraft, erzeugen ihr eigenes Licht.

Planeten, »Wandelsterne« unseres Sonnensystems

Die Reihenfolge der großen Planeten lässt sich leicht mit einem Merkvers einprägen, bei dem die Anfangsbuchstaben der Worte denen der Planeten entsprechen.

Merke:
Mein **V**ater **e**rklärt **m**ir **j**eden **S**onntag **u**nsere **n**eun **P**laneten.
Dahinter verbergen sich die Planeten **M**erkur – **V**enus – **E**rde – **M**ars – **J**upiter – **S**aturn – **U**ranus – **N**eptun und **P**luto.
Von den 8 Planeten (außer der Erde) sind 5 mit bloßem Auge zu sehen – sie sind gleichzeitig nach Sonne und Mond auch die hellsten Gestirne und überstrahlen fast immer die hellsten Sterne. Sie spielen daher eine ganz erhebliche Rolle bei der Beobachtung des nächtlichen Sternenhimmels, lassen sich aber nicht in die Sternkarten einzeichnen, weil diese für einen möglichst großen Zeitraum gültig sein sollen. Die Planetenstellungen müssten ständig neu eingezeichnet werden, weil die Planeten entlang der Ekliptik von Tierkreissternbild zu Tierkreissternbild wandern, auch dies eine Folge ihrer Bewegung um die Sonne. Sie heißen daher auch »Wandelsterne«. Ihre genaue Position in den einzelnen Jahren wird ab Seite 113 beschrieben.

Neun große Planeten sowie der Komet Halley laufen um die Sonne.
Hier die Planeten Saturn, Jupiter und Mars.

Sterne bestimmen und erleben

Nicht nur theoretisches Rüstzeug, auch praktisches»Gewusst wie«ist für die Beobachtung des Sternenhimmels unerlässlich. Und es ist im Grunde erstaunlich wenig, was man berücksichtigen muss, um sich schnell und sicher in der schier unübersehbaren Vielfalt eines nächtlichen Sternenhimmels zurechtzufinden. Informieren Sie sich hier zunächst über die folgenden Sternkarten.

Was zeigen die Sternkarten?

Die Sternkarten ab Seite 27 zeigen alle Sterne bis zur so genannten 4. Größenklasse, das sind Sterne, die man mit dem bloßen Auge gut erkennen kann. Schwächere Fixsterne, die das bloße Auge gerade noch zu sehen vermag, sind heutzutage ohnehin nur fernab von Großstädten und Lichtquellen unter besten atmosphärischen Bedingungen zu sehen. Durchmesser und Größe des abgebildeten gelben Sternpunktes zeigen die Helligkeit an: Je größer der Punkt, desto heller der Stern. Die zehn hellsten Sterne, die selbst am stark aufgehellten Großstadthimmel sichtbar bleiben, sind mit kleinen Strahlen gekennzeichnet. Sie sind einzeln im Lexikonteil ab Seite 128 beschrieben. Die Verbindungslinien kennzeichnen die Sternbilder. Es gibt heute 88 Sternbilder, die 1930 durch eine Kommission der Internationalen Astronomischen Union festgelegt wurden. Sie überdecken lückenlos den Himmel. Viele davon enthalten aber nur Sterne, die schwächer sind als die 4. Größenklasse. Diese Sternbilder sind nicht erwähnt, sodass die Sternkarten insgesamt 62 gut sichtbare Sternbilder enthalten. Die Verbindungslinien markieren besonders charakteristisch angeordnete Sternfiguren, die auch die Basis für die Sternbildsagen und damit die Benennung dieser Sternbilder ergaben. Jeder Himmelsanblick ist unter den Sternkarten genau beschrieben.

Der Große Bär (Große Wagen) leuchtet über der Sternwarte Calar Alto in Spanien.

Welche Sternkarte gilt wo?

Die Karten sind eingeteilt in drei geographische Breitenzonen (→ Zeichnung Seite 27, 53, 79), und zwar:

1. 40 Grad – 60 Grad Nord (N I)
2. 20 Grad – 40 Grad Nord (N II)
3. 10 Grad – 30 Grad Süd (S)

Man bestimme daher vor der Beobachtung die Zone, in der der Beobachtungsort liegt. Hierbei helfen die jeder Serie vorangestellten Erdkarten.
Als nächstes ist die Uhrzeit festzustellen, zu der man beobachten möchte. Alle Karten gelten exakt für den Anfang des Monats um 23 Uhr, Mitte des Monats für 22 Uhr, Ende des Monats für 21 Uhr.
Wenn Sommerzeit gilt, sind diese Zeiten jeweils um eine Stunde zu erhöhen, also Anfang des Monats 24 Uhr, Mitte des Monats 23 Uhr und Ende des Monats 22 Uhr.
Bei diesen Zeiten benötigt man keine Umrechnung von Zonenzeiten gemäß Zeichnung Seite 14. Es handelt sich um so genannte Ortszeiten, also um Zeiten, die in jeder Zeitzone gelten. Ob man in San Francisco um 23 Uhr zu der dort als Pazific-Standard-Time bezeichneten Zeit beobachtete oder um 23 Uhr MEZ in Österreich, es gilt immer dieselbe Karte. Zwar gibt es in manchen Zeitzonen einen Zeitunterschied von westlicher zu östlicher Grenze von mehr als einer Stunde; diese Ungenauigkeit kann aber bei dem kleinen Maßstab der Karten in Kauf genommen werden. Lediglich wenn die Sommerzeit gilt, heißt es aufpassen, weil sich dann die Gültigkeit der Karten um eine Stunde verschiebt. Dies ist jedoch auf den Karten jeweils vermerkt.
Will man zu anderen Zeiten beobachten, so muss man die Tabelle auf Seite 20 benutzen. Man sucht den Monat in der obersten Zeile und die gewünschte Uhrzeit in der linken Spalte. Am Schnittpunkt steht die Karte, die man benutzen sollte.

Sterne bestimmen

Wie finde ich die richtige Sternkarte

	Jan. A. M.	Feb. A. M.	März A. M.	April A. M.	Mai A. M.	Juni A. M.	Juli A. M.	Aug. A. M.	Sep. A. M.	Okt. A. M.	Nov. A. M.	Dez. A. M.
18–19 Uhr	11	12	1	2	3	4	5	6	7	8	9	10
19–20 Uhr	12	1	2	3	4	5	6	7	8	9	10	11
20–21 Uhr	12	1	2	3	4	5	6	7	8	9	10	11
21–22 Uhr	1	2	3	4	5	6	7	8	9	10	11	12
22–23 Uhr	1	2	3	4	5	6	7	8	9	10	11	12
23–24 Uhr	2	3	4	5	6	7	8	9	10	11	12	1
0–1 Uhr	2	3	4	5	6	7	8	9	10	11	12	1
1–2 Uhr	3	4	5	6	7	8	9	10	11	12	1	2
2–3 Uhr	3	4	5	6	7	8	9	10	11	12	1	2
3–4 Uhr	4	5	6	7	8	9	10	11	12	1	2	3
4–5 Uhr	4	5	6	7	8	9	10	11	12	1	2	3
5–6 Uhr	5	6	7	8	9	10	11	12	1	2	3	4

Wichtiger Hinweis: A = Anfang des Monats, M = Mitte des Monats. Wenn Sommerzeit gilt (normalerweise zwischen April und Oktober), ist die Uhrzeit in der Tabelle eine Stunde später zu setzen. Das heißt für die praktische Beobachtung: Ziehen Sie von der Zeitangabe Ihrer Uhr eine Stunde ab und benutzen Sie mit diesem Wert die oben stehende Tabelle.

Hierzu zwei Beispiele:
Sie möchten in Italien (die Erdkarte zeigt Ihnen, dass Sie die Kartenserie N II verwenden müssen) am 20. Juli um 1 Uhr die Sterne beobachten. Im Juli gilt Sommerzeit, das heißt, es ist eine Stunde von der Zeitangabe Ihrer Uhr abzuziehen, also 24 beziehungsweise 0 Uhr. Der Schnittpunkt der Spalte Mitte Juli und der Zeile 23–24 Uhr ergibt die Ziffer 8. Es gilt also Karte N II/8 auf Seite 68.
Oder: Sie befinden sich in Südafrika und wollen wissen, ob das Kreuz des Südens am 28.12. gegen 3.30 Uhr zu sehen ist. Der 28. Dezember kann bereits zu Anfang Januar gerechnet werden, und beim Schnittpunkt der betreffenden Spalten steht: Nichts! Der fehlende Himmelsausschnitt entspricht dem zwischen den Karten 3 und 4. Sie nehmen daher die Karte S 3 (Südafrika!) auf Seite 85 und ziehen eventuell beim gesuchten Stern, der dicht am Horizont ist, Karte S 4 auf Seite 87 zurate. Stören Sie sich bitte nicht daran, dass Sie jetzt Karten benutzen, auf denen (im ersten Beispiel) August und (im zweiten Beispiel) März steht, obwohl Sie im Juli und Dezember beobachten. Diese Monatsangaben gelten nur für die übliche Beobachtungszeit zwischen 21 und 23 Uhr (beziehungsweise Sommerzeit 22 und 24 Uhr).

Die Sternbildfiguren und ihre Geschichte
Zur Illustration der alten Sternbildsagen sind Ausschnitte aus einem berühmten Himmelsatlas abgebildet, den der Danziger Astronom Johannes Hevelius (1611–1687) schuf. Dort sind die Sagengestalten des Altertums, aber auch Darstellungen neuerer Zeit wiedergegeben. Man sieht an diesen Figuren, dass früher die einzelnen Sterne eine untergeordnete Rolle spielten, weil sie nur als Hintergrund für eine fantasievolle Ausschmückung des Himmels dienten. Nur in wenigen Fällen lassen die am Himmel stehenden Sterne tatsächlich die Herkunft des Sternbildnamens erkennen. Bei einem Vergleich der Sternbildfiguren aus dem Hevelius-Atlas mit den Sternen am Himmel wird man feststellen, dass der Hevelius-Atlas die Sterne seitenverkehrt wiedergibt. Das liegt daran, dass Johannes Hevelius in seinen Atlas den Himmelsanblick wie einen Blick auf ei-

Was die Symbole in den Sternkarten bedeuten

nen Himmelsglobus zeigt, also quasi von außerhalb der gedachten Himmelskugel.

Die besonders hellen Sterne tragen Eigennamen. Die Namen der Sterne wie etwa Sirius, Capella, Aldebaran sind überliefert und, wie die Sternbilder, sehr alt. Während die heutigen Sternbilder überwiegend aus dem Sagenkreis des klassischen Altertums der Griechen stammen, wurden die Sterne von arabischen Astronomen in der Zeit zwischen 600 und 1000 nach Christus getauft.

Schwächere Sterne werden heute nach dem System von Johann Bayer (1572–1625) benannt, einem deutschen Juristen und Astronomen, der 1603 in Augsburg einen berühmten Himmelsatlas, die »Uranometria«, herausgab. In diesem Atlas stellte er nicht nur viele neue Sternbilder vor, die noch heute existieren, er erfand vor allem ein sehr praktisches System der Sternbezeichnung, basierend auf dem griechischen Alphabet. Der hellste Stern erhielt den Namen Alpha (α), der zweithellste Beta (β), und so weiter. Zu dem Alphabetbuchstaben fügte er den Genitiv der lateinischen Sternbildbezeichnung.

Die Sternbezeichnung in den Sternkarten

α Cen = Alpha im Zentaur
(Cen = Centaurus)

δ Cep = Delta im Cepheus (Cep = Cepheus)

ϵ Lyr = Epsilon in der Leier (Lyr = lat. Lyra, Leier)

ϵ Aur = Epsilon im Fuhrmann (Aur = lat. Auriga, Fuhrmann)

η Car = Eta im Schiffskiel (Car = lat. Carina, Schiffskiel)

χ Per = Chi im Perseus (Per = Perseus)

ω Cen = Omega im Zentaur
(Cen = Centaurus)

Später verwendete man auch schlicht Buchstaben, zum Beispiel h Per (= h im Perseus) oder L_2 Pup = L_2 im Hinterdeck (des Schiffes).

Die Symbole in den Sternkarten

Die Sternkarten zeigen außerdem besondere Himmelsobjekte, die mit folgenden Symbolen gekennzeichnet sind:

● **Doppelsterne:** Hier kreisen im Weltenraum mehrere Sterne umeinander, die sich dem bloßen Auge als besonders eng zusammenstehendes Sternenpaar zeigen ($\rightarrow$ Seite 130, 131).

◉ **Veränderliche Sterne:** Diese Sterne verändern im Gegensatz zu den meisten übrigen Fixsternen ihre Helligkeit ($\rightarrow$ Seite 153, 154).

□ **Gasnebel:** Zwischen den Sternen lagern gewaltige Gas- und Staubwolken, die teilweise in wunderbaren Farben und Formen leuchten und mit zu den schönsten Objekten des Himmels gehören ($\rightarrow$ Seite 142, 143).

∴ **Sternhaufen:** Die Sterne stehen nicht gleichmäßig am Himmel verteilt, sondern konzentrieren sich häufig. Eine solche Ansammlung von Sternen bezeichnet man als Sternhaufen. Die Astronomen unterscheiden offene Sternhaufen und Kugelhaufen ($\rightarrow$ Seite 150, 151).

○ **Galaxien:** Galaxien sind Sternsysteme, die in unvorstellbaren Entfernungen, Millionen von Lichtjahren von der Erde entfernt, das Universum erfüllen ($\rightarrow$ Seite 132).

Nebel, Sternhaufen und Galaxien werden auf den Sternkarten mit einem M und einer Nummer bezeichnet, zum Beispiel M 31 oder M 8. Das M steht für Charles Messier, einen französischen Astronomen (1730–1817), der im Jahre 1771 einen Katalog von im Fernrohr nebelig erscheinenden Himmelskörpern veröffentlichte. Noch heute gelten seine Katalogbezeichnungen.

Alle diese Objekte sind bei den Sternkarten ab Seite 27 beziehungsweise im Lexikon der Himmelskörper ab Seite 128 beschrieben.

Sterne bestimmen

Schließlich erscheint als auffälligste Erscheinung am Himmel noch die Milchstraße, die in den Sternkarten als Fläche ausgeführt ist, als ein matt schimmerndes Band. Die Milchstraße besteht aus dem vereinigten Glanz vieler Millionen Sterne, die man einzeln nicht mehr erkennen kann, deren gesammeltes Licht aber deutlich sichtbar wird. Die Milchstraße schlängelt sich mit unterschiedlichen Verästelungen über den gesamten Himmel. Ihr Verlauf und die Besonderheiten ihrer Erscheinung sind ebenfalls bei den Sternkarten sowie im Lexikon der Himmelskörper (→ Seite 139–141) vermerkt.

Welche Sterne erkennt man zuerst?

Wenn Sie festgestellt haben, welche Karte gilt, folgt als nächstes die kurze Orientierung im Gelände, also die ungefähre Festlegung, wo Norden und Süden liegt. Auch hierzu einige Hilfen. Auf der Nordhalbkugel ist der Polarstern ein unverrückbarer Wegweiser, weil er praktisch genau am Nordpol des Himmels steht. Senkrecht darunter liegt im Gelände die Nordrichtung. Den Polarstern und damit den Himmelsnordpol findet man am leichtesten mit Hilfe des bekanntesten Sternbilds, des Großen Wagen (Großer Bär), welches fast bis in die Mitte der Kartenzone N II ein Zirkumpolarsternbild ist, also ein Sternbild, das niemals untergeht.

Merke: Die hinteren beiden Sterne des Sternbilds Großer Wagen (Großer Bär) zeigen in ihrer Verlängerungslinie genau zum Himmelsnordpol. Damit wissen Sie, wo Norden ist (→ Zeichnung unten links).

Auf der Südhalbkugel hilft das Kreuz des Südens, das ebenfalls verhältnismäßig leicht zu finden ist. Die Mittelachse des Sternbilds Kreuz des Südens zeigt in ihrer Verlängerungslinie ungefähr auf den Südpol. Genau darunter im Gelände liegt die Südrichtung (→ Zeichnung unten rechts).

Mit Hilfe dieser ersten Orientierung setzen Sie nun die weitere Himmelserkundung fort.

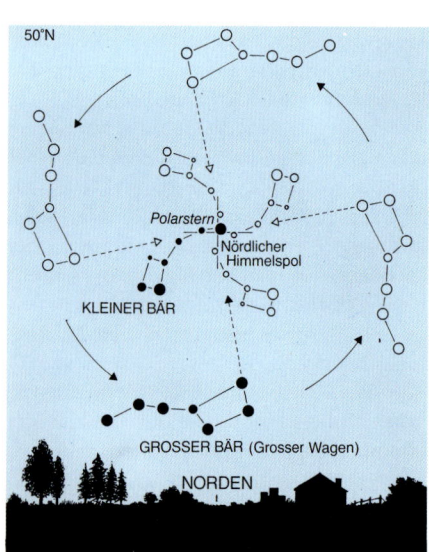

Die Hinterachse des Großen Wagens – sechsmal verlängert – zeigt zum Himmelsnordpol.

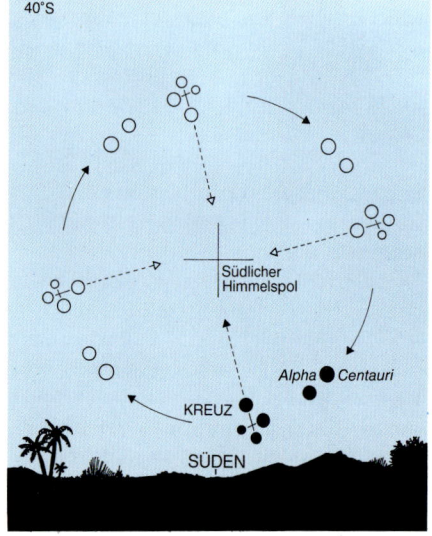

Die Mittelachse des Kreuzes – fünfmal verlängert – zeigt zum Himmelssüdpol.

Sternbilder weisen die Himmelsrichtung

Es ist anschließend verhältnismäßig leicht, durch Vergleich der Sternkarte mit dem Himmel die einzelnen Sternbilder und Sterne zu finden. Am besten beleuchten Sie dazu die Sternkarten mit einer abgedunkelten Taschenlampe. Man sollte bei möglichst dunklem Horizont und wenig Störungen durch Licht beobachten. Dies ist allerdings in Großstädten heute kaum noch möglich. Dort ist der Himmel meistens so aufgehellt, dass man nur die allerhellsten Sterne erkennen kann.

Aus diesem Grunde sind in unseren Karten auch die allerhellsten Sterne, die man selbst über einem extrem hellen Großstadthimmel noch erkennen kann, mit kleinen Strahlen besonders gekennzeichnet. Man sollte daher immer versuchen, zunächst diese Sterne zu finden. Anschließend tastet man sich von diesen ausgehend zu den weniger hellen, die auf der Karte mit kleinerem Durchmesser gekennzeichnet sind.

Bei der Orientierung sollte man nach Sternbildern vorgehen. Die feinen Verbindungslinien zeigen die ungefähren Umrisse der Sternbildfiguren, wie sie am Himmel unmittelbar zu sehen sind. Man geht am besten von dem hellsten sichtbaren Stern aus und versucht, sich die Figur einzuprägen, die seine umgebenden Sterne bilden. Wenn sie mit der Sternkarte übereinstimmt, kann man von dort ausgehend dann zu schwächeren Sternen und Sternbildern vorstoßen. Ohne die auffälligen Figuren der Sternbilder wäre dies wesentlich schwerer.

Unter den Sternkarten sind jeweils die besonders auffälligen Sterne und Sternbilder beschrieben. Hinzu kommen besondere Himmelsereignisse. Die hellsten Himmelskörper überhaupt, die Planeten, sind dort aber nicht verzeichnet, weil sie sich zu schnell bewegen. Erkennt man einen besonders hellen Lichtpunkt, den man nicht mit der Karte in Übereinstimmung bringen kann, so sollte man zunächst überprüfen, ob er auf der Ekliptik steht. Steht der unbekannte helle Lichtpunkt auf der Ekliptik, also in den Tierkreissternbildern, so kann man ab Seite 114 (Tabellen) nachschlagen, um welchen Planeten es sich in dem betreffenden Jahr und Monat handelt.

Praktische Tipps zur Sternbestimmung

Es ist immer sehr schwer, sich am Himmel zu orientieren, wenn nur wenig Sterne sichtbar sind. Man sollte dann lieber etwas warten, und zwar so lange, bis die ersten charakteristischen Sternbildfiguren, also die Lage der einzelnen Sterne zueinander erkennbar wird. Eine sehr gute Hilfe, Sternbilder zu finden, bildet im Norden der bekannte Große Wagen

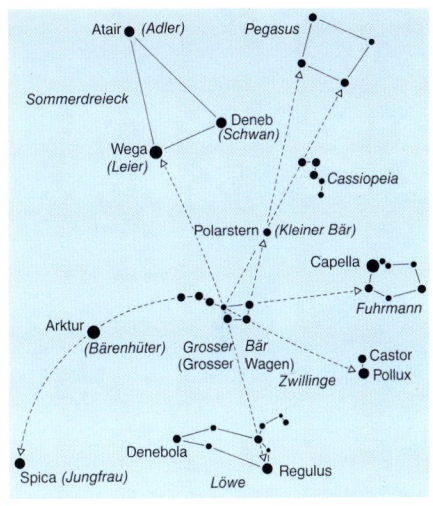

Der Große Bär (Große Wagen) – Wegweiser zu den Sternen.

(Große Bär). Von ihm ausgehend sind nicht nur die Nordrichtung, sondern auch andere Sternbilder leicht zu finden (→ Zeichnung oben).

Wenn die Dämmerung noch nicht weit fortgeschritten ist und der Westhimmel von der untergehenden Sonne stark erleuchtet wird, lassen sich nur die hellsten Planeten erkennen. Ein hell leuchtender Punkt am Westhimmel ist dann fast immer die Venus, der Abend-

Sterne bestimmen

Eine Staubwolke im Orion heißt wegen ihrer Form Pferdekopfnebel. Links im Bild leuchtet ein besonders heller Stern.

stern. Am aufgehellten Morgenhimmel, kurz vor Sonnenaufgang, ist es ebenfalls meistens die Venus, diesmal als Morgenstern (→ Seite 152, 153).

Merke: Das Licht der Planeten flimmert nicht, sondern ist fast immer ruhig. Das Licht der Sterne, vor allem am Horizont, blinkt häufig sehr stark, was durch Turbulenzen in der Erdatmosphäre hervorgerufen wird. Das ruhige Licht der Planeten bildet eines der wichtigsten Unterscheidungsmerkmale zu den Fixsternen.

Informieren Sie sich vor jeder Beobachtung darüber, welche Planeten in welchem Monat zu sehen sind. Auskunft darüber gibt Seite 118 bis Seite 129.

Der Himmel durch das Fernglas gesehen

Alle hier genannten Himmelserscheinungen und Gestirne sind für das bloße Auge gut sichtbar. Himmelskörper, die nur mit dem Fernrohr zu sehen sind, werden nicht beschrieben. Da jedoch heute fast jeder ein Fernglas besitzt, haben wir einige wenige, besonders interessante Himmelsobjekte vorgestellt, die mit dem Fernglas gut sichtbar sind. Für diese Beobachtungen genügt jedes herkömmliche Fernglas. Man sollte es allerdings unbedingt stabil aufstellen. Dies ist leicht mit Hilfe eines Fotostativs und einer kleinen Klemme möglich, die die Mittelachse des Fernglases hält. Beobachtet man aus der freien Hand, so ist die natürliche Bewegung der Hände selbst bei größter Bemühung immer noch zu groß, um ein ruhiges Bild des gestirnten Himmels zu ergeben. Mit Hilfe eines befestigten Feldstechers aber erschließen sich bereits ungeahnte Möglichkeiten. Der Gewinn an sichtbaren Sternen und Himmelskörpern vom bloßen Auge zum Fernglas ist größer als vom Fernglas zu einem mittelgroßen Fernrohr! Die Sonne gehört wie der

Der Himmel durch das Fernglas gesehen

Die Galaxie M 51 im Sternbild Jagdhunde ist 20 Millionen Lichtjahre entfernt.

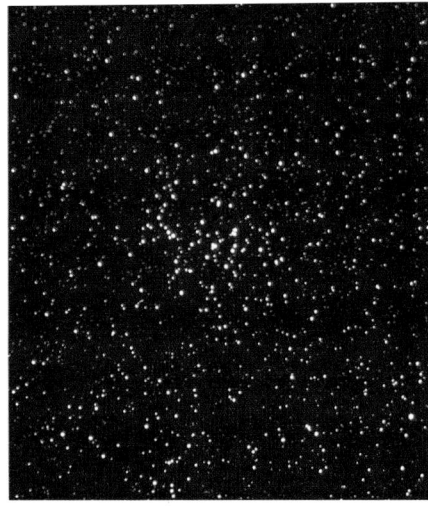

Der Sternhaufen der Praesepe oder Krippe im Sternbild Krebs (→ Seite 146).

Mond zu den Himmelskörpern, auf denen man mit einem kleinen Fernglas bereits viele Einzelheiten erkennen kann, insbesondere die berühmten Sonnenflecken (→ Seite 149, 150).

Merke: Die Sonne ist so hell, dass man schon mit bloßem Auge nicht in sie hineinsehen kann, geschweige denn mit einem Fernglas. Würde man dies ohne Schutz tun, wäre die sofortige Zerstörung des Auges die Folge. Die Sonne darf man daher mit einem Fernglas nur durch dichte Schutzfilter beobachten. Noch besser ist es, die Sonne hinter dem Feldstecher auf ein Stück weißes Papier zu projizieren und sie dort völlig ungefährdet wie ein Dia auf der Leinwand anzusehen.

Ansonsten empfiehlt es sich, die hier für das bloße Auge dargestellten und beschriebenen Objekte einmal im Fernglas anzusehen. Einen Fehler sollte man allerdings von vornherein vermeiden, um nicht eine große Enttäuschung zu erleben. Farben kann man am Himmel weder mit dem bloßen Auge noch

mit dem Fernglas erkennen. Nur besonders helle Gestirne zeigen Spuren einer Färbung, zum Beispiel der Mars und die Beteigeuze leicht rötlich, der Jupiter erscheint gelblich, der Stern Sirius weiß. Alle anderen Objekte, insbesondere die entfernten Gasnebel und fremde Galaxien, erscheinen selbst im Fernglas nur als winzige, matt schimmernde, unscheinbare Fleckchen. Die berühmten Farbaufnahmen der großen Sternwarten geben ein falsches Bild von der Wirklichkeit. Diese Aufnahmen sind mit Großteleskopen, teilweise stundenlanger Belichtungszeit und anschließender komplizierter fotografischer Bearbeitung hergestellt worden. Sie zeigen keine dem Auge unmittelbar zugänglichen Farben, sondern geben die unterschiedlichen Wellenlängen wieder, in denen die Objekte strahlen. Lange Wellenlängen erscheinen rot, kurze Wellenlängen blau. Wenn man sich dies vergegenwärtigt, dürfte es bei der Beobachtung des faszinierenden Sternenhimmels keine Enttäuschungen geben.

Sternkarten N I

Die Kartenserie N I zeigt den Sternenhimmel für alle Länder und Städte, die auf einer geographischen Breite zwischen 40 und 60 Grad Nord liegen.

Je weiter im Süden dieser Zone beobachtet wird, umso höher stehen die Sterne am südlichen Himmel und umso tiefer im Norden. Umgekehrt sinken die Sterne im Süden und steigen im Norden, wenn man sich der nördlichen Grenze bei 60 Grad Nord nähert. Die Stellung der Sterne zueinander ändert sich natürlich nicht.

Alle Sternkarten zeigen den Nachthimmel Anfang des Monats 23 Uhr, Mitte des Monats 22 Uhr und Ende des Monats 21 Uhr. Wenn die Sommerzeit gilt, lauten die entsprechenden Zeiten 24 Uhr, 23 Uhr und 22 Uhr. Wenn man zu anderen Zeiten beobachten will, muss man die Tabelle auf Seite 20 zurate ziehen. Während der Sommermonate wird es in Ländern nördlich des 55. Breitenkreises nicht dunkel genug, um alle Sterne sehen zu können. Nördlich des Polarkreises scheint die Sonne 24 Stunden lang.

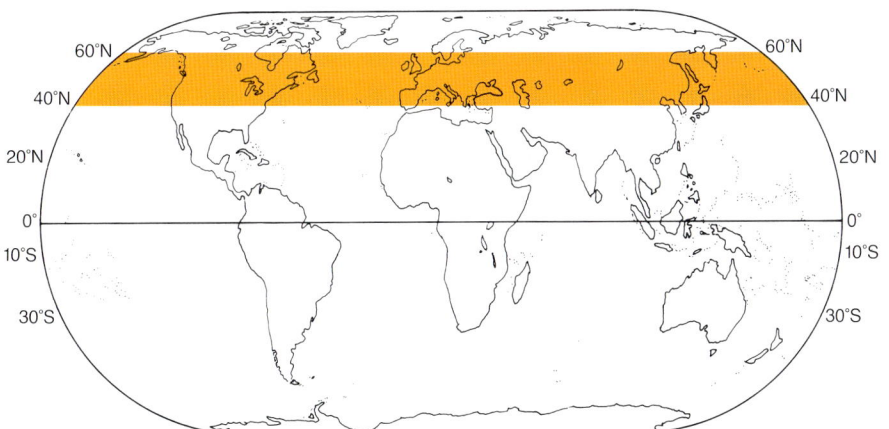

Die Sternkarten N I gelten für folgende Länder: Skandinavien, Deutschland, Beneluxländer, Österreich, Schweiz, Norditalien, Frankreich, Großbritannien, Polen, Tschechien, Ungarn, Rumänien, Jugoslawien, Bulgarien, alle Staaten der nördlichen USA, Kanada sowie die ehemalige GUS.

Was die Symbole in den Sternkarten zeigen:
- ● = Doppelsterne: Besonders eng zusammenstehende Sternenpaare.
- ◉ = Veränderliche Sterne: Diese Sterne verändern ihre Helligkeit.
- □ = Nebel: Farbig leuchtende Gas- und Staubwolken.
- ∴ = Sternhaufen: Sternansammlungen, die konzentriert an einer Stelle stehen.
- O = Galaxien: Sternsysteme (eine unter vielen ist die Milchstraße).

Zur Helligkeit und Größe der eingezeichneten Sterne:
0 = ✸ Hellste Sterne. Auch am Großstadthimmel gut sichtbare Sterne.
1 = ● 2 = ● 3 = ● 4 = •
Größenklassen von 0 bis 4. Je kleiner die Zahl, desto heller der Stern.

Der Andromedanebel ist eine Galaxie in 2,2 Millionen Lichtjahren Entfernung.

Januar

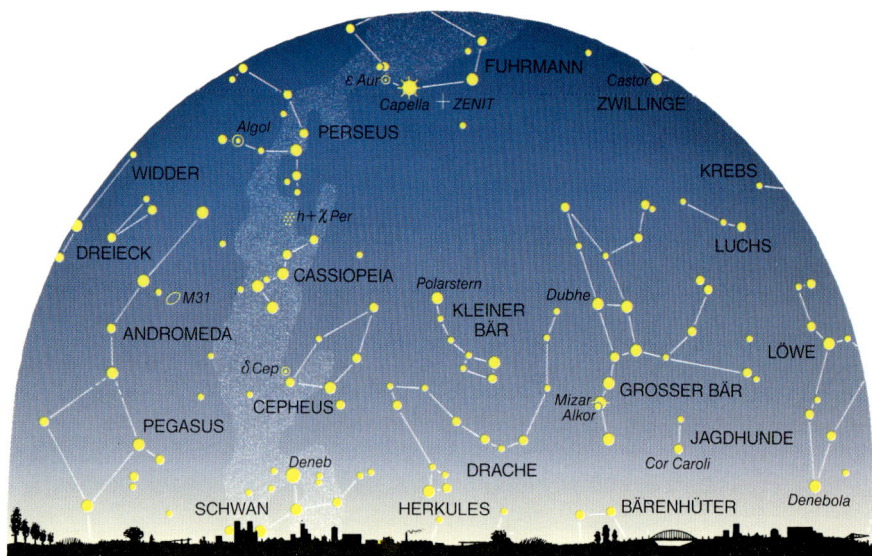

WESTEN   NORDEN   OSTEN

Der abendliche Sternenhimmel im Januar zeigt schon einige der schönsten Anblicke des Jahres. Im Süden sind alle Wintersternbilder gut zu sehen, vor allem der Orion, der besonders viele helle Sterne in sich vereinigt, und Sirius, der hellste Fixstern des Himmels. Die Milchstraße zieht steil vom Südosten zum Nordwesten, wo sie im Sternbild Schwan unter dem Horizont versinkt. Die Ekliptik, die scheinbare Sonnenbahn am Himmel, auf der auch alle Planeten wandern, steht hoch am Südhimmel, sodass der Januarhimmel in manchen Jahren auch von hellen Planeten bereichert wird.

Ebenso interessant ist der Blick nach Norden. Neben dem Großen Wagen im Nord-osten und dem deutlichen Viereck des Pegasus fällt hier ein Sternbild auf, das neben dem Großen Wagen oder Großen Bären zu den bekanntesten gehört: **Cassiopeia.** Ihre fünf Sterne formen gut sichtbar den Buchstaben W, weshalb sie auch als das Himmels-W bekannt ist. Diese auffällige Anordnung der Sterne verführte schon immer zu allerlei Fantasien über die Bildung von Sternbildern. Man sah dort eine Hand oder ein angewinkeltes Bein, vor allem aber eine sitzende Frauengestalt, eine Vorstellung, die auch zum heutigen Namen Cassiopeia führte.

In der griechischen Mythologie war Cassiopeia eine Königin, die zusammen mit ihrem Mann, Cepheus, über Äthio-pien herrschte. Beide hatten eine Tochter, Andromeda, ein bildschönes Mädchen. Ihre Mutter Cassiopeia prahlte, Andromeda sei schöner als die Nereiden, die Töchter des Meeresgottes Poseidon. Diese beklagten sich über eine solche Anmaßung bei ihrem Vater, der daraufhin ein Meeresungeheuer schickte, das die Küsten Äthiopiens verwüstete. In seiner Not sandte der Vater Cepheus einen Boten zum Orakel in Delphi und fragte um Rat. Die schreckliche Antwort lautete: Nur wenn man Andromeda jenem Meerungeheuer opfere, würde Äthiopien befreit werden. In ihrer Not folgten Cepheus und Cassiopeia diesem schrecklichen Ratschlag und ketteten ihre Tochter Andro-

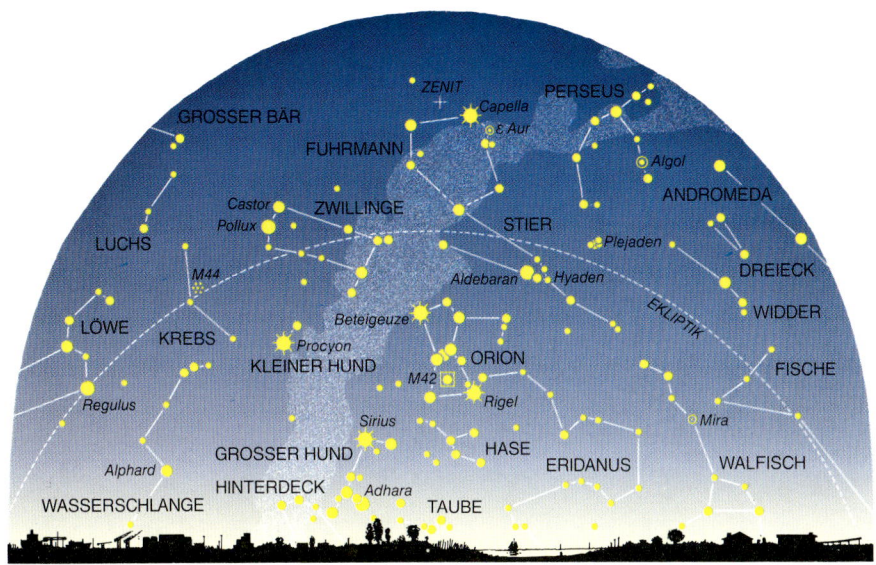

OSTEN SÜDEN WESTEN

meda an einen Felsen im Meer. Schon nahte das Meeresungeheuer, um Andromeda zu verschlingen. Doch in der höchsten Not kam der Held Perseus. Er nahm sofort den Kampf mit dem Meeresungeheuer auf, und nach langem, erbittertem Ringen gelang es ihm, das Ungeheuer zu besiegen und zu töten. Er befreite Andromeda und brachte sie zu ihren Eltern Cepheus und Cassiopeia. Diese dankten ihm überschwenglich und gaben ihm Andromeda, in die sich Perseus inzwischen unsterblich verliebt hatte, zur Frau, ja sogar das ganze Königreich Äthiopien als Mitgift. Zur Erinnerung an diese gewaltige Auseinandersetzung setzten die Götter alle Beteiligten an den Sternenhimmel; neben Cepheus und Cassiopeia auch ihre Tochter Andromeda und den Helden Perseus, ja sogar das Meeresungeheuer in Gestalt des Sternbildes Walfisch. Im Januar kann dies ebenfalls über dem Südwesthorizont gesehen werden.

Cassiopeia

Februar

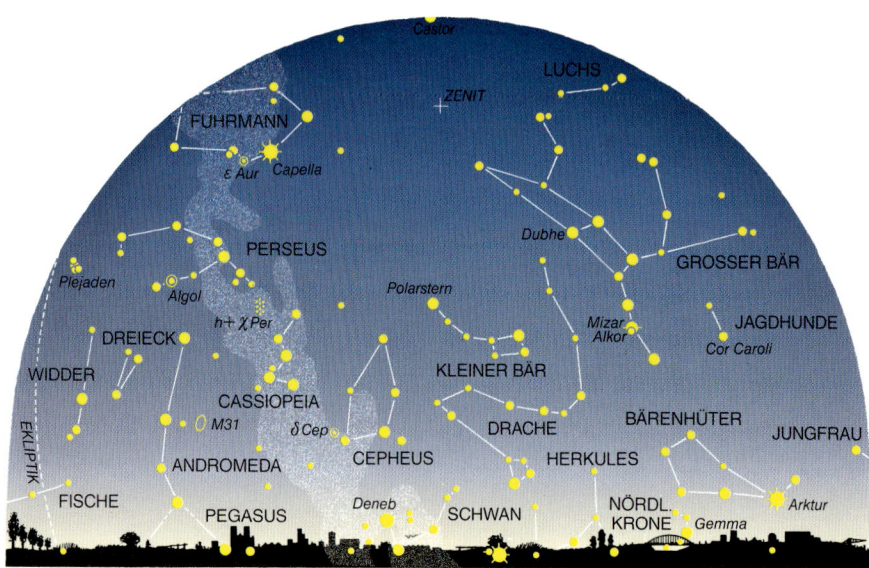

WESTEN   NORDEN   OSTEN

Der Nordhimmel wird von den Sternbildern eines bekannten Sagenkreises der griechischen Mythologie, von Cassiopeia, Cepheus, Andromeda und von **Perseus** beherrscht. Perseus war der Sohn des höchsten griechischen Gottes Zeus und der Danae. Seine göttliche Herkunft ließ ihn große Abenteuer bestehen, zum Beispiel die Befreiung der Andromeda aus den Fängen eines Meeresungeheuers, des heutigen Sternbilds Walfisch (→ Seite 74, 75). Eine weitere Tat war der Kampf mit der Gorgone Medusa, einem grässlichen Wesen, bei dessen Anblick jeder vor Schreck zu Stein erstarrte, die Perseus aber trotzdem besiegen konnte. Die Griechen stellten sich Perseus

am Sternenhimmel so vor, dass das Haupt der Medusa direkt an der Stelle des Sterns Algol stand, wie der Himmelsatlas von Johannes Hevelius von 1690 in seiner eindrucksvollen Grafik deutlich zeigt. Der Stern Algol, auch Teufelsstern genannt, verändert in regelmäßigem Rhythmus seine Helligkeit (→ Seite 128). Doch daneben enthal-

Perseus

30

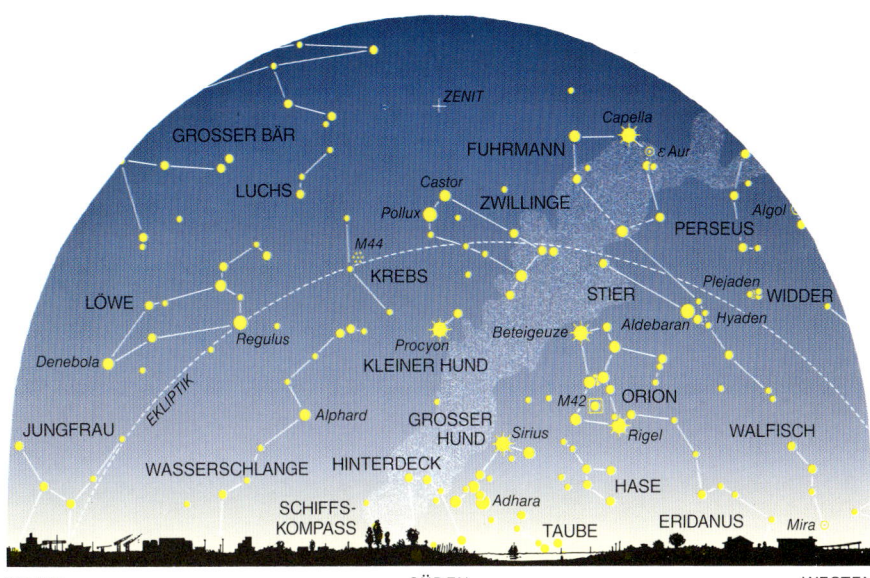

ten die Sternbilder der Perseussage noch eine Reihe weiterer auffälliger Himmelskörper, die im Februar gut zu sehen sind. Im Sternbild Cepheus leuchtet zum Beispiel der Stern Delta Cephei. Auch er ist ein veränderlicher Stern, allerdings aus ganz anderen Gründen als der Stern Algol. Der Perseus enthält den Doppelsternhaufen h und χ (chi) Persei, der vor allem im Fernglas eine auffällige Erscheinung bietet. Sternhaufen sind Ansammlungen von vielen Hundert bis mehreren Tausend Fixsternen, die durch ihre gegenseitige Anziehungskraft im Weltraum zusammengehalten werden (→ Seite 150).

Das auffälligste und interessanteste Objekt enthält die Andromeda, den Andromedanebel M 31. Der Andromedanebel ist ein gigantisches Sternsystem in der unvorstellbaren Entfernung von 2,2 Millionen Lichtjahren (→ Seite 133). In klaren Nächten kann man hier deutlich eine matt schimmernde, kleine Spindel erkennen (→ Foto Seite 26). Jeder Lichtstrahl jagte 2,2 Millionen Jahre durchs All, bevor er die Erde erreichte. M 31 lässt sich mit Hilfe des Sternbilds Cassiopeia, des himmlischen W (→ Januar), finden. Wenn man das himmlische W genau betrachtet, sieht man deutlich, dass der rechte Bogen wie eine kleine Pfeilspitze auf M 31 hinweist.

Vor über 400 Jahren ereignete sich im Sternbild Cassiopeia eine besonders brillante Erscheinung am Himmel. Im Jahre 1572 leuchtete dort ein neuer Stern auf, der über mehrere Wochen heller war als die Venus und damals einen heute kaum noch vorstellbaren Eindruck auf die Menschen machte. Der dänische Astronom Tycho Brahe beobachtete diesen neuen Stern besonders genau, weshalb er auch als »Tychos Stern« in die Geschichte einging. Heute wissen wir, dass dort 1572 eine Supernova explodierte, eine der gigantischsten Himmelserscheinungen, die bis heute beobachtet wurden (→ Lexikon der Himmelskörper, Seite 151, 152).

März

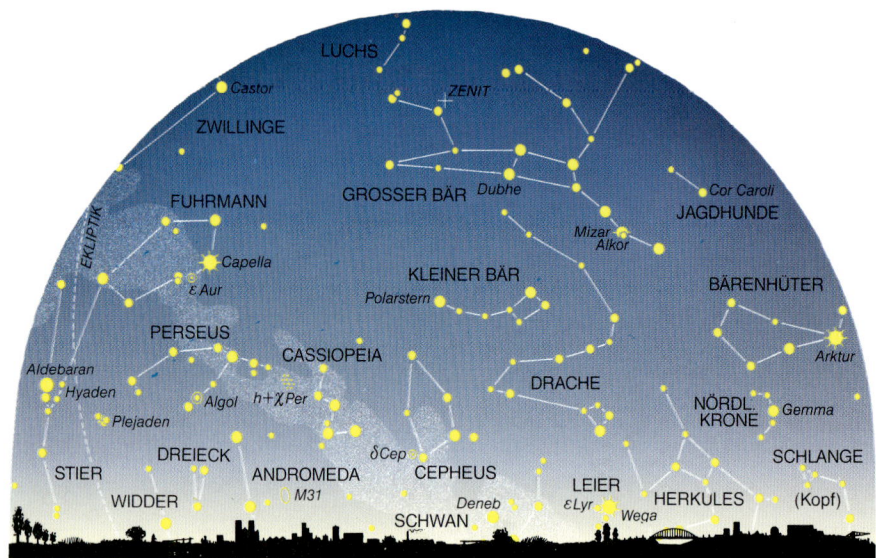

LUCHS
Castor
ZENIT
ZWILLINGE
FUHRMANN
GROSSER BÄR Dubhe
JAGDHUNDE
Cor Caroli
Mizar
Alkor
KLEINER BÄR
Capella
ε Aur
Polarstern
BÄRENHÜTER
PERSEUS
CASSIOPEIA
Arktur
Aldebaran
Hyaden
Algol h+χ Per
DRACHE
NÖRDL.
KRONE
Gemma
Plejaden
DREIECK
δ Cep
SCHLANGE
STIER
ANDROMEDA
CEPHEUS
LEIER
HERKULES
WIDDER
M31
Deneb
ε Lyr
Wega
(Kopf)
SCHWAN

WESTEN

NORDEN

OSTEN

Der März ist der Monat des Frühlingsanfangs auf der Nordhalbkugel der Erde. Und gleichzeitig beginnt im März in vielen Ländern die Sommerzeit. Die Tage werden von nun an länger als die Nächte, und durch den späteren Sonnenuntergang setzt auch die Sichtbarkeit der Sterne später ein.

Während im Süden die Wintersternbilder, vor allem der Orion und der Sirius, bereits am frühen Abend untergehen, erreicht im Norden das wohl berühmteste Sternbild des Nordhimmels seine höchste und beste Stellung. Es ist der **Große Bär,** auch als **Großer Wagen** bekannt. Der Große Wagen gehört zu den wenigen Sternbildern, bei denen sich sofort die Herkunft

des Namens erkennen lässt. Man sieht vier Sterne, die den Wagenkasten formen, und drei leicht gekrümmt angeordnete, nach vorne weisende, die die Deichsel bilden. Es gibt allerdings auch andere populäre Bezeichnungen. So heißt das Sternbild in Nordamerika etwa der Große Schöpflöffel (big dipper). Der offizielle Name lautet Großer Bär, genauer Große Bärin. Viele verschiedene Sagen wurden über dieses auffällige Sternbild erzählt. Die wohl bekannteste identifiziert die Große Bärin mit der Nymphe Callisto, einem wunderschönen Mädchen, in das sich der höchste Gott Zeus verliebte. Seine Frau, die Göttermutter Hera, war darüber so erzürnt, dass sie die Callisto in eine

Bärin verwandelte und in die Wälder Arkadiens trieb. Sie quälte sie derartig, dass sich Zeus schließlich ihrer erbarmte und sie an den Himmel setzte, als Sternbild, das niemals untergeht, sodass er sie während des ganzen Jahres immer vor Augen hatte. Die Deichsel unseres Bärenwagens wurde zum Bärenschwanz, allerdings zu einem erstaunlich langen, was die Illustration aus dem Heveliusatlas deutlich zeigt. Unsere irdischen Bären haben ja nur kurze Stummelschwänze. Erklärend dazu heißt es: Als Zeus seine Geliebte Callisto vor seiner Frau Hera retten wollte, schleuderte er sie an ihrem Stummelschwanz, der sich dadurch extrem in die Länge zog, an den Himmel.

1. März 23 Uhr · 15. März 22 Uhr · 31. März 21 Uhr

Bei Sommerzeit
1 Stunde hinzurechnen

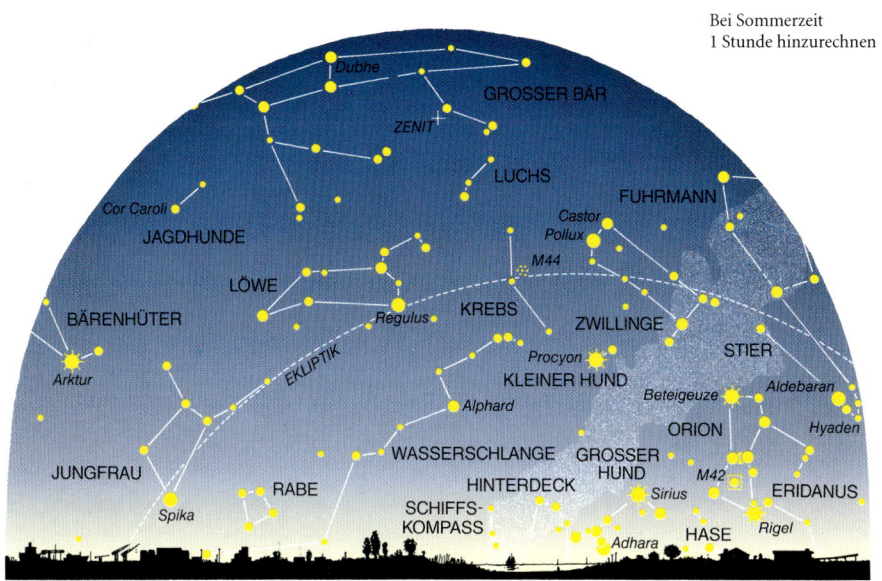

OSTEN · SÜDEN · WESTEN

Der Große Bär oder Große Wagen eignet sich hervorragend zum Auffinden anderer Sternbilder, weil er in jeder Nacht in höheren nördlichen Breiten sichtbar ist (er ist zirkumpolar) und weil seine auffällig angeordneten Sterne schon am Dämmerungshimmel sofort erkannt werden können. Die bekannteste Regel besagt, dass man die Linie zwischen den beiden hintersten Sternen seines Wagenkastens über den Stern Dubhe hinaus fünfmal verlängern muss, um den bekannten Polarstern genau im Norden zu finden (→ Seite 22).

Der mittlere der drei Deichselsterne des Wagens oder der Schwanzsterne beim Großen Bären ist besonders bekannt. Der hellste Stern hier heißt Mizar. Daneben erkennt man einen lichtschwächeren, Alkor, übersetzt »Reiterlein«. Man stellte sich vor, dass Alkor wie ein kleiner Reiter auf der Deichsel des Wagens sitzt. Mizar und Alkor sind auch als Augenprüfer bekannt, als zwei Sterne, die nur ein gutes Auge auch wirklich als zwei voneinander trennen kann (→ Seite 131).

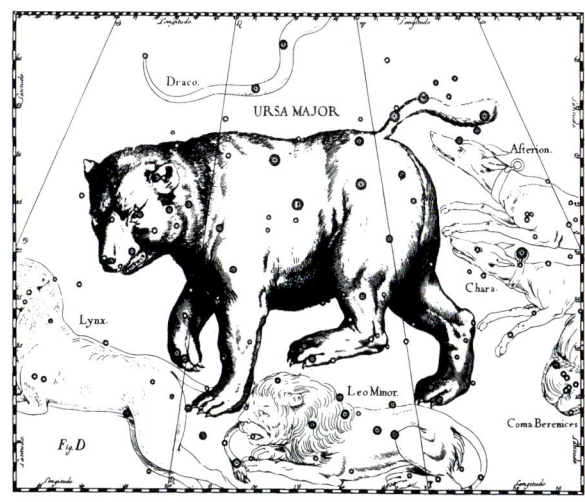

Großer Bär (Großer Wagen)

April

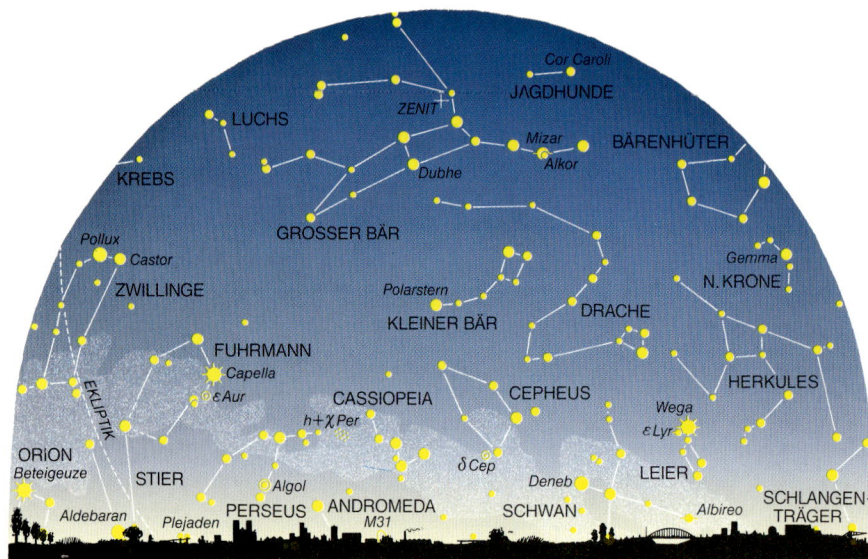

WESTEN NORDEN OSTEN

Die nördlichen Sternbilder dominieren ab April. Im Süden lassen sich nur drei auffällige Sterne sehen, nämlich Regulus, Spika und Arktur, die man auch als das Frühlingsdreieck bezeichnet. Der Große Bär oder Große Wagen sowie die ihn begleitenden Sternbilder erreichen jetzt ihre höchste Stellung, ja der Große Bär steht sogar fast im Zenit senkrecht über dem Beobachter.

Mit Hilfe des Großen Bären ermittelt man leicht einen der bekanntesten Sterne des Nordhimmels – den Polarstern. Der Polarstern ist der auffälligste Stern im Kleinen Bären, der fast genau am Himmelsnordpol steht und sich während des Jahres kaum bewegt (→ Seite 22, 23). In sei-

nem Drama »Julius Cäsar« lässt William Shakespeare Cäsar sagen:

»Doch ich bin standhaft wie des Nordens Stern, des unverrückte, ewig stete Art nicht

ihresgleichen hat am Firmament. Der Himmel prunkt mit Sternen ohne Zahl, und Feuer sind sie all, und jeder leuchtet, doch einer nur behauptet seinen Stand.«

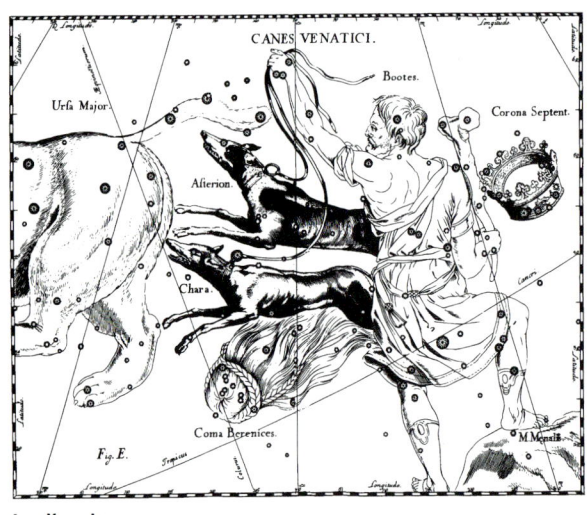

Jagdhunde

1. April 23 Uhr · 15. April 22 Uhr · 30. April 21 Uhr

Bei Sommerzeit
1 Stunde hinzurechnen

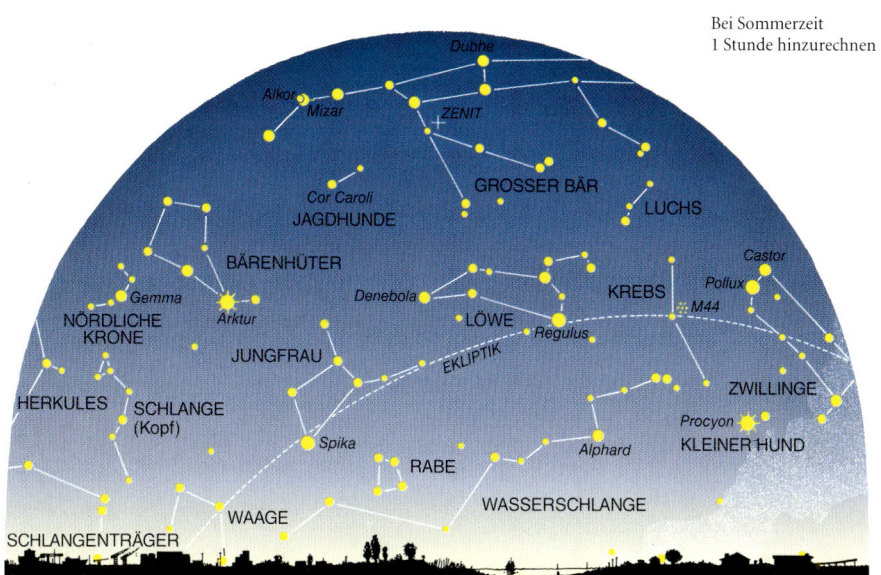

OSTEN · SÜDEN · WESTEN

Die moderne Astronomie hat den Polarstern ebenfalls als ungewöhnliches Objekt entlarvt. Er ist ein Doppelstern; sein Begleiter kann allerdings nur mit dem Fernrohr gesehen werden. Seine Helligkeit schwankt leicht, und man schätzt, dass er in einer Entfernung von etwa 360 Lichtjahren 1600-mal heller leuchtet als die Sonne. Er gehört zu den Riesensternen am Himmel.

Ebenfalls sehr hoch lässt sich im April ein Sternbild unterhalb der drei Deichselsterne des Großen Wagen beziehungsweise Schwanzsterne des Großen Bären sehen: die **Jagdhunde**. Die Jagdhunde sind eines der wenigen Sternbilder am nördlichen Himmel, die nicht aus der Sagenwelt des klassischen Altertums stammen, sondern erst um 1650 von Johannes Hevelius gebildet wurden, aus dessen Atlas die hier vorgestellten Darstellungen der alten Sternbilder stammen. Der hellste Stern der Jagdhunde heißt Cor Caroli, das heißt Herz Karls. Die meisten Namen einzelner Sterne, die wir heute benutzen, wie Mizar, Alkor, Dubhe, Arktur, stammen von arabischen Astronomen aus dem 1. Jahrtausend n. Chr. Der Stern Cor Caroli dagegen wurde erst 1725 von dem englischen Astronomen Edmond Halley benannt, der seinen Namen auch dem berühmten Kometen Halley (→ Seite 135) gab. Als nach der kurzen Zeit der englischen Republik unter Oliver Cromwell im 17. Jahrhundert König Karl II. die Monarchie wiederherstellte, soll am 29. Mai 1660 bei seiner Rückkehr nach London dieser Stern besonders hell geschienen haben, was allerdings nur eine hübsche Legende ist. Cor Caroli besitzt eines der stärksten Magnetfelder, das man bisher beobachtet hat.

Mai

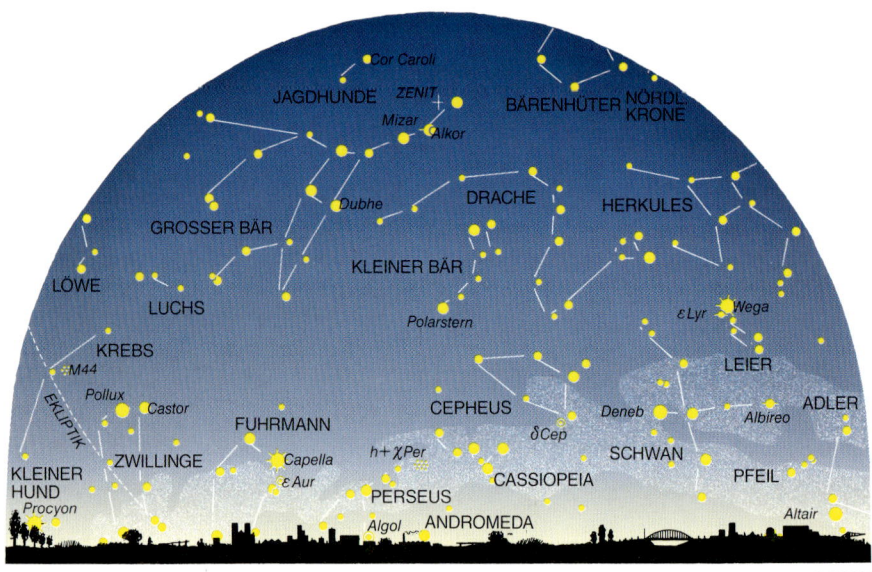

Cor Caroli

JAGDHUNDE ZENIT BÄRENHÜTER NÖRDL. KRONE

Mizar Alkor

DRACHE HERKULES

Dubhe

GROSSER BÄR

KLEINER BÄR

LÖWE

LUCHS ε Lyr Wega

Polarstern

KREBS LEIER

M44

Pollux CEPHEUS Deneb Albireo ADLER

Castor

EKLIPTIK FUHRMANN δ Cep SCHWAN

KLEINER ZWILLINGE Capella h+χ Per PFEIL

HUND ε Aur CASSIOPEIA

Procyon PERSEUS Altair

Algol ANDROMEDA

WESTEN   **NORDEN**   **OSTEN**

Der Sternenhimmel ändert von Monat zu Monat sein Aussehen. Weil die Sonne sich in einem Jahr durch die Tierkreissternbilder bewegt (→ Einleitung, ab Seite 8), lässt sie am Himmel immer andere Sterne im jährlichen Rhythmus auftauchen. Mit dem Kommen und Gehen der Sternbilder ändert sich auch die Lage der Milchstraße, die im Mai nur tief am Nordhimmel parallel zum Horizont verläuft. Um sie jetzt zu sehen, muss man besonders gute Sichtbarkeitsbedingungen haben.

Am Südhimmel leuchtet das Frühlingsdreieck aus den Sternen Arktur, Spika und Regulus. Arktur ist der hellste Stern der nördlichen Himmelshalbkugel. Er kann schon kurz nach Einbruch der Dämmerung als einer der ersten Fixsterne gesehen und mit Hilfe des Großen Wagen einfach gefunden werden. Wenn man den Bogen, den die vorderen drei Sterne mit Mizar in der Mitte bilden, am Himmel verlängert, so stößt man unweigerlich auf Arktur. Verlängert man den Bogen weiter, findet man auch die Spika.

Der Arktur gehört zum **Bärenhüter,** einem Sternbild, hinter dem sich mehrere unterschiedliche Sagen verbergen. Eine erzählt zum Beispiel, dass er die Jagdhunde führt, um den Großen und den Kleinen Bären am Himmel zu jagen. Eine wesentlich hübschere verbindet sich mit dem Sternbild Jungfrau (→ Seite 38, 39).

Und neben dem Bärenhüter leuchtet die Nördliche Krone. Sie gehört zu den wenigen Sternbildern, bei denen man ohne große Fantasie den Namen erklären kann. Fünf Sterne formen hier einen Halbbogen, mit einem besonders hell funkelnden in der Mitte, dem Stern Gemma. Gemma, übersetzt »das Juwel«, ist 75 Lichtjahre von der Erde entfernt. Er ist ein so genannter spektroskopischer Doppelstern, das heißt, ein Doppelstern, den man von der Erde aus nicht wirklich doppelt sehen kann. Nur durch sein Spektrum kann man auf die doppelte Natur schließen (→ Seite 130, 131). Die beiden Sterne bewegen sich in 17 Tagen und 12 Stunden einmal umeinander.

Bei Sommerzeit
1 Stunde hinzurechnen

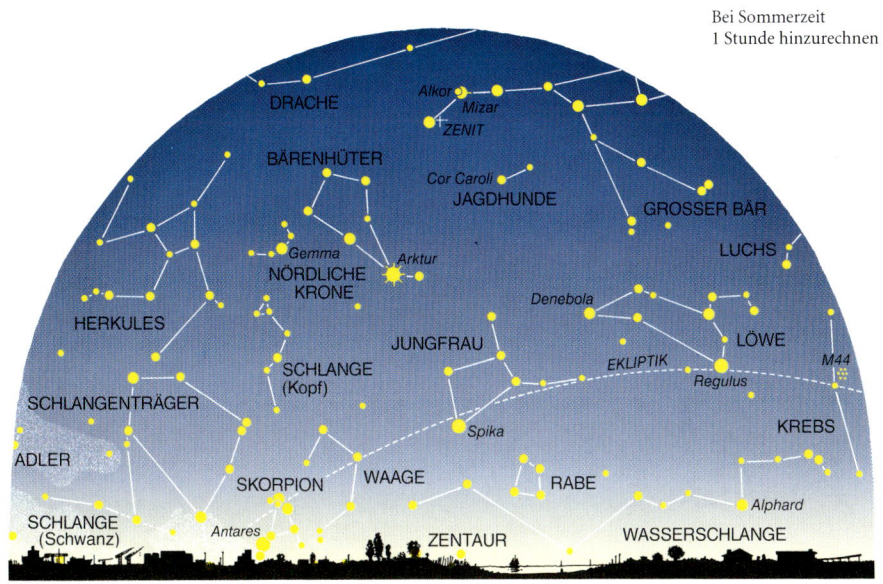

OSTEN · SÜDEN · WESTEN

Die Nördliche Krone (am Südhimmel gibt es das Sternbild Südliche Krone) gehört zum Sagenkreis um den Helden Theseus. Theseus vollbrachte seine größte Heldentat auf Kreta, wo er das Ungeheuer Minotaurus besiegte. Dieses lebte im Labyrinth in der Hauptstadt Kretas, und alle neun Jahre mussten ihm sieben Jünglinge und sieben Mädchen zum Opfer gebracht werden. Doch Theseus beschloss, den Stier zu töten, wobei ihm Ariadne, die Tochter des Königs von Kreta, half. Sie gab ihm den berühmten Faden der Ariadne mit, ein Wollknäuel, das Theseus am Eingang des Labyrinths festband und dann abrollte. Nachdem er den Stier besiegt hatte, konnte er an dem Faden vorantastend wieder aus dem Labyrinth herausfinden. Bei seiner Tat trug er eine Krone auf dem Kopf, die ihm die Götter geschenkt hatten und in der ein brillanter Edelstein leuchtete. Nach seiner Heldentat schenkte er die Krone Ariadne, und die Götter setzten sie später mit dem funkelnden Edelstein Gemma an den Himmel.

Bärenhüter

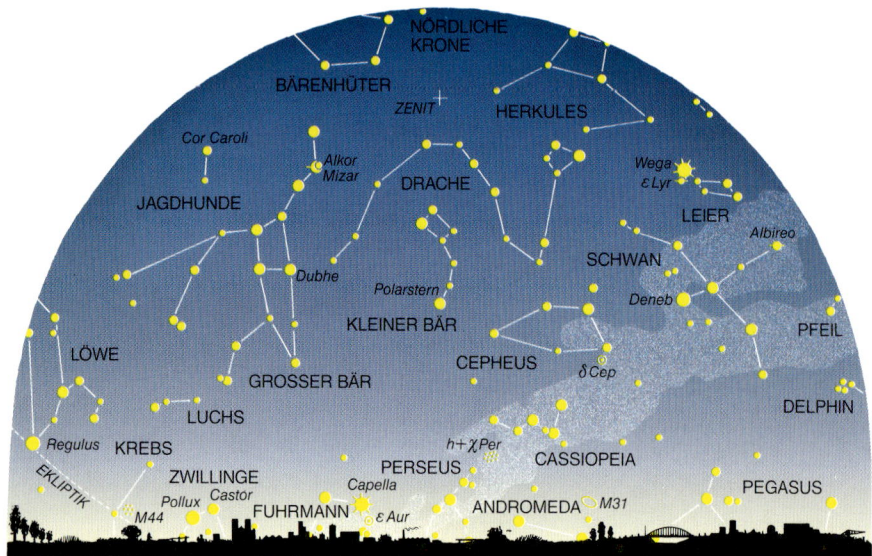

NÖRDLICHE KRONE

BÄRENHÜTER

ZENIT

HERKULES

Cor Caroli

Alkor Mizar

DRACHE

Wega ε Lyr

JAGDHUNDE

LEIER

Albireo

Dubhe

Polarstern

SCHWAN

Deneb

PFEIL

KLEINER BÄR

LÖWE

CEPHEUS

δ Cep

DELPHIN

GROSSER BÄR

LUCHS

Regulus

KREBS

h+χ Per

PERSEUS

CASSIOPEIA

PEGASUS

ZWILLINGE

Capella

EKLIPTIK

Pollux Castor

FUHRMANN

ε Aur

ANDROMEDA

M31

M44

WESTEN   NORDEN   OSTEN

Die Sichtbarkeit des nächtlichen Sternenhimmels wird ab Juni durch den Sommeranfang stark beeinträchtigt. Die Sonne geht so spät unter, und die Dämmerung endet so spät (→ Einleitung, ab Seite 8), dass nur etwa 5 Stunden für die Beobachtung des Sternenhimmels verbleiben. Nur die hellsten Sterne lassen sich gut sehen, im Norden der Große Bär sowie im Süden und Westen Löwe, Bärenhüter und Jungfrau.

Jungfrau und Bärenhüter stoßen am Himmel aneinander. Auch ihre Geschichte hat unmittelbar miteinander zu tun. Die genaue lateinische Bezeichnung des Bärenhüters lautet Bootes. Und das heißt übersetzt so viel wie Ochsentreiber. Neben der Sage, wo-

nach der Bärenhüter mit den Jagdhunden die Bären bewacht, gibt es auch noch eine andere. Danach verbirgt sich hinter dem Ochsentreiber ein Mann mit Namen Ikarios, dem die Götter einst den Wein schenkten. Mit dem neuen Getränk zog er auf einem Ochsenkarren durch die Lande und bot den Menschen davon an. Da sie aber den Wein nicht kannten, dachten sie, Ikarios wollte sie vergiften, und sie erschlugen ihn. Erst später merkten sie, was für ein schönes Getränk er ihnen in Wirklichkeit gebracht hatte, und sie bereuten ihr Verbrechen sehr. Bald darauf kam die Tochter des Ikarios auf der Suche nach ihrem Vater in die Gegend und erfuhr von seinem traurigen Schick-

sal. Sie weinte sehr, und die Götter erbarmten sich sowohl ihres getöteten Vaters als auch seiner jungfräulichen Tochter und machten sie zu Sternbildern; sogar der Wagen, mit dem der Ochsentreiber Ikarios durch die Lande gezogen war, bekam seinen Platz am Himmel, als Sternbild Kleiner Wagen. Da die Tochter des Ikarios einen Strauß von Kornähren bei ihrer traurigen Suche nach dem Vater mit sich getragen hatte, erhielt der hellste Stern des Sternbildes Jungfrau den Namen Spika, was ins Deutsche übersetzt »Ähre« bedeutet.

Die Sage um Ikarios, den Ochsentreiber, zeigt, dass das Sternbild Kleiner Bär, wie es offiziell heißt, auch schon im Altertum als Kleiner Wagen

Bei Sommerzeit
1 Stunde hinzurechnen

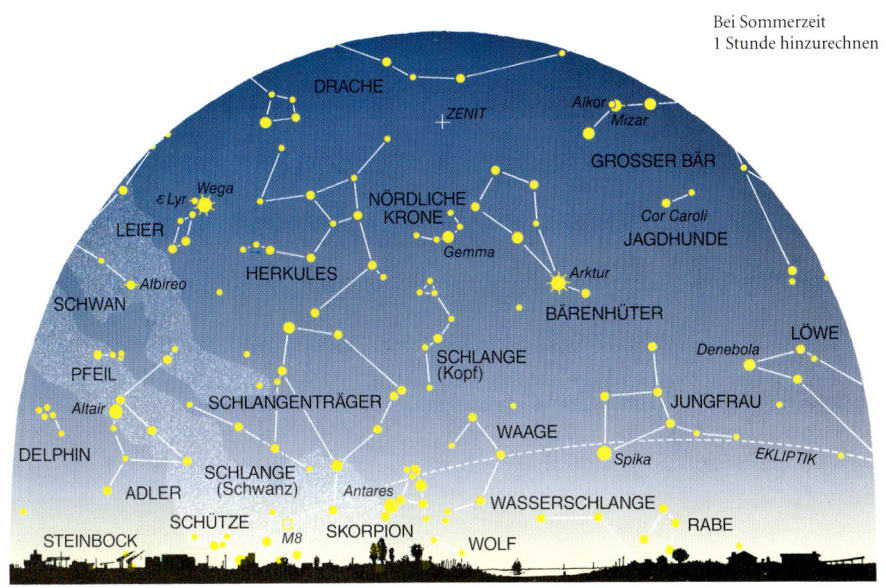

bekannt gewesen war. Wegen seiner großen Ähnlichkeit mit dem berühmteren wie auch größeren Sternbild Großer Wagen ist diese Bezeichnung auch heute noch populär. Die Jungfrau mit dem Stern Spika gehört zu den Tierkreissternbildern. Durch sie läuft die Ekliptik. Alle Planeten und der Mond lassen sich nur in der Nähe der Ekliptik in diesen Sternbildern sehen (→ Einleitung, ab Seite 8). Die Spika nun ist ein besonders leuchtkräftiger Stern. Dass sie nicht zu den hellsten des Himmels gehört, liegt nur an ihrer großen Entfernung. Spika ist 300 Lichtjahre von der Erde entfernt und leuchtet etwa 2300-mal heller als die Sonne. Sie ist ein so genannter »spektroskopischer Doppelstern« (→ Seite 130, 131), also zusammengesetzt aus zwei Sternen, die sich in vier Tagen einmal umrunden. Sie sind 20 Millionen Kilometer voneinander entfernt, eine zunächst astronomisch groß erscheinende Strecke, die aber infolge der gewaltigen Entfernung zu einem unmessbar kleinen Winkel zusammenschrumpft.

Jungfrau

39

Juli

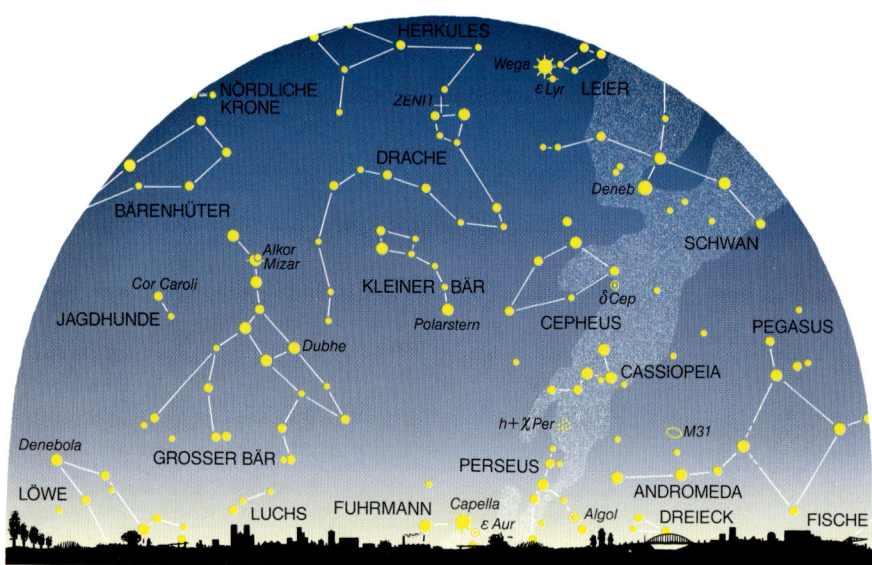

WESTEN   NORDEN   OSTEN

Die Erde ist im Juli am weitesten von der Sonne entfernt (→ Seite 13). Die Nächte sind kurz; die Ekliptik steht nun tief im Süden, das heißt, alle Planeten und der Mond lassen sich im Juli ebenfalls nur tief am Südhimmel beobachten. Dies ist der Grund, warum der Vollmond im Sommer immer tief am Südhimmel beobachtet werden kann, der Wintervollmond aber zu den Zeiten, in denen die Ekliptik hoch über dem Himmel verläuft, wesentlich auffälliger und höher am Himmel wandert.

Die Ekliptik und damit die Tierkreissternbilder stehen zwar tief, dafür steht die Milchstraße umso höher. Die Milchstraße lässt sich auf der Nordhalbkugel in den Sommermonaten am besten beobachten. Heute wissen wir, dass sie aus dem vereinten Glanz vieler Millionen Sterne besteht, die alle zu schwach leuchten, um noch einzeln erkannt zu werden (→ Seite 139–141). Vor der Erfindung des Fernrohrs war die Milchstraße dagegen fast so etwas wie ein Wunder, wobei manche Astronomen und Philosophen des Altertums ihre Bedeutung bereits ahnten.

Über die Entstehung der Milchstraße und ihren Namen erzählt eine alte Sage, die mit dem berühmten **Herkules,** dem Helden der griechischen Sagenwelt, zu tun hat. Sein Sternbild erreicht im Juli in den Abendstunden die beste Stellung des Jahres. Herkules war der Sohn des Zeus, seine Mutter aber nicht die Gattin des Zeus, Hera, sondern die schöne Alkmene, die Tochter des Königs von Mykene. Um seinem Sohn göttliche Stärke und Kraft zu geben, legte Zeus seinen neugeborenen Sohn seiner schlafenden Gemahlin an die Brust, damit dieser die göttliche Muttermilch saugen könne. Doch Herkules war schon als Baby so kräftig und stark und er saugte so ungestüm, dass die Milch in hohem Bogen davonspritzte und vom Olymp, dem Berg der Götter, über den Himmel lief. Ihre Spur wurde die Milchstraße. Unsterblichen Ruhm erlangte Herkules dann später durch seine Heldentaten, wobei Gegner ebenfalls zu Sternbildern wurden.

Bei Sommerzeit
1 Stunde hinzurechnen

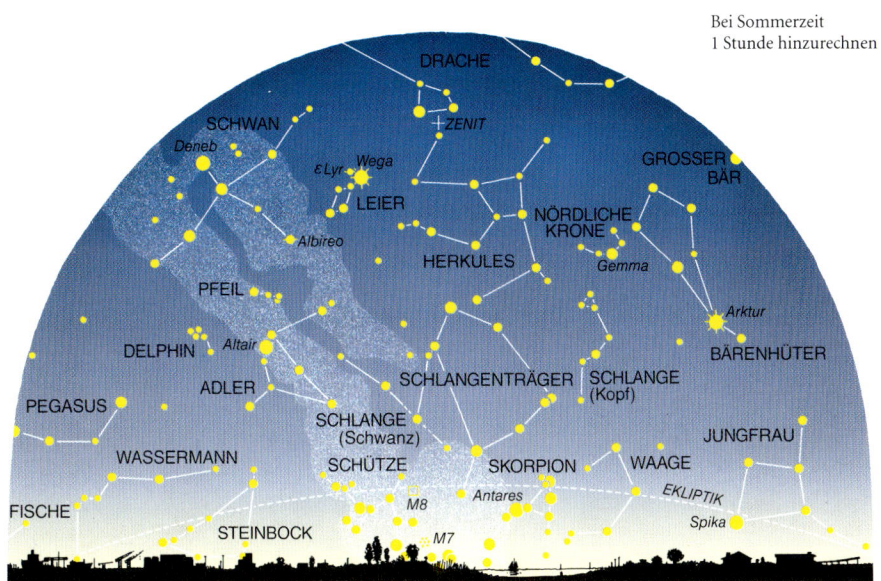

OSTEN · SÜDEN · WESTEN

Der Herkules, östlich der Sternbilder Bärenhüter und Nördliche Krone, kann vor allem an dem trapezförmigen Viereck erkannt werden, das seine hellsten Sterne in der Mitte des Sternbilds formen. Weiter östlich innerhalb des Sternbilds Schwan zeigt die Milchstraße, die der Sage nach von ihm geschaffen wurde, eine bemerkenswerte Besonderheit. Sie gabelt sich dort beinahe in zwei Teile und zeigt in der Mitte eine dunkle, sternleere Gegend. Diese Gabelung der Milchstraße ist auf dunkle Staubwolken zurückzuführen, die sich zwischen das Licht der dahinter stehenden Millionen Sterne und uns auf der Erde schieben und es so absorbieren. Die dunklen Wolken der Milchstraße sind vor allem auf Fotografien der Milchstraße eindrucksvoll zu sehen und besonders im Sternbild Schwan auffällig (→ Foto Seite 139–141).

Herkules

41

August
STERNKARTE N I/8

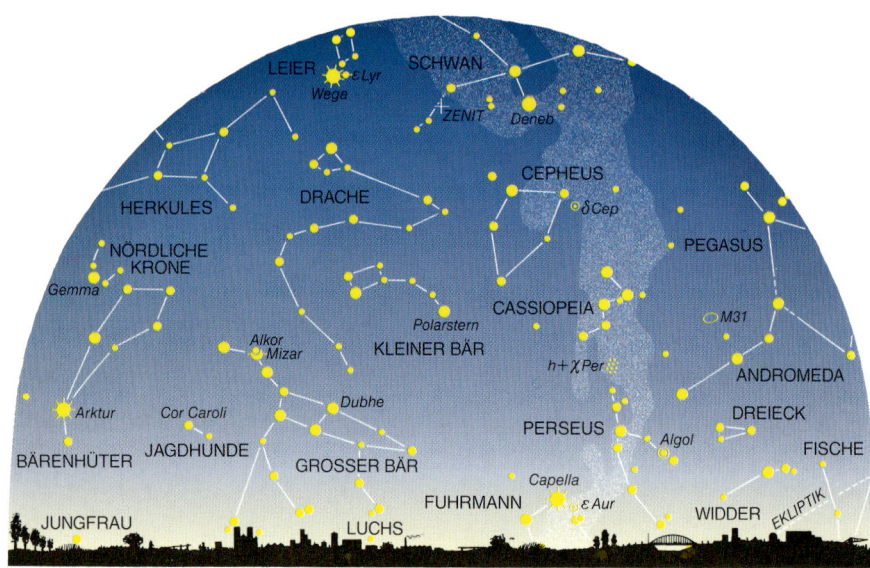

WESTEN   NORDEN   OSTEN

Zwölf Heldentaten musste Herkules vollbringen, bevor er König von Argos werden durfte. Das Opfer seiner zwölften und letzten Heldentat steht im August am nördlichen Himmel in einer günstigen Position hoch über dem Horizont: Das Sternbild **Drache**.

Der Drache bewachte in der griechischen Sage die goldenen Äpfel der Hesperiden. Niemand konnte den Drachen bezwingen, erst Herkules, der mit seiner gewaltigen Keule nach langen Irrfahrten den von Hera gepflanzten Baum erreicht hatte, konnte ihn erschlagen. Er nahm die Äpfel an sich und brachte sie zurück zu Eurystheus, dem er damit den Beweis für die Lösung seiner letzten Aufgabe

lieferte. Die Göttin Hera versetzte den Drachen zum Dank für sein Wächteramt an den Himmel.

Den Ort für dieses Ungeheuer hätte man nicht besser wählen können, denn auch die Sterne im Sternbild Drache schlängeln sich geradezu in einer sternleeren Gegend um den Himmelsnordpol. Der Kopf des Drachen wird durch vier Sterne markiert, die direkt an das Sternbild Herkules grenzen. Auf alten Darstellungen des Sternenhimmels, zum Beispiel auch im Heveliusatlas, sieht man daher den Fuß des Herkules auf den Kopf des von ihm besiegten Drachen treten. Die Darstellung zeigt noch zwei weitere interessante Besonderheiten des Sternbilds.

Im Sternbild Drache liegt der Nordpol der Ekliptik. Die Ekliptik, die scheinbare Bahn der Sonne am Himmel (→ Einleitung, ab Seite 8), besitzt einen Nord- und einen Südpol. Dies ist dem Himmelsäquator und dem Erdäquator vergleichbar, die, genau senkrecht auf ihrer Ebene stehend, einen Pol haben. Im Heveliusatlas ist um den Ekliptikpol eine schraffierte Kreislinie gezeichnet, die durch den Nordpol des Himmels verläuft. Der Abstand zwischen Nordpol und Pol der Ekliptik entspricht genau dem Winkel, um den die Erdachse gegen die Senkrechte auf der Erdbahn geneigt ist (→ Einleitung, ab Seite 8). Auf einem solchen Kreis bewegt sich im Lauf von rund 26.000 Jahren

Bei Sommerzeit
1 Stunde hinzurechnen

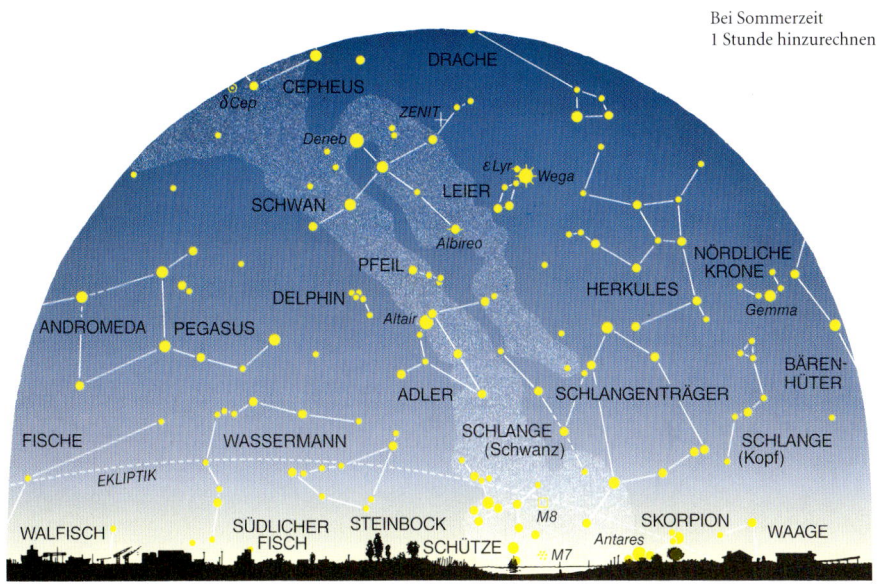

OSTEN   SÜDEN   WESTEN

der Himmelsnordpol um den Pol der Ekliptik. Man bezeichnet diese wichtige Erscheinung in der Astronomie als Präzession, das heißt als Vorrücken des Himmelspols.

Diese erstaunliche Erscheinung, die bereits im Altertum von griechischen Astronomen entdeckt wurde, führt dazu, dass der Himmelsnordpol von Sternbild zu Sternbild wandert. Im Augenblick befindet er sich beim Polarstern im Sternbild Kleiner Bär. Vor etwa 4000 Jahren aber stand er im Sternbild Drache, und zwar bei einem Stern, der unterhalb der beiden hinteren hellsten Sterne des Kleinen Bären leuchtet. Auf der Karte aus dem Heveliusatlas ist dies sehr deutlich zu sehen. Dieser dort auffällig gekennzeichnete Stern heißt Tuban. Er war vor rund 5000 Jahren der Polarstern, allerdings nur ein sehr schwacher Markierungspunkt, weil die Helligkeit Tubans deutlich unter der Helligkeit des heutigen Polarsterns liegt.

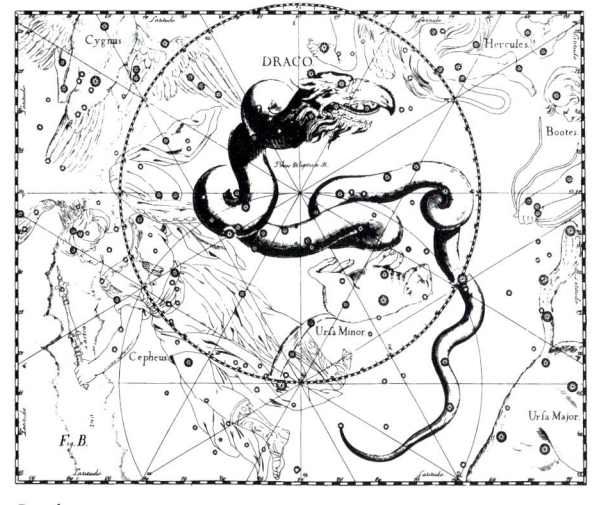

Drache

September
STERNKARTE N I/9

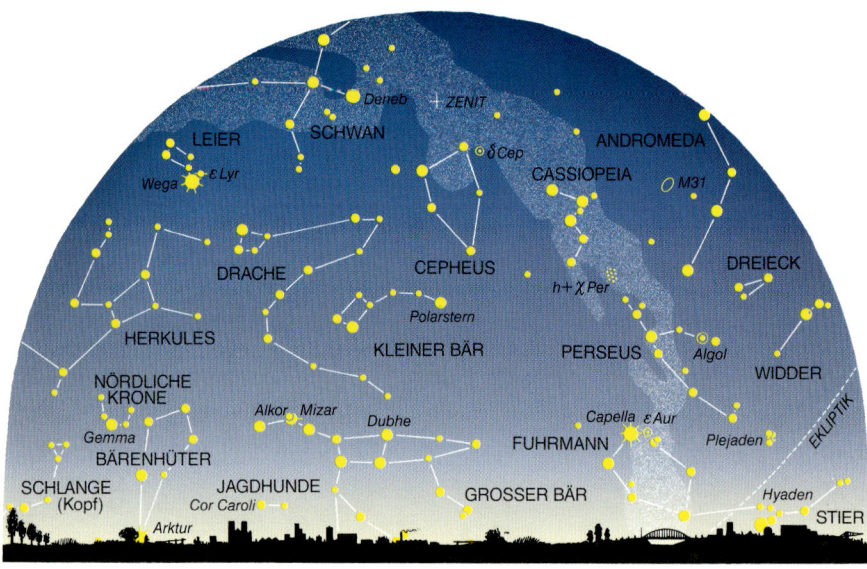

WESTEN   NORDEN   OSTEN

Für die Nordhalbkugel geht in diesem Monat der Sommer zu Ende (→ Seite 104). Die Nächte werden jetzt wieder länger als die Tage; die Sichtbarkeit der Sterne auch schon zur frühen Abendstunde ist deutlich verbessert.

Der Sternenhimmel im Sommer wird für die Nordhälfte der Erde durch das Sommerdreieck markiert, eine Hilfsfigur (kein Sternbild), die aus den hellsten Sternen der Sternbilder Schwan, Adler und Leier, nämlich Deneb, Altair und Wega, geformt wird. Dieses Sommerdreieck ist eine sehr gute Orientierungshilfe, weil die drei Sterne, die es bilden, auch schon an einem durch künstliches Licht aufgehellten Großstadthimmel leicht zu erkennen sind.

Die Sternbilder Leier und Schwan sind vor allem wegen der in ihnen stehenden Doppelsterne interessant. In der Leier ist es der Stern Epsilon Lyrae, zusammen mit dem Sternenpaar Mizar-Alkor im Sternbild Großer Bär (→ Seite 32, 33) der einzige Doppelstern, bei dem auch das bloße Auge die beiden Sterne erkennen kann. Es handelt sich bei Epsilon Lyrae allerdings um einen echten Augenprüfer, den man wirklich nur bei hervorragender Sehschärfe doppelt erkennen kann. Im Fernglas zeigt er sich sofort als eindrucksvoller, weit auseinander stehender Doppelstern. Die beiden Mitglieder, auch als Epsilon 1 und Epsilon 2 bezeichnet, sind wiederum in sich doppelt, allerdings kön-

nen sie nur mit Hilfe eines Fernrohrs erkannt werden (→ Seite 131).

Der zweite Doppelstern ist der Stern Albireo im Sternbild des Schwan. Der **Schwan** wird manchmal auch als das Kreuz des Nordens bezeichnet, weil seine Sterne in der Form eines Kreuzes angeordnet sind. Um Albireo doppelt zu sehen, benötigt man allerdings ein Fernglas, in dem die beiden Sterne deutlich als voneinander getrennt wahrgenommen werden können.

Die Wega im Sternbild Leier gehört zu den hellsten Sternen des nördlichen Himmels, sie ist fast ebenso hell wie Arktur (→ Seite 129). Demgegenüber scheint Deneb im Schwan schwächer, aber nur infolge der unterschiedlichen

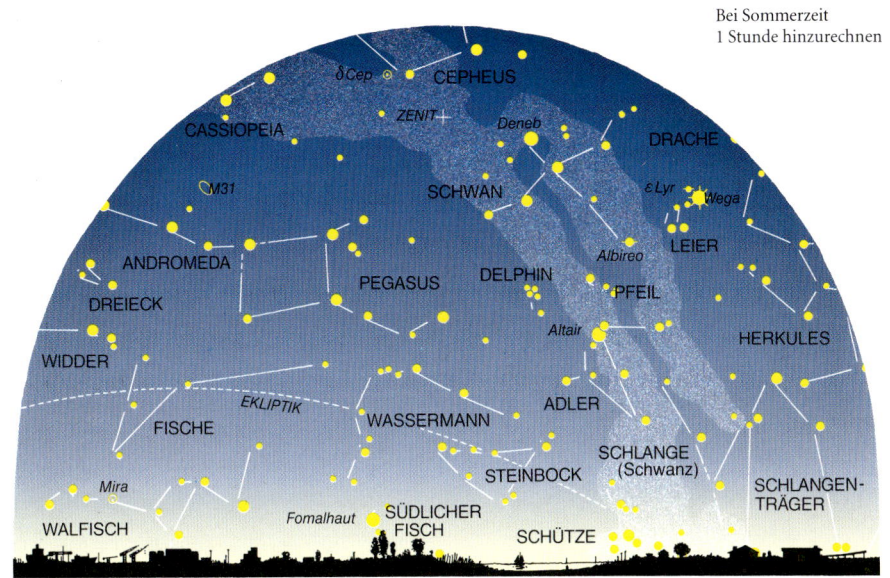

Bei Sommerzeit
1 Stunde hinzurechnen

OSTEN　　　　　　　SÜDEN　　　　　　　WESTEN

Entfernung. Wega ist ein normaler Stern, 58-mal heller als die Sonne in 26 Lichtjahren Entfernung (→ mehr darüber auf Seite 154); Deneb ist dagegen ein Stern der Superlative. Die Astronomen bezeichnen ihn als einen Überriesen, und sein Steckbrief weist Züge des Gigantischen auf. Er strahlt mindestens 60.000-mal so hell wie die Sonne und ist 1600 Lichtjahre entfernt, die größte Entfernung aller hellen Sterne der 1. Größe überhaupt. Stünde Deneb in der Entfernung der Wega, würde er das hellste Gestirn der Himmelskugel sein und sogar noch die Venus, den im Augenblick hellsten Himmelskörper, um das 16fache übertreffen. Erst seine wahrhaft astronomische Entfernung von 1600 Lichtjahren lässt seine gewaltige Lichtflut zu einer Helligkeit ähnlich der viel näher stehenden Sterne zusammenschrumpfen. Dass wir dennoch beim Anblick des Sternenhimmels alle Sterne gleich weit entfernt zu sehen meinen, liegt an der Unfähigkeit unserer Sinne, derart astronomische Distanzen zu erfassen.

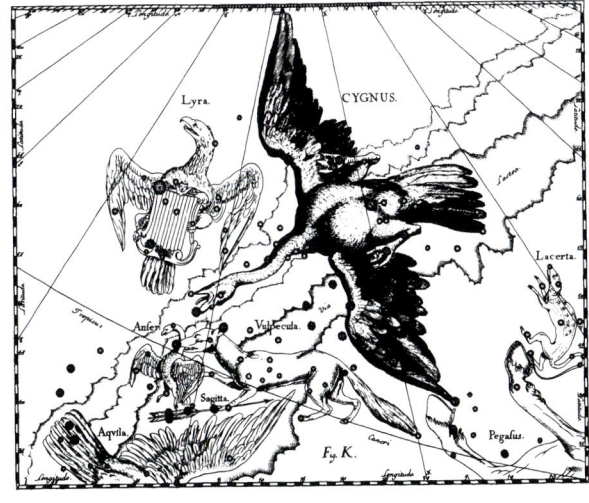

Schwan

Oktober

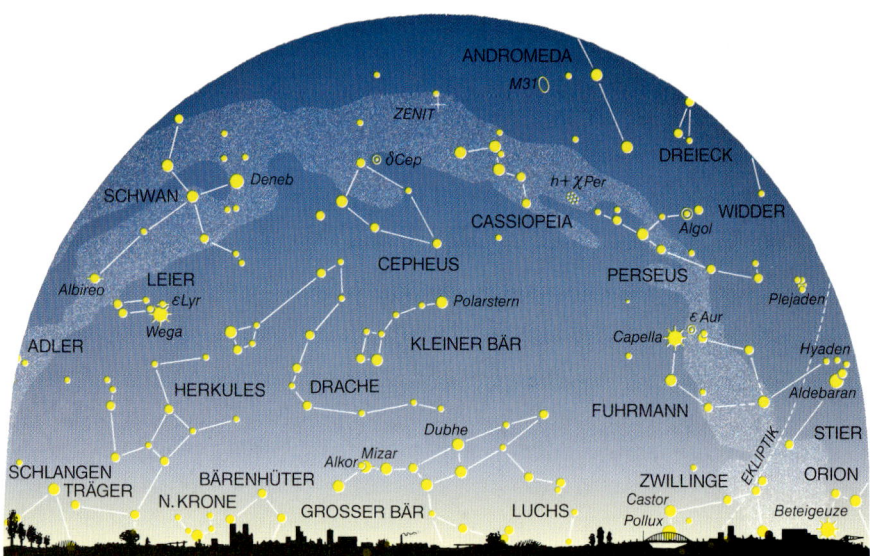

WESTEN NORDEN OSTEN

Das Sommerdreieck ist ab dem Oktober in den frühen Abendstunden im Westen zu sehen. Die drei Sternbilder des Sommerdreiecks, Leier, Schwan und Adler, stammen ebenfalls aus der griechischen Sagenwelt. Die Leier war das Instrument des berühmten Sängers Orpheus, der so schön auf ihr spielte, dass selbst die Steine zu weinen begannen. Das Sternbild des Schwan wird meist mit dem Schwan der Leda in Verbindung gebracht. Leda war eine schöne Frau, in die sich der Gott Zeus verliebte. Weil sie aber ihrem Gatten treu ergeben war, verwandelte sich Zeus in einen Schwan und näherte sich so der Leda, die ihn nicht erkannte und sich im Bad mit ihm vereinte. Aus

dieser Verbindung stammte auch die schöne Helena, um die der trojanische Krieg ausbrach. Im Schwan leuchtete im Jahre 1975 eine Nova auf, ein neuer Stern, der mehrere

Wochen mit dem bloßen Auge gut sichtbar war und sogar Schlagzeilen in der Tagespresse machte. Erheblich auffälliger war die Nova Aquilae, eine Nova, die dem Sternbild

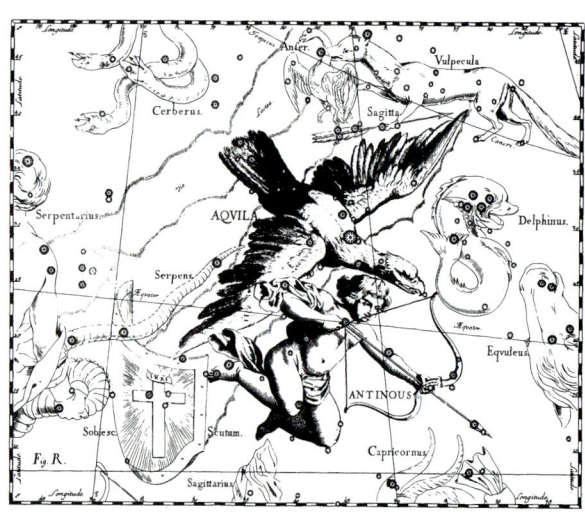

Adler

46

Bei Sommerzeit
1 Stunde hinzurechnen

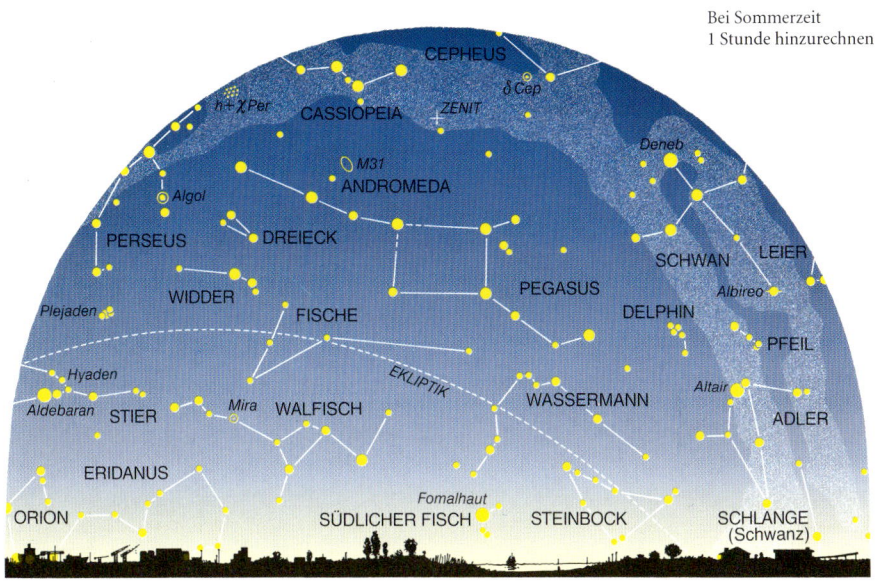

OSTEN · SÜDEN · WESTEN

Adler im Juni 1918 über mehrere Wochen ein ganz ungewöhnliches Aussehen verlieh, indem sie heller wurde als der hellste Stern des Himmels, Sirius. Novae, das bedeutet so viel wie »neue Sterne«, stellen plötzliche Helligkeitsausbrüche vorhandener schwach leuchtender Sterne dar, die auf tief greifende Veränderungen in den physikalischen Prozessen eben dieser Sterne zurückgehen (→ Seite 143).

Der **Adler** schließlich wurde von Zeus ausgesandt, um den Jüngling Antinous auf den Olymp zu bringen, wo er der Mundschenk der Götter wurde. Zum Dank setzten die Götter ursprünglich sowohl den Adler als auch den Antinous an den Sternenhimmel. Im Heveliusatlas sind auch noch beide Figuren zusammen als Sternbilder zu erkennen. Im Zuge der Gesamtrevision aller Sternbilder im Jahre 1930 wurde der Antinous als Sternbild vom heutigen Himmel verbannt.

Südlich des Schwan finden sich noch zwei weitere kleine Sternbilder, von denen eines besonders leicht zu erkennen ist. Es ist der Delphin, dessen vier hellste Sterne eine klar erkennbare Raute am Himmel formen. Das andere ist das Sternbild Pfeil, das zu den kleinsten Sternbildern des Himmels gehört. Der Delphin half dem Meeresgott Poseidon, die schöne Amphitrite, nach der er lange vergeblich gesucht hatte, zu finden, worüber dieser so glücklich war, dass er ihn zum Sternbild machte. Mit dem Pfeil schließlich soll Herkules einen Adler getötet haben, der den Sänger Orpheus quälte (also eine andere Sage als die vom Adler und dem Knaben Antinous).

Der hellste Stern im Adler, Altair, dreht sich in nur 6 1/2 Stunden einmal um seine Achse (unsere Sonne, → Seite 149, 150, benötigt dafür 25 1/2 Tage!). Der Altair ist 16 Lichtjahre von der Erde entfernt (das sind umgerechnet 160 Billionen Kilometer) und gehört damit – astronomisch gesprochen – zur nächsten Umgebung der Erde und der Sonne.

November
STERNKARTE N I/11

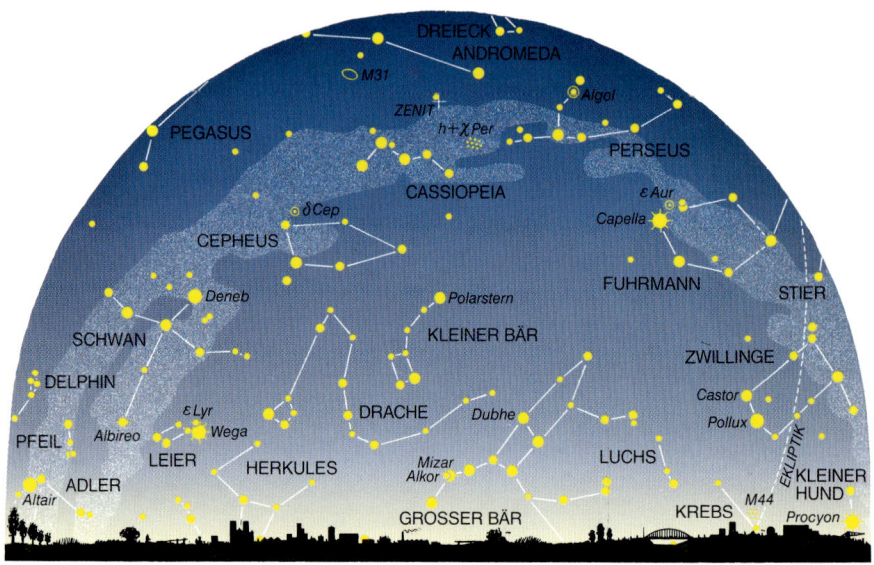

WESTEN   NORDEN   OSTEN

Auch unser Sternenhimmel zeigt im November das Nahen des Winters. Denn im Osten steht abends bereits der Orion, das typische Sternbild des Winterhimmels. Etwas höher finden wir, deutlich sichtbar, den **Fuhrmann** und den Stier, zwei weitere Sternbilder des Winters. Der Fuhrmann war allerdings schon in den Monaten zuvor gut zu sehen, ja sein hellster Stern, die Capella, ist sogar ein zirkumpolarer Stern, der während des gesamten Jahres immer gesehen werden kann (→ Einleitung, ab Seite 8).

Der Stern Capella gehört zu den zehn hellsten Sternen des Himmels (→ Seite 130). Capella bedeutet so viel wie kleine Ziege oder Zicklein. Auf den alten Darstellungen des Sternenhimmels sitzt sie meistens auf der Schulter eines Fuhrmannes, der mit der Peitsche einen Wagen lenkt. Der Zusammenhang zwischen Ziege und Fuhrmann ist heute nur noch schwer nachzuvollziehen. Um den Fuhrmann ranken sich viele, einander oft widersprechende Sagen.

Einer Erzählung zufolge soll der Fuhrmann Phaeton gewesen sein, der Sohn des Sonnengottes Helios. Helios fuhr jeden Tag mit einem feurigen Wagen am Himmel entlang und beleuchtete so die Erde. Doch nur er konnte die starken Rosse des Wagens lenken. Als dies trotz seines Verbots sein Sohn Phaeton tat, stürzte er ab. Die Spur des schleudernden, abstürzenden Sonnenwagens soll dann die Milchstraße geformt haben – eine andere Überlieferung als die, wonach die Milchstraße aus der Milch der Göttermutter Hera gebildet ist (→ Seite 40, 41).

Wieder eine andere Sage verbindet den Fuhrmann mit Hephaestos, dem Gott des Feuers und der Schmiedekunst. Er erfand das Wagengespann mit den vier Pferden davor und wurde aus Dankbarkeit für diese Erfindung zum Sternbild gemacht.

Das Sternbild Fuhrmann lässt sich als eine aus vier Sternen zusammengesetzte Figur erkennen, wobei meistens noch der fünfte, südlichste Stern mit hinzugezählt wird, obwohl er heute nach der genauen Aufteilung der Stern-

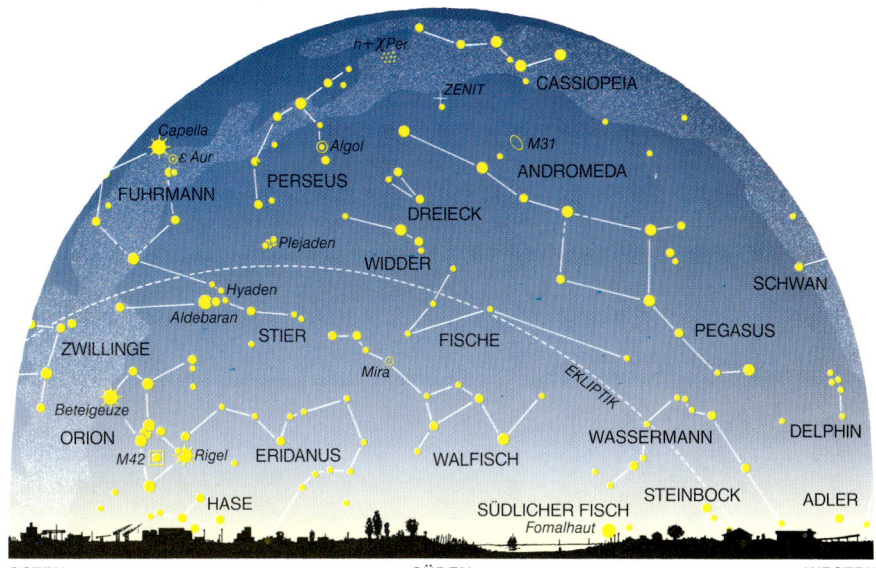

OSTEN · · · · · · · · · · · SÜDEN · · · · · · · · · · · WESTEN

bilder zum Sternbild Stier gehört. Daher sind die Verbindungslinien zu ihm auf der Karte nur gestrichelt wiedergegeben. Das Sternbild Fuhrmann enthält neben der hellen Capella noch einen weiteren recht ungewöhnlichen Stern, den Stern Epsilon Aurigae. Er ist ein veränderlicher Stern von gewaltigen Ausmaßen, einer der größten und zugleich rätselhaftesten, die wir kennen (→ Seite 154, 155).

Im November erscheint in jedem Jahr ein Sternschnuppenschwarm, die Leoniden. Mitte des Monats tauchen Sternschnuppen auf, und zwar im Fall der Leoniden in Abständen von rund 33 Jahren ungewöhnlich viele (→ Seite 138). Die Leoniden scheinen alle aus dem Sternbild Löwe (lateinisch: Leo) herauszufliegen. Das Sternbild Löwe ist allerdings auf den Sternkarten des November nicht verzeichnet. Der Löwe lässt sich im November erst in den frühen Morgenstunden, etwa ab 2 Uhr, erkennen. Zu diesem Zeitpunkt gelten andere Sternkarten (→ Tabelle Seite 20).

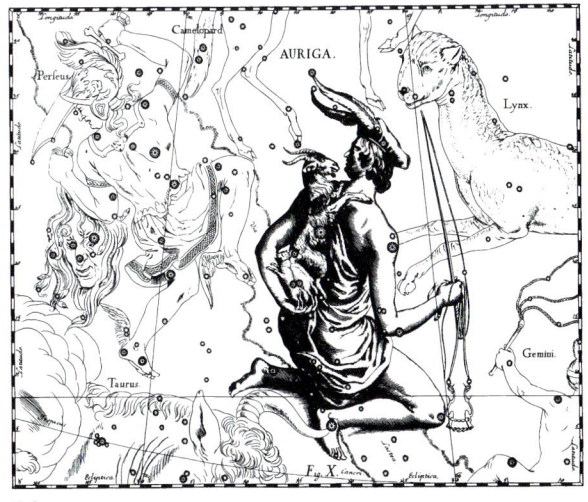

Fuhrmann

49

Dezember

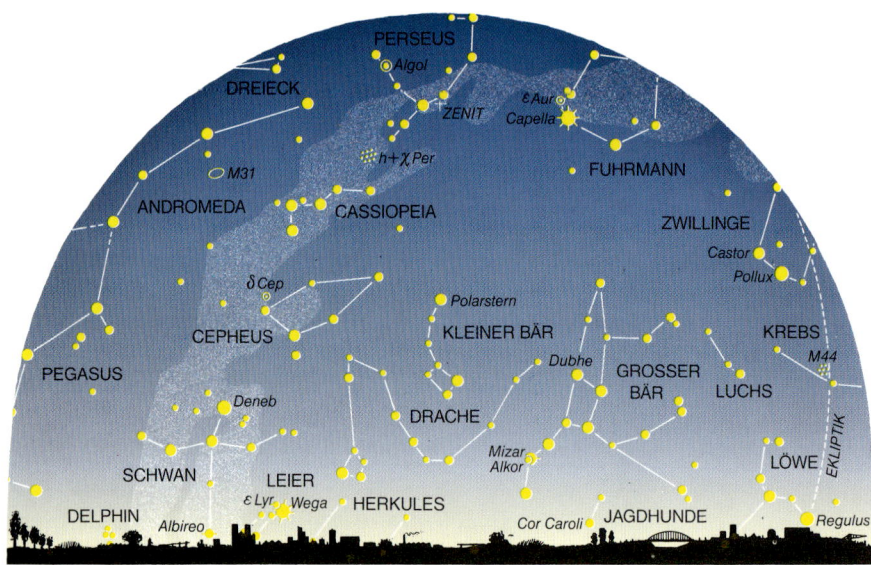

WESTEN   NORDEN   OSTEN

Der Winter beginnt auf der Nordhalbkugel der Erde im Dezember. Abends versammeln sich im Osten alle Wintersternbilder, deren hellste Sterne zu einem großen Sechseck, dem Wintersechseck, zusammengeschlossen sind. Auf den Eckpunkten dieses Sechsecks stehen die Sterne Rigel im Orion, Sirius im Großen Hund, Castor und Pollux in den Zwillingen, Capella im Fuhrmann und Aldebaran im Stier.

Aldebaran gehört zur Gruppe der »Roten Riesen-Sterne« (Entfernung: 68 Lichtjahre, Durchmesser: 40facher Sonnendurchmesser) und leuchtet rötlich inmitten des Sternhaufens der Hyaden, deren Mitglied er aber nicht ist. Weiter nördlich gehört der Stern-

haufen der Plejaden zum **Stier.** Die Hyaden und die Plejaden sind die auffälligsten und bekanntesten Sternhaufen des Himmels und werden daher im Lexikon der Himmelskörper auf Seite 133, 134, 145, 146 und 150, 151 ausführlich beschrieben.

Nicht zuletzt wegen Aldebaran entstand dort das Sternbild Stier, denn nicht nur die Griechen, auch viele andere Völker meinten, hier ein kräftiges gewaltiges Tier zu erkennen, dessen Auge der rötliche Aldebaran bildet. Er gehört zusammen mit Spika, Regulus und Antares zu den wenigen hellen Sternen, die vom Mond bedeckt werden können. Dies ist möglich, weil Aldebaran unmittelbar an der scheinbaren Bahn der Sonne

am Himmel, der Ekliptik (→ Seite 15), steht.

Die berühmteste dieser Bedeckungen des Aldebaran fand im Jahre 509 n. Chr. statt. Sie war von Athen aus sichtbar und führte 1200 Jahre später zu einer bedeutenden Entdeckung in der beginnenden modernen Sternkunde. Der Astronom Edmond Halley in England berechnete im Jahre 1735 den Lauf des Mondes weit in die Vergangenheit zurück bis zur Bedeckung des Aldebaran im Jahre 509. Halley fand nun zu seiner Überraschung, dass nach seinen Berechnungen diese Bedeckung eigentlich gar nicht hätte stattfinden können – der Aldebaran hätte hierzu weiter südlich stehen müssen. Halley kam auf

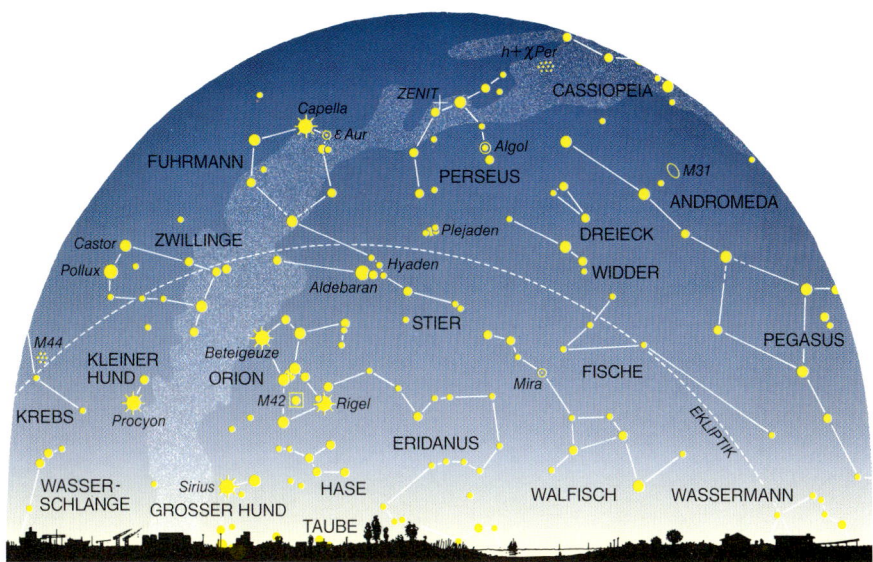

den für seine Zeit wirklich genialen Einfall, dass der Aldebaran seine Position im Verlauf von immerhin fast 1200 Jahren hätte verändert haben können. Er entdeckte so zum ersten Mal die Eigenbewegung der Fixsterne. Tatsächlich scheinen die Sterne ja nur wirklich fest am Himmel zu stehen, und zwar in Folge ihrer wahrhaft astronomischen Entfernung, in der selbst große Strecken zu unmessbaren kleinen Winkeln zusammenschrumpfen. Alle Sterne bewegen sich, sie zeigen eine Eigenbewegung, die man aber nur durch genaue Messungen oder durch Betrachtungen wie bei Edmond Halley über einen Zeitraum von über 1000 Jahren feststellen kann. Seit dem Altertum führte die Eigenbewegung der Sterne zu keiner sichtbaren Veränderung des Himmels. Aber nach etwa 100.000 Jahren würde der Sternenhimmel, wie wir ihn heute kennen, durch diese zuerst beim Aldebaran festgestellte Eigenbewegung ein völlig anderes Aussehen erhalten, und alle bekannten Sternbilder hätten ihre Bedeutung verloren.

Stier

Sternkarten N II

Die Sterne der Kartenserie N II lassen sich von einer geographischen Breite zwischen 20 und 40 Grad Nord sehen. Die Erdkarte gibt die genaue Lage dieser Breitenzone wieder. Die Sternkartenserie N II zeigt daher insbesondere den Urlaubshimmel bei Reisen in den Süden. Die Sternbilder der südlichen Himmelskugel steigen hier bereits deutlich über den Horizont, etwa der Zentaur (Karte N II/5 und 6) oder der Schiffskiel (Karte N II/2).

Die Ekliptik, die scheinbare Bahn der Sonne, steht höher am Himmel als auf den Karten der Serie N I. Daher sind auch die Planeten länger und eindrucksvoller zu sehen (→ Seite 16, 17; 113–117). Auch bricht die Nacht, vor allem in den südlichen Teilen der Zone N II, früher herein, weil die Sonne schneller unter den Horizont sinkt und die Dämmerung kurz ist.

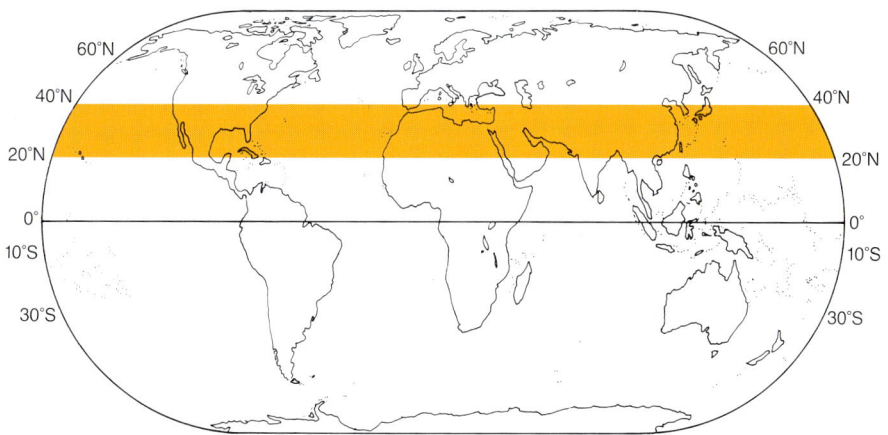

Die Sternkarten N II gelten für folgende Länder: Spanien, Portugal, Süditalien, Griechenland, Türkei, Israel, Ägypten, Tunesien, Algerien, Marokko, Persien, Pakistan, Afghanistan, Saudi-Arabien, die südlichen Staaten der USA, Mexiko, die Karibik, Kuba, Indien, Thailand, Burma, China, Korea, Japan, Taiwan.

Was die Symbole in den Sternkarten zeigen:
● = Doppelsterne: Besonders eng zusammenstehende Sternenpaare.
◉ = Veränderliche Sterne: Diese Sterne verändern ihre Helligkeit.
□ = Nebel: Farbig leuchtende Gas- und Staubwolken.
⁙ = Sternhaufen: Sternansammlungen, die konzentriert an einer Stelle stehen.
○ = Galaxien: Sternsysteme (eine unter vielen ist die Milchstraße).

Zur Helligkeit und Größe der eingezeichneten Sterne:
0 = ✸ Hellste Sterne. Auch am Großstadthimmel gut sichtbare Sterne.
1 = ● 2 = ● 3 = ● 4 = •
Größenklassen von 0 bis 4. Je kleiner die Zahl, desto heller der Stern.

Der große Orionnebel, eine Gaswolke in 1500 Lichtjahren Entfernung.

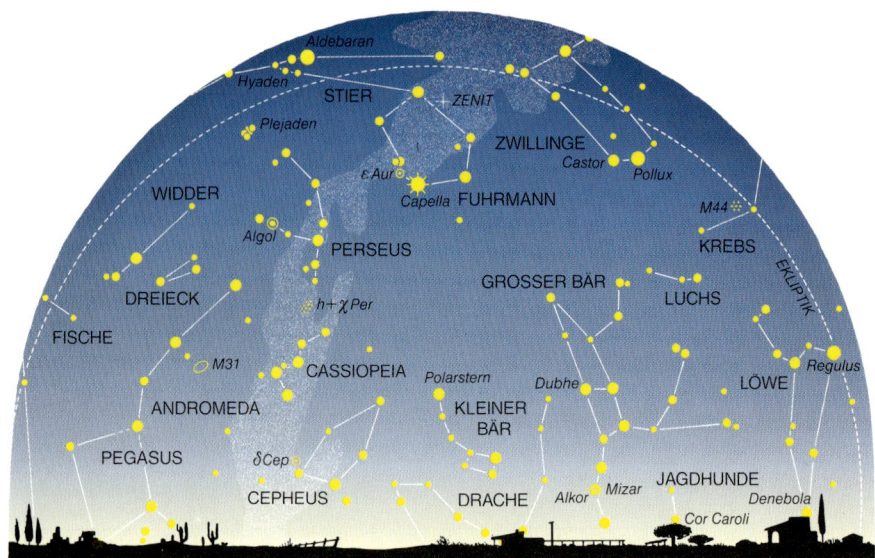

WESTEN   NORDEN   OSTEN

Heute gibt es 88 Sternbilder am Himmel. Man kann sie leicht nach ihrer Größe und Lage einteilen; schwieriger ist die Frage nach dem eindrucksvollsten Sternbild zu beantworten. Trotzdem dürften wohl die meisten Beobachter des Himmels darin übereinstimmen, dass dieser Rang dem Sternbild gehört, das jetzt im Januar besonders hoch im Süden zu finden ist: Der **Orion.** Er ist das einzige Sternbild, das gleich zwei der zehn hellsten Sterne des Himmels in sich vereinigt, Beteigeuze (→ Seite 129) und Rigel (→ Seite 147). Aber auch die anderen Sterne gehören zu den helleren Vertretern ihrer Gattung und zeigen eine sehr einprägsame Figur am Himmel, mit drei fast auf einer geraden Linie angeordneten Sternen in der Mitte sowie zwei oben und zwei unten. Schon die ersten Menschen, die bewusst zum Himmel sahen, meinten, in dieser Anordnung eine große Gestalt zu erkennen. Einen Jäger oder Krieger, mit dem Stern Beteigeuze in der Schulter und dem Stern Rigel sowie seinem etwas schwächer leuchtenden Begleiter als Fuß- oder Kniestern.

Orion war in der griechischen Sage daher auch ein besonders großer Jäger. Meist wird er mit seinem Schild nach Westen dargestellt, um den kräftigen Stier abzuwehren und gleichzeitig die Keule in diese Richtung zu schwingen. Doch Orion kämpfte der Sage nach nicht nur mit wilden Tieren und Menschen, er interessierte sich auch für schöne Mädchen. So stellte er den Plejaden, den sieben Töchtern des Riesen Atlas nach, bis diese den Gott Zeus anflehten, sie vor den Verfolgungen des Orion zu retten. Zeus setzte daraufhin sowohl die Plejaden als auch Orion an den Himmel, wo er ständig hinter den Plejaden, die ihm bei der Drehung des Himmels von Osten nach Westen vorauseilen, vergeblich hinterherlaufen muss.

Eine andere Erzählung berichtet, dass Orion die Göttin Artemis bedrängte, was die Götter ebenfalls sehr erzürnte. Sie schickten daraufhin einen Skorpion, der den Orion stach, sodass er tot zusammenbrach. In diesem Augen-

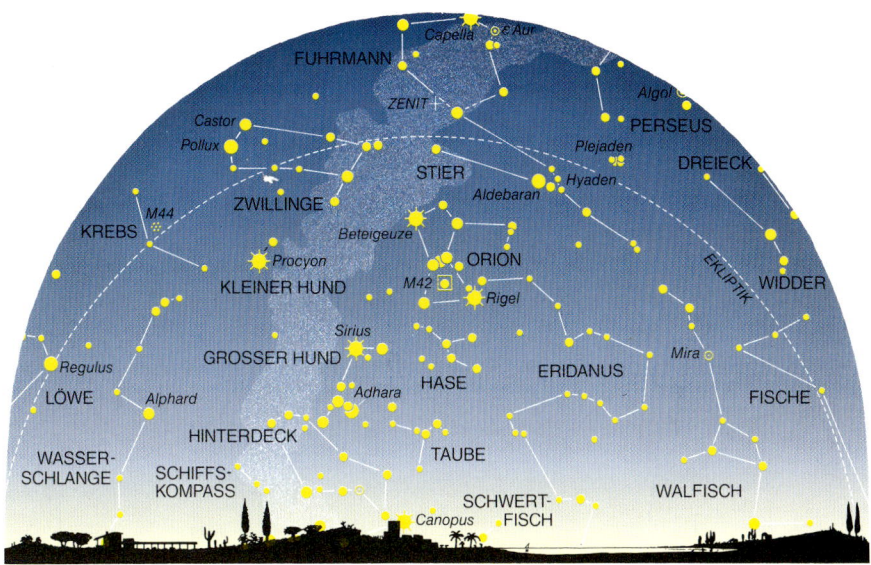

OSTEN　　　　　　　　　　SÜDEN　　　　　　　　　　WESTEN

blick kam Asklepios, der Gott der Heilkunst, hinzu und wollte Orion retten. Doch der Zorn der Götter war so stark, dass Zeus mit einem Blitzschlag auch den Asklepios tö-tete, um Orion endgültig zu bestrafen. Alle Beteiligten wurden zu Sternbildern, der Skorpion, der Asklepios – als Sternbild Schlangenträger – und Orion. Die Götter setzten die Sternbilder so geschickt, dass sie sich nie am Himmel begegneten. Der Schlangenträger erscheint zu einer Jahreszeit am Himmel, zu der Orion unsichtbar wird (→ Sterne im Juli, Seite 66, 67), und der Skorpion steht dem Orion am Himmel genau gegenüber.

Neben seiner überaus markanten Figur und den vielen hellen Sternen enthält der Orion auch eine Reihe von bekannten Himmelsobjekten, so zum Beispiel den berühmten Orionnebel M 42. Der Orionnebel ist eine gewaltige, leuchtende Gaswolke, die zu den farbenprächtigsten und berühmtesten Erscheinungen dieser Art am Himmel gehört (→ Seite 52, 142).

Orion

Februar

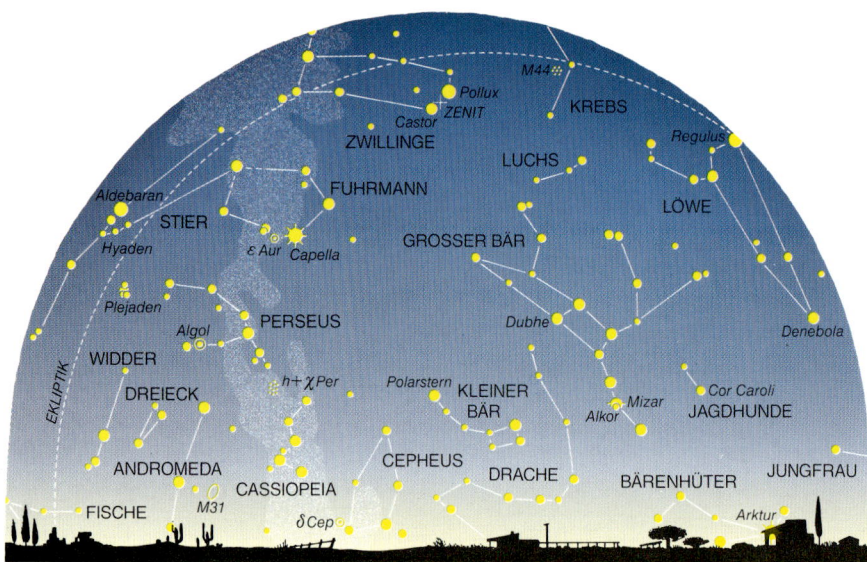

WESTEN   NORDEN   OSTEN

Entsprechend der Jahreszeit beherrschen die typischen Wintersternbilder den Februarhimmel. Und der hellste Stern des Himmels, der Sirius, steht in seiner höchstmöglichen Position über dem Horizont fast genau im Süden. Wegen seiner überragenden Helligkeit war er zu allen Zeiten der Gegenstand besonderer Aufmerksamkeit, und es gibt kaum einen Stern, um den sich so viele Geschichten, aber auch interessante wissenschaftliche Entdeckungen ranken, wie um ihn (→ mehr darüber auf Seite 148, 149). Sirius gehört zum Sternbild **Großer Hund.** Etwas nördlich finden wir das Sternbild Kleiner Hund, das praktisch nur aus einem Stern besteht, dem Procyon, der aber eben-

falls zu den zehn hellsten des Himmels gehört (→ Seite 146). Meistens betrachtet man sie zusammen als die Hunde des Himmelsjägers Orion. Über den Kleinen

Hund wird allerdings auch eine andere Geschichte erzählt, die mit dem Bärenhüter und der Jungfrau zusammenhängt (→ Seite 36, 37, 38, 39). Vom Sternbild Großer Hund

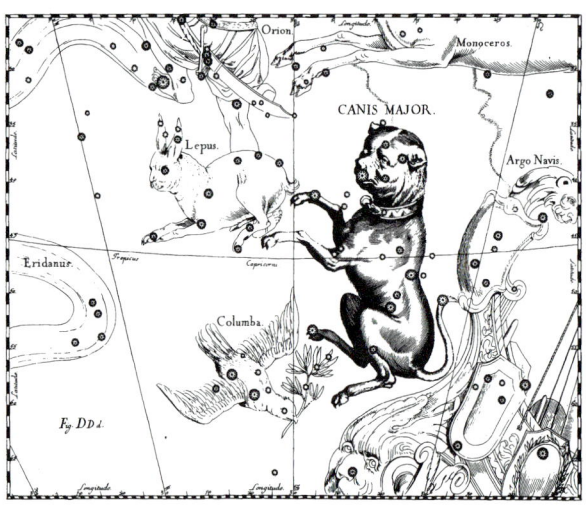

Großer Hund

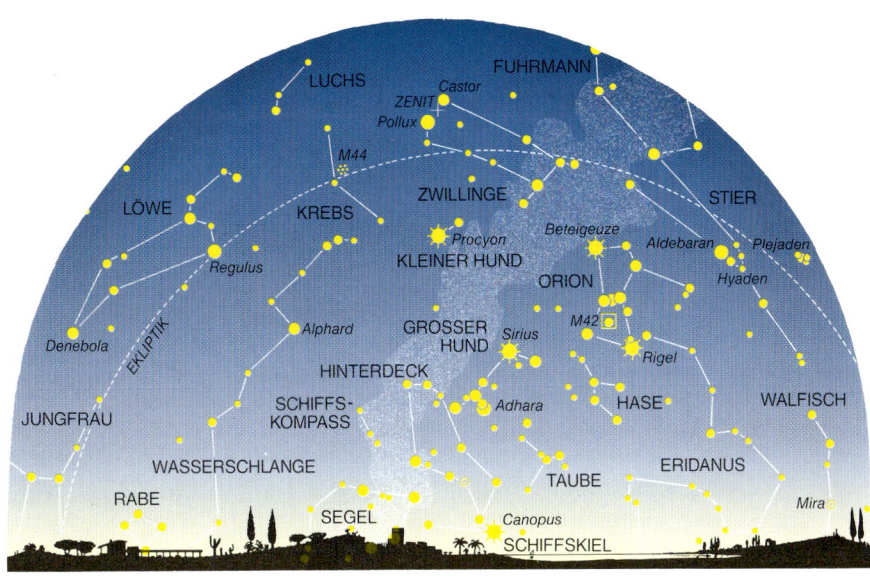

OSTEN   SÜDEN   WESTEN

leitet sich der Begriff der Hundstage ab. Die besonders heiße Zeit im August trägt diesen Namen. Der Große Hund ist ein Wintersternbild. Im Lauf der kommenden Monate steht er in den Abendstunden immer weiter im Westen, bis die Sonne bei ihrer Wanderung auf der Ekliptik schließlich so dicht in seine Nähe gewandert ist, dass er unsichtbar mit ihr über den Taghimmel zieht. Dies ist im Juni und Juli der Fall. Im August hat sich die Sonne jedoch wieder weiterbewegt, und der Große Hund taucht kurz vor dem Sonnenaufgang morgens zum ersten Mal in der Morgendämmerung auf. Danach geht er wie alle Gestirne jeden Tag früher auf, um schließlich im Winter schon am Abend zu erscheinen. Dieser erste Aufgang des Sternbilds in der Morgendämmerung nach längerer Unsichtbarkeit ist beim Großen Hund besonders gut zu erkennen, weil Sirius als hellster Stern des Himmels natürlich leicht erspäht werden kann. So wurde der Sirius und mit ihm der Hund früh zu einem Symbol für die besonders heißen Tage, die Hundstage. Im alten Ägypten spielte er sogar eine besondere Rolle für den Kalender und das tägliche Leben. Denn etwa 3000 v. Chr. fiel das erste Sichtbarwerden des Sirius in der Morgendämmerung mit dem Beginn der Nilüberschwemmungen zusammen. Diese Überschwemmungen Ägyptens waren von ganz wesentlicher Bedeutung für die Fruchtbarkeit der Felder, und der Sirius genoss sogar unter dem Namen Sothis göttliche Verehrung.

Heute ist der Sirius noch ein Leitstern, der als einer der ersten nach Sonnenuntergang auftaucht. Neben ihm verblassen die anderen Mitgliedsterne des Großen Hundes etwas, obwohl das Sternbild durchaus eine Reihe auffälliger anderer Sterne enthält. Vor allem zu erwähnen ist der Stern Adhara, zweithellster nach Sirius im Großen Hund. Adhara leuchtet 900-mal heller als die Sonne, ist aber 500 Lichtjahre entfernt. Nur deshalb erscheint er uns leuchtschwächer als sein großer Bruder, der nur eine Entfernung von 8,7 Lichtjahren zur Erde aufweist.

März

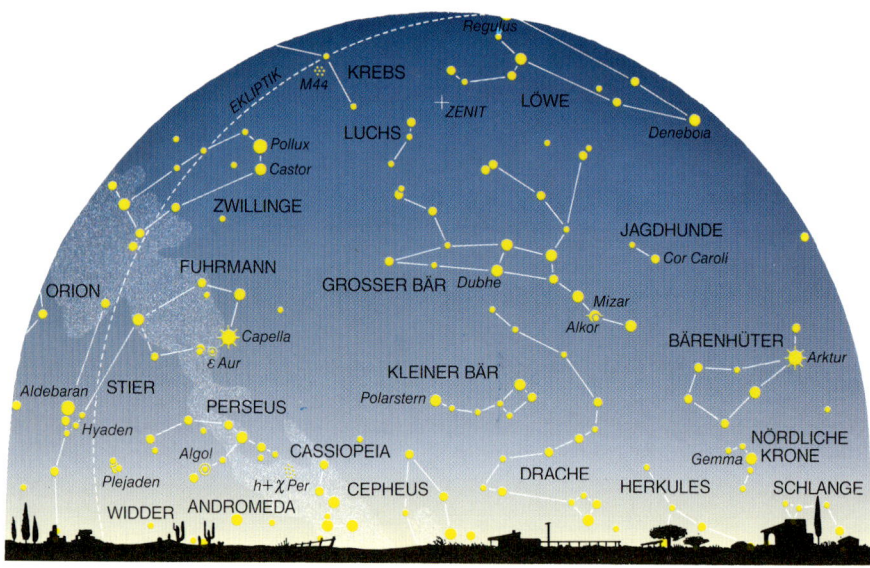

WESTEN   NORDEN   OSTEN

Die Sternbilder des Winters stehen ab März, dem Monat des Frühlingsanfangs, in den Abendstunden im Westen. Sie gehen gegen Mitternacht unter. Zum letzten Mal vor dem nächsten Winter lässt sich die schönste aller Sternbilderansammlungen des Himmels erkennen, das Wintersechseck, bestehend aus Capella im Fuhrmann, Aldebaran im Stier, Rigel im Orion, Sirius im Großen Hund, Procyon im Kleinen Hund und schließlich Castor oder Pollux in den Zwillingen.

Welcher dieser beiden Sterne zum großen Sechseck des Winters gehört, ist ungeklärt, denn sie sind beinahe gleich hell und stehen so auffällig zusammen am Himmel, dass sich der Name **Zwillinge** fast von selbst ergibt. In der griechischen Mythologie, aus der die Bezeichnung der Sterne Castor und Pollux kommt, stammte das Zwillingspaar von derselben Mutter, aber von zwei Vätern ab. Zeus verliebte sich einst in die schöne Leda, die aber ihrem Mann treu ergeben war. So verwandelte er sich in einen Schwan und vereinte sich mit ihr. Doch Leda, die davon nichts ahnte, liebte noch in derselben Nacht ihren Gatten, sodass sie gleichzeitig zwei Söhne gebar, die von zwei Vätern abstammten. Pollux war der Sohn des Zeus und damit unsterblich, während sein Bruder Castor sterblich war. Beide Brüder liebten sich sehr und sie vollbrachten gemeinsam viele Heldentaten.

Schließlich starb Castor, und Pollux bat seinen Vater Zeus, Castor ebenfalls unsterblich zu machen. Doch Zeus verweigerte dies, und Pollux entschloss sich daraufhin, zu seinem Bruder in die Unterwelt zu gehen. Von solcher Bruderliebe zutiefst beeindruckt, setzte Zeus beide als Sternbild an den Himmel. Die Astronomen sehen Castor und Pollux heute allerdings als weniger zwillingshaft an. Pollux ist 35 Lichtjahre entfernt; Castor 50 Lichtjahre. Pollux ist ein Einzelstern, Castor dagegen besteht aus insgesamt sechs Sternen, die zusammen eines der ungewöhnlichsten Mehrfachsternsysteme am Himmel bilden.

Zwillinge sind ein Tierkreissternbild, durch das die Son-

Bei Sommerzeit
1 Stunde hinzurechnen

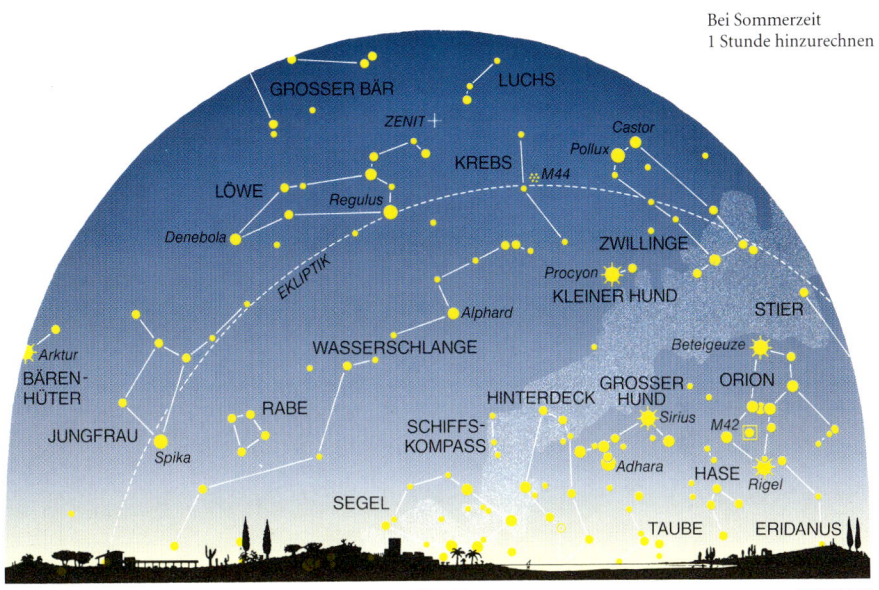

OSTEN · SÜDEN · WESTEN

ne wandert. In den Zwillingen erreicht sie ihre höchste Stellung für die nördliche Halbkugel der Erde. Die Eigenschaft als Tierkreissternbild ist auch Grund dafür, dass in den Zwillingen zwei der drei großen Planeten, die man nur mit dem Fernrohr sehen kann, entdeckt wurden. Im Jahre 1781 fand Wilhelm Herschel in England den Uranus, und im Jahre 1930 dann folgte der amerikanische Astronom Clyde Tombaugh mit der Entdeckung des Pluto.

Ebenfalls zu den Tierkreissternbildern rechnet man den Krebs, der sich östlich an die Zwillinge anschließt. Der Krebs ist zusammen mit der Waage das unscheinbarste Sternbild des Tierkreises. Er wurde von Herkules bei seinem Kampf mit der Wasserschlange (→ Seite 62, 63) mit einem Fußtritt zerschmettert, von der Todfeindin des Herkules, der Göttermutter Hera, aber trotzdem zum Sternbild gemacht. Der Krebs ist vor allem durch den offenen Sternhaufen M 44 bekannt, der zu den hellsten gehört und oft auch Praesepe (Krippe) genannt wird (→ Seite 146).

Zwillinge

59

April
STERNKARTE N II/4

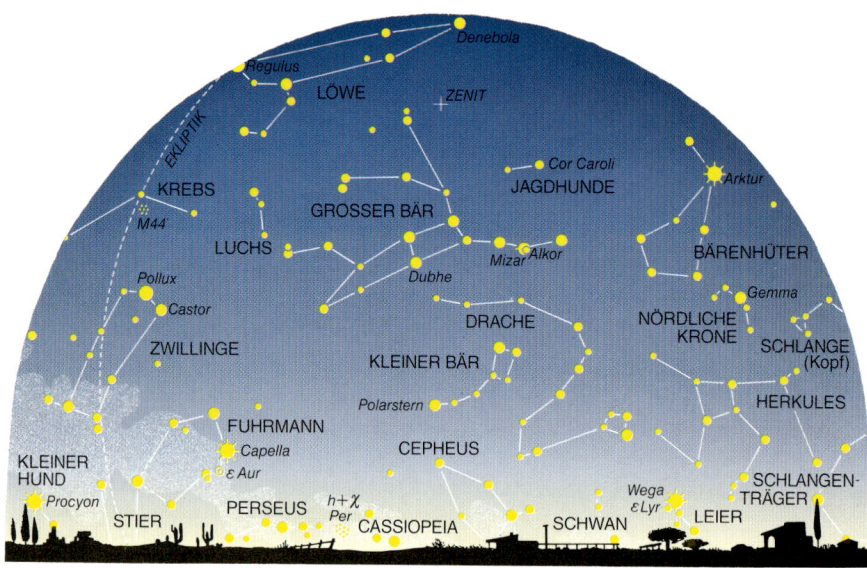

WESTEN

NORDEN

OSTEN

Um die Orientierung am Himmel zu erleichtern, hat es sich bei vielen Beobachtungen eingebürgert, nicht nur die Sternbilder, die auf den Sternkarten erscheinen, zu benutzen, sondern auch zusätzliche Hilfsfiguren zu formen. So gibt es ein Wintersechseck, ein Herbstviereck (der Pegasus), ein Sommerdreieck und ein Frühlingsdreieck. Dieses Frühlingsdreieck kann jetzt im ersten Monat, der voll in die wärmere Jahreszeit fällt, abends besonders hoch und deutlich im Süden gesehen werden. Es besteht aus den hellsten Sternen der Sternbilder Bärenhüter, Jungfrau und Löwe.

Der Name Regulus für den hellsten Stern des Sternbilds Löwe bedeutet übersetzt Klei-

ner König. Der **Löwe** gehört zu den Sternbildern, die man besonders leicht am Himmel erkennen kann, denn er setzt sich aus zwei gut erkennbaren Trapezen zusammen, wobei das untere, größere Trapez von Regulus und dem Stern Denebola geformt wird, während das kleinere Trapez nach oben anschließt. Körper und Kopf eines mächtigen Löwen lassen sich so ohne allzu große Fantasie in die Lage der Sterne hineininterpretieren. Der Name Löwe als Name dieser Himmelsregion ist daher auch schon sehr alt. Er verdankt seinen Namen den Heldentaten des Herkules, des größten griechischen Helden, dessen Sternbild jetzt im Monat April ebenso am Osthimmel gesehen werden

kann. Die erste seiner Heldentaten bestand im Kampf mit dem Löwen von Nemea, einem gewaltigen Tier, dessen Haut unverwundbar war, sodass Herkules ihn weder mit Pfeil und Bogen noch mit einer Keule besiegen konnte. Er umklammerte daher den Hals des Löwen und erdrosselte ihn schließlich. Sein Fell zog er ab und benutzte es von da ab als Furcht einflößende Kleidung. Da der Löwe aber ein unsterbliches Tier war, kehrte er anschließend auf Geheiß der Götter als Sternbild an den Himmel zurück. Der Löwe gehört zu den Tierkreissternbildern, durch die die Ekliptik verläuft. Sein hellster Stern Regulus steht fast genau auf der Ekliptik, sodass er regelmäßig vom Mond

Bei Sommerzeit
1 Stunde hinzurechnen

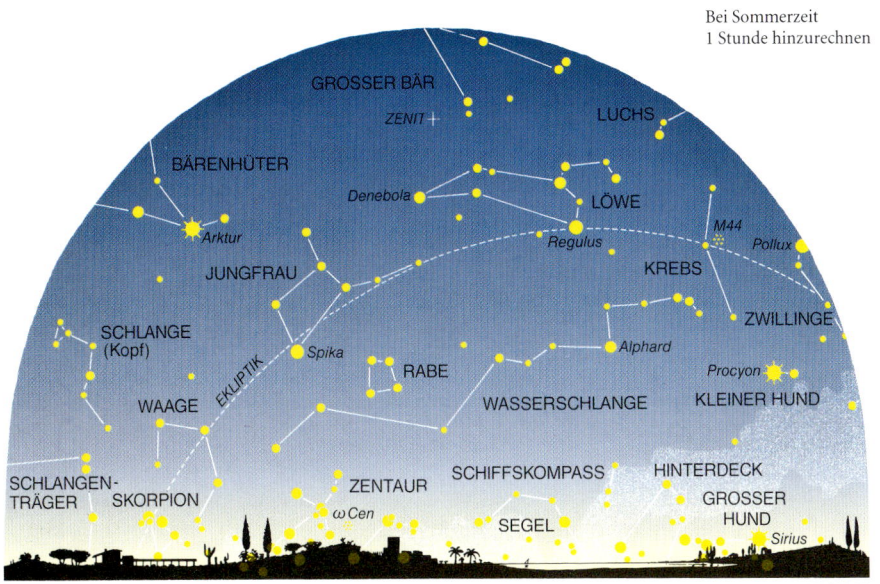

OSTEN · SÜDEN · WESTEN

bedeckt werden kann. Bei Regulus ist es sogar möglich, dass sich Planeten zwischen ihn und die Erde schieben und das Licht des Regulus unterbrochen wird. Weil die Planeten auf der Erde wesentlich kleiner als der großflächige Mond erscheinen, sind solche Himmelsschauspiele außerordentlich selten. Seit Beginn der modernen Astronomie hat sich ein solches Schauspiel nur ein einziges Mal ereignet, am 7. Juli 1959, als die Venus den Regulus bedeckte. Der Stern Regulus ist 80 Lichtjahre von der Erde entfernt und leuchtet 160-mal heller als die Sonne. Sein Durchmesser wird auf fünf Sonnendurchmesser geschätzt.

Der zweite hellere Stern im Löwen mit Namen Denebola bestätigt nochmals den Namen, den die Astronomen dieser Stelle des Himmels gaben. Der Name stammt aus dem Arabischen und bedeutet übersetzt »Schwanz des Löwen«. Dieser Stern Denebola gehört zu den mittelgroßen Sternen am Himmel; er ist 40 Lichtjahre entfernt und leuchtet etwa 20-mal heller als die Sonne.

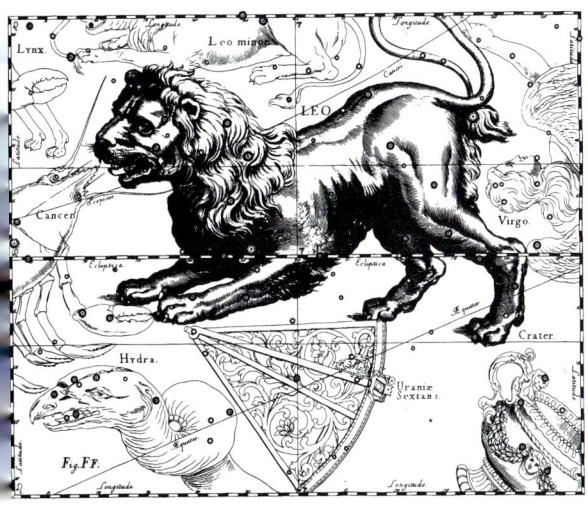

Löwe

61

Mai

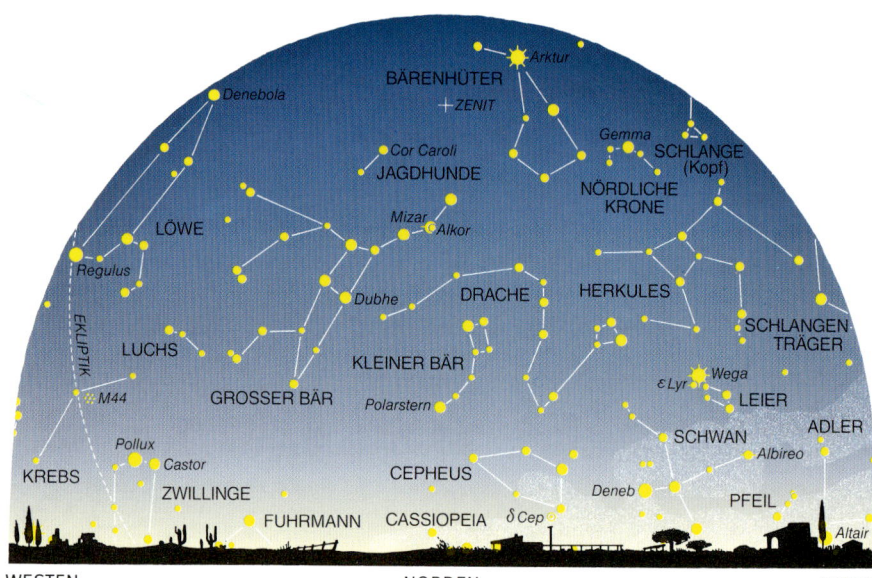

WESTEN   NORDEN   OSTEN

Durch den späten Sonnenuntergang ist im Mai die Sichtbarkeit der Sterne schon deutlich beeinträchtigt. Die Dämmerung endet so spät, dass man erst ab etwa 23 Uhr (Sommerzeit 24 Uhr) die Sternbilder erkennen kann. Nur die helleren Sterne, wie etwa Arktur, Regulus und Spika im Süden oder Deneb und Wega im Nordosten sind schon früher am Dämmerungshimmel zu erkennen.
Die geringe Zahl heller Sterne macht sich vor allem in mittleren Höhen im Süden bemerkbar, wo ein erstaunlich großer Teil des Himmels von nur einem Sternbild ausgefüllt wird, der Wasserschlange. Die **Wasserschlange** ist von den heute 88 offiziellen Sternbildern das größte, aber

sie enthält viel weniger helle Sterne als das kleinste Sternbild, das Kreuz des Südens, das in der geographischen Breite von 30 Grad Nord nicht sichtbar ist. Nur ein mäßig heller Stern findet sich in dem extrem lang gezogenen Körper der Wasserschlange, der Stern Alphard. Sein Name ist bewusst gewählt im Hinblick auf die schwach leuchtende Wasserschlange. Alphard bedeutet nämlich so viel wie »der Einzelstehende«, ein Stern, der inmitten einer sternleeren Gegend einzeln und herausragend ins Auge springt. Alphard leuchtet leicht rötlich und ist 90 Lichtjahre von der Erde entfernt.
Die Wasserschlange stammt aus dem Sagenkreis des Herkules und seiner Heldentaten.

Nachdem Herkules nun den Löwen, ebenfalls im Mai in südwestlicher Richtung zu sehen, besiegt hatte, bestand seine nächste Aufgabe darin, die schreckliche Wasserschlange zu erschlagen. Dieses Ungeheuer war besonders furchterregend, weil es sieben Köpfe hatte, und jeder Kopf, den man ihm abschlug, sofort nachwuchs. So geriet Herkules bei seinem Kampf mit der Wasserschlange in große Bedrängnis, und erst die Göttin Athene gab ihm den entscheidenden Rat. Er ließ sich von seinem Neffen, der ihn begleitet hatte, brennende Fackeln reichen und brannte damit die Wunden der Wasserschlange aus, nachdem er den Kopf abgeschlagen hatte. Als seine Feindin Hera sah, dass

Bei Sommerzeit
1 Stunde hinzurechnen

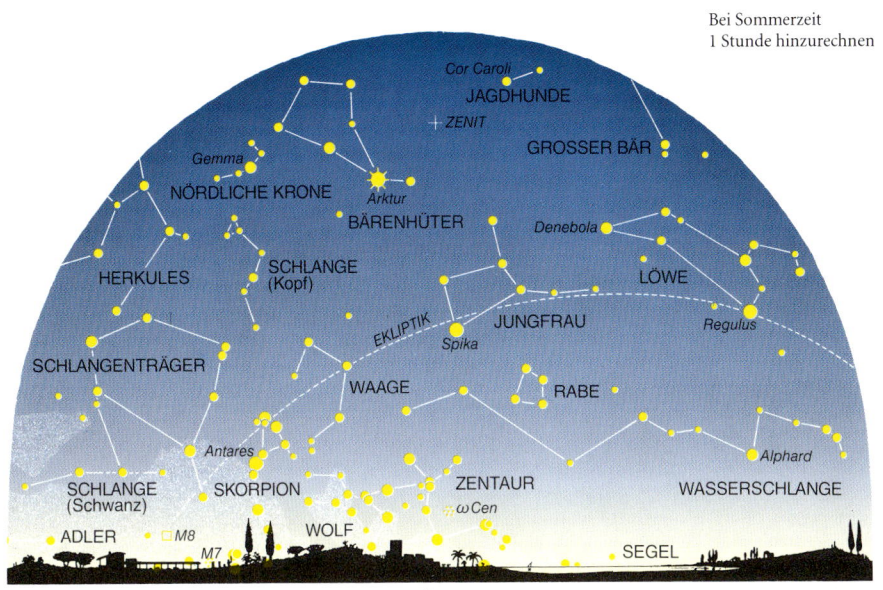

OSTEN　　　　　　　　　SÜDEN　　　　　　　　　WESTEN

er gewinnen würde, schickte sie noch in letzter Sekunde den Krebs, der ihn beißen sollte. Doch Herkules zertrat das Tier, das daraufhin zum Sternbild Krebs wurde.

In einer klaren Nacht bei ausreichender Dunkelheit lässt sich der Leib der Wasserschlange deutlich verfolgen. Die etwas helleren Sterne, die auch in der Sternkarte eingezeichnet sind, schlängeln sich förmlich am Himmel entlang. Der Kopf der Wasserschlange, markiert durch zwei etwas hellere Sterne, stößt an das Sternbild Krebs an. Schwächere Sternbilder sind am abendlichen Maihimmel zahlreich vertreten. So findet sich zum Beispiel am Nordhimmel neben dem Cepheus das wenig bekannte Sternbild Luchs. Der Luchs, über den man auch wenig berichten kann, verdankt seinen Namen Johannes Hevelius, aus dessen Atlas die Darstellungen der Sternbilder in diesem Buch stammen. Hevelius bildete das Sternbild nach diesem Tier, weil man »Augen wie ein Luchs haben müsse, um die Sterne dieses Bildes zu erkennen«.

Wasserschlange

Juni

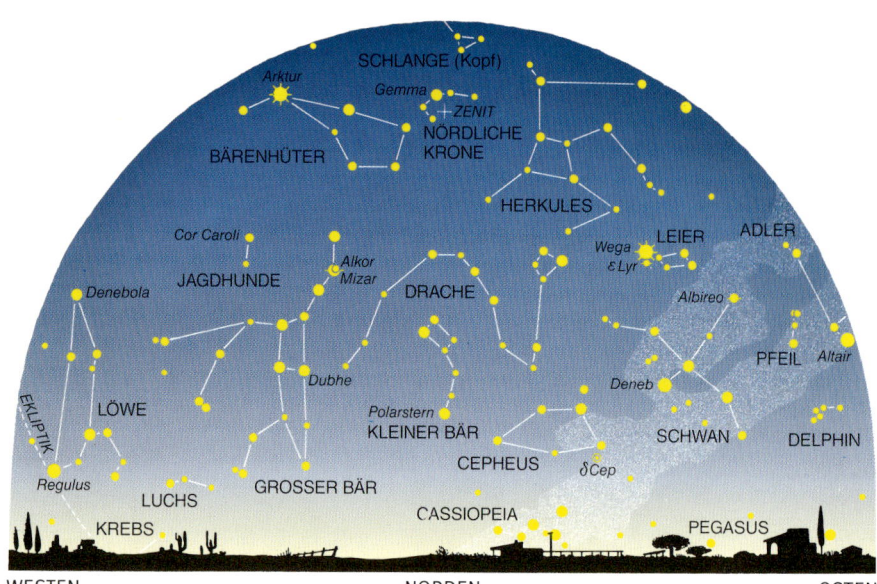

WESTEN   NORDEN   OSTEN

Mit dem Juni beginnt der Sommer. Die Sonne steht jetzt für alle Orte der Nordhalbkugel am höchsten, die Tage sind am längsten und die Nächte am kürzesten. Dieser Unterschied macht sich in der geographischen Breite von 30 bis 40 Grad Nord allerdings nicht mehr so deutlich bemerkbar (→ Einleitung, ab Seite 8). Genau wie der Mai ist der Juni ein Monat der seltener erwähnten und unscheinbaren Sternbilder, die aber durchaus eine Reihe von interessanten Besonderheiten aufweisen. Genau im Süden befindet sich auf der Ekliptik, der scheinbaren Sonnenbahn, dann das Sternbild Waage. Die **Waage** ist das einzige Tierkreissternbild, das weder nach einem Tier noch einem Menschen benannt ist. Der Name Waage hat direkt etwas mit der Sonnenbewegung zu tun. Ursprünglich gehörte die Waage zum Skorpion. Ihre beiden hellsten Sterne wurden einst als nördliche und südliche Schere gekennzeichnet. Doch schon recht früh, vermutlich aus Ägypten kommend, setzte sich die Bezeichnung Waage durch, weil die Sonne im

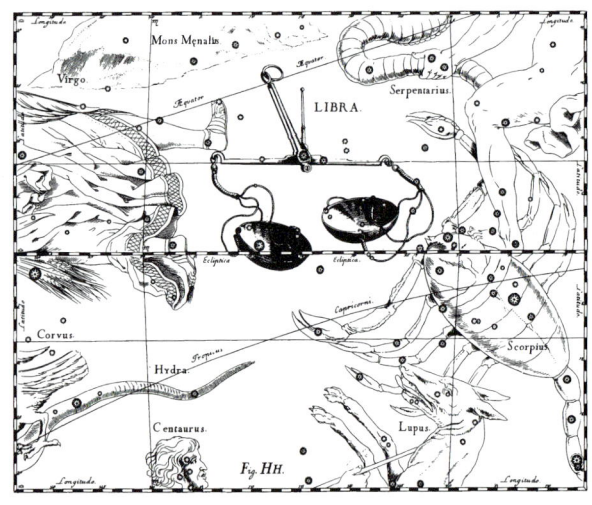

Waage

Bei Sommerzeit
1 Stunde hinzurechnen

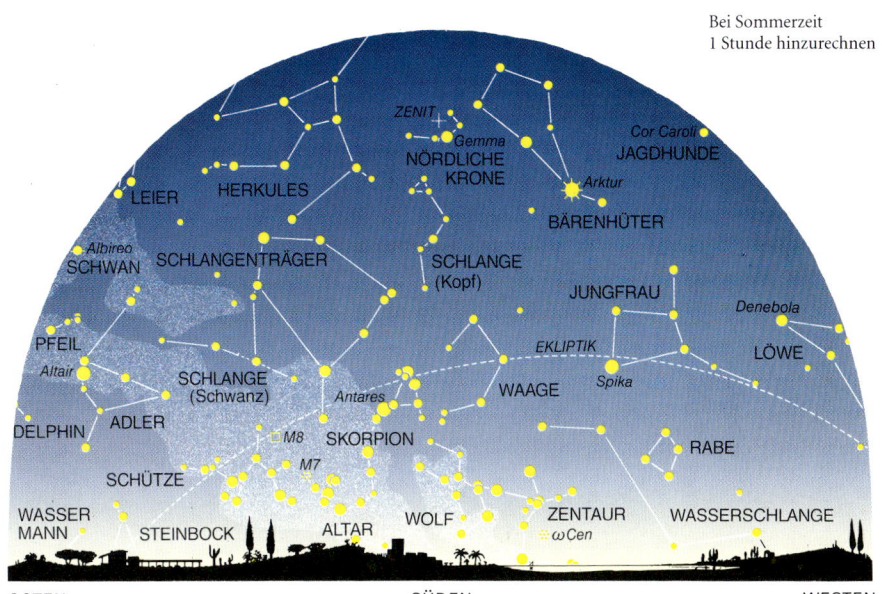

OSTEN · SÜDEN · WESTEN

Altertum im September an dieser Stelle des Himmels stand. Bei der Tagundnachtgleiche sind heller Tag und dunkle Nacht in etwa 12 Stunden lang. Die Sonne sinkt von da ab tiefer am Himmel, bis schließlich der Winter beginnt. Die Waage als Symbol des Ausgleichs und des Gleichmaßes bot sich daher an, diese besondere Stellung der Sonne gleichsam zu markieren, vor allem im Herbst, wenn der nahe Winter noch nicht gekommen, aber die heißen Tage des Sommers schon deutlich vorbei sind. Als Sternbild des Tierkreises sind in der Waage wie in allen Tierkreissternbildern oft Planeten zu sehen. Welche das in den einzelnen Jahren sind, ist ab Seite 113 und ab Seite 118 im astronomischen Kalender beschrieben.

Nach Osten zu schließt sich an die Waage auf der Ekliptik der Skorpion an, ebenfalls ein Tierkreissternbild, während nach Westen die Jungfrau und der Löwe vorangehen. Südlich der Jungfrau befindet sich das Sternbild Rabe, dessen Herkunft nicht genau bekannt ist. Es gehört auf jeden Fall zu den klassischen Sternbildern, aber die Erzählungen sind sehr widersprüchlich. Einst sollte der Rabe im Auftrag des Gottes Apollo aus einer Quelle Wasser holen. Der Rabe fand dort jedoch köstliche Feigen und fraß sie auf. Als er zurückkehrte, hatte er die Wasserschlange in seinen Fängen festgekrallt und behauptete, er habe kein Wasser gefunden, weil die Wasserschlange die Quelle leer getrunken habe. Apollo erkannte jedoch diese Lüge und versetzte den Raben und auch die Wasserschlange zur Strafe an den Sternenhimmel. Dort muss der Rabe nun ewigen Durst erleiden.

Wegen der großen Aufhellung des Himmels vor Mitternacht ist es im Juni besonders wichtig, sich an die Hilfen zu erinnern, Sternbilder und Sterne mit Hilfe des Großen Bären oder Großen Wagen zu finden. Der Große Bär steht im Juni im Nordwesten. Von seinen leicht erkennbaren charakteristischen Sternen ausgehend, kann man den Bärenhüter, die Jungfrau, die Cassiopeia, aber auch viele andere Sternbilder finden.

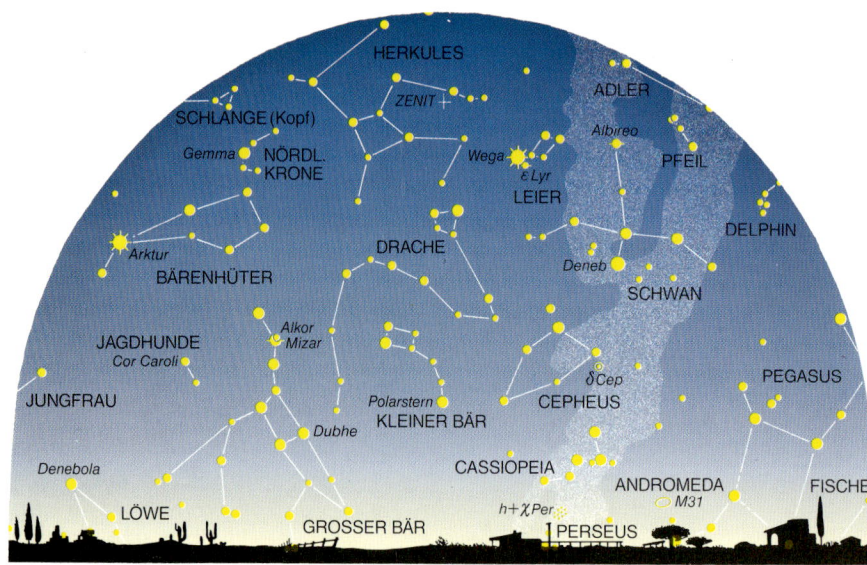

WESTEN NORDEN OSTEN

Der Abstand zwischen Erde und Sonne wächst ab Juli auf seinen größtmöglichen Wert. Dass wir trotzdem Sommer haben, liegt an der Stellung der Erdachse, die die Sonne tagsüber in einem hohen Bogen über den Himmel führt und besonders lange scheinen lässt (→ Seite 12, 13). Daher steht die Ekliptik, auf der die Sonne läuft, im Juli abends und in der Nacht besonders tief am Südhimmel, sodass auch alle Planeten nur in geringer Höhe am Horizont beobachtet werden können.

Umso interessanter ist jedoch der südliche Teil des Himmels in Bezug auf die Sternbilder. Schütze, Skorpion und auch der Schlangenträger leuchten dort. Die Milchstraße zieht sich durch diese Sternbilder

hindurch, wobei sie im Schützen ihre größte Helligkeit erreicht, weil dort ihr Zentrum liegt (→ Seite 92, 93). Sowohl der **Schlangenträger,** der Skorpion als auch der Schütze sind Tierkreissternbilder; der Schlangenträger ist das ungewöhnlichste, dreizehnte. Im klassischen Tierkreis, wie er heute noch in Horoskopen benutzt wird, gibt es keinen Schlangenträger; er wurde erst 1930 im Zuge der Neuorganisation der Sternbilder zum Tierkreissternbild (→ Seite 15, 16).

Der Schlangenträger gehört mit dem Sternbild **Schlange** untrennbar zusammen. Auf den alten Darstellungen des Sternhimmels hält er die Schlange in der Hand, und dieser alten Vorstellung ist

dann auch die neue Einteilung der Sternbilder gefolgt. Das Sternbild Schlange ist nämlich das einzige Sternbild, das aus zwei Teilen besteht, aus dem Schlangenkopf und dem Schlangenschwanz. Das bedeutet, dass es zwar heute 88 Sternbilder am Himmel gibt, diese aber 89 verschiedene Flächen einnehmen, weil die Schlange aus zwei Teilen besteht.

Schlange und Schlangenträger sind in der griechischen Mythologie mit dem Gott der Heilkunst, Asklepios, verbunden. Noch heute gilt ja die Schlange, geringelt um einen Stab, als Symbol der Medizin und Pharmazie. Asklepios war ein bedeutender Arzt, so erfolgreich, dass er schließlich den Gott der Unterwelt er-

Bei Sommerzeit
1 Stunde hinzurechnen

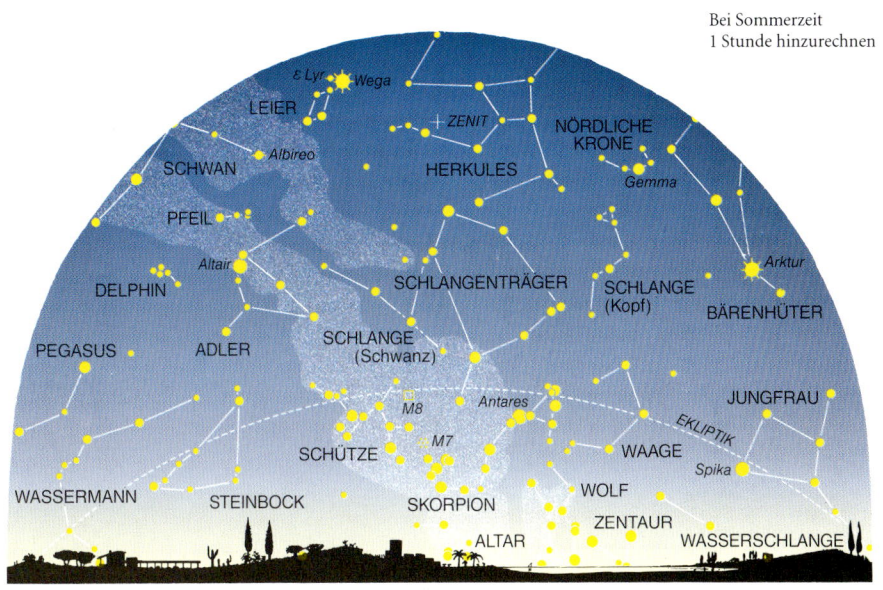

OSTEN · SÜDEN · WESTEN

zürnte, weil dieser meinte, nicht mehr genügend Menschen zu sich herabziehen zu können. Er beklagte sich bei Zeus, der daraufhin Asklepios mit einem Blitz erschlug.

Nach einer anderen Sage half Asklepios dem Orion und wurde deshalb getötet.
Berühmt wurde der Schlangenträger durch ein historisches Ereignis. In ihm leuchtete im Jahre 1604 die letzte mit bloßem Auge sichtbare Supernova der Milchstraße. Sie wurde insbesondere von dem deutschen Astronomen Johannes Kepler beobachtet und ist daher auch als Keplers Stern bekannt. Die Supernova im Schlangenträger war 18 Monate sichtbar und faszinierte und beunruhigte die Menschen des beginnenden 17. Jahrhunderts, weil nur 32 Jahre vorher im Sternbild Cassiopeia (im Juli am Nordhimmel zu finden) ebenfalls eine Supernova aufleuchtete (→ Seite 31). Auf dem Gipfel ihrer Helligkeit war die Supernova im Schlangenträger heller als Jupiter und erreichte fast die Helligkeit der Venus (zu den Supernovae → Seite 151, 152).

Schlangenträger und Schlange

August
STERNKARTE N II/8

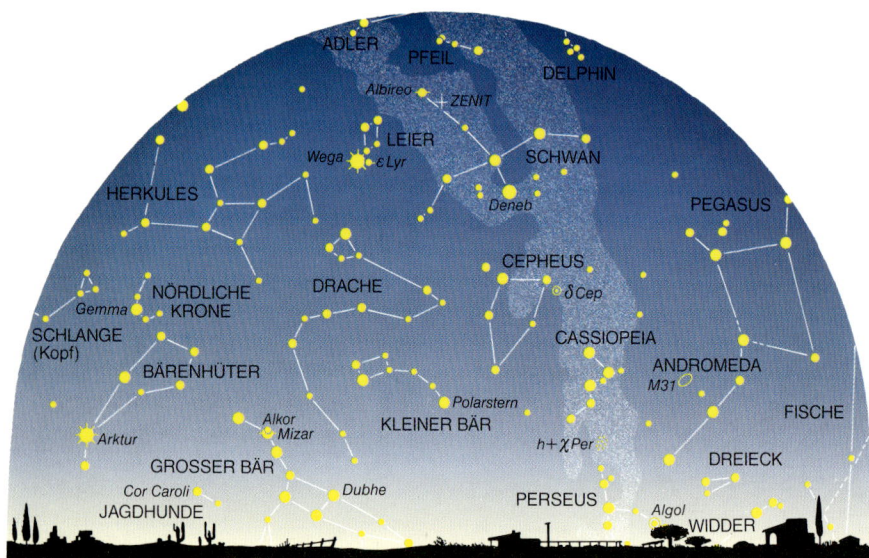

WESTEN   NORDEN   OSTEN

Während des heißesten Sommermonats der irdischen Nordhalbkugel lässt sich das Sommerdreieck im Zenit gut erkennen. Es besteht aus den hellsten Sternen der Sternbilder Schwan, Leier und Adler, Deneb, Wega und Altair. Tief am Horizont im Nordosten steigt der Perseus empor mit seinem Doppelsternhaufen h und χ (chi) sowie dem berühmten Algol, einem veränderlichen Stern (→ Seite 128).

Der Perseus ist Ausgangspunkt des derzeit stärksten Meteorstroms, der Perseiden. Um den 10. August herum scheinen aus diesem Sternbild viele Sternschnuppen zu kommen, weil die Erde in dieser Zeit eine besonders dichte Ansammlung von Staubteil

chen im All durchläuft, die in die Erdatmosphäre eindringen und dort die Luft zur bekannten Sternschnuppenspur erhitzen (→ Seite 138). Die Perseiden lassen sich vor

allem nach Mitternacht beobachten, wenn der Perseus höher steht. Der Mond sollte möglichst wenig stören, also nicht in der Vollmondphase scheinen. In welchen Jahren

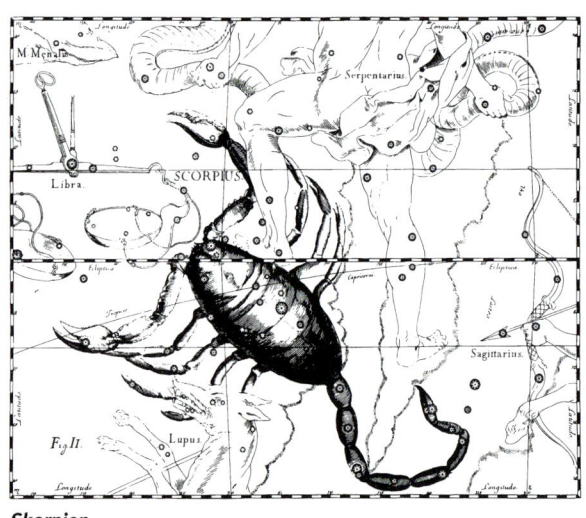

Skorpion

1. August 23 Uhr · 15. August 22 Uhr · 31. August 21 Uhr

Bei Sommerzeit
1 Stunde hinzurechnen

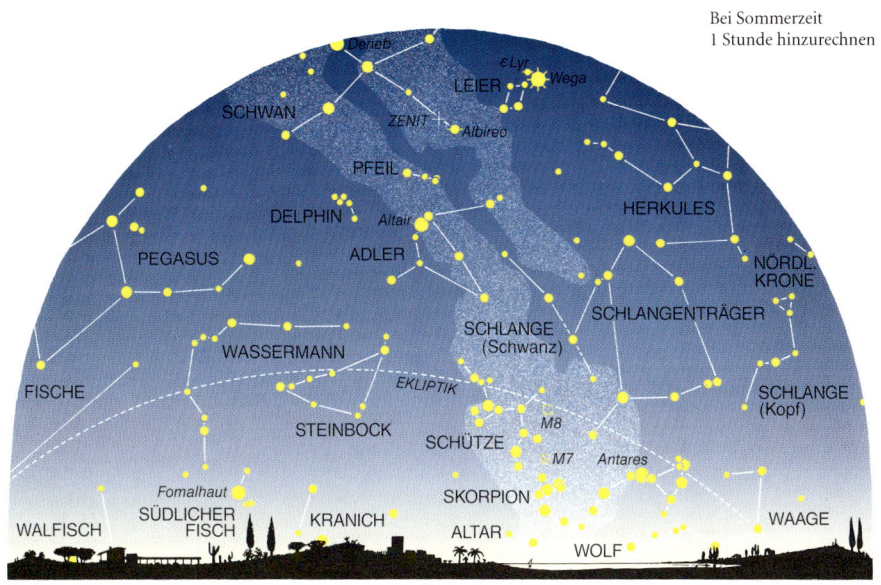

OSTEN · SÜDEN · WESTEN

dies der Fall ist, lässt sich aus der Mondphasentabelle auf den Seiten 106 und 107 entnehmen.

Im Süden lässt sich die Milchstraße deutlich und klar beobachten, weil sie fast senkrecht vom Süden zum Zenit emporsteigt. Sie durchläuft dabei ein interessantes Sternbild, den **Skorpion,** eines der Tierkreissternbilder (→ Seite 15, 16). Der Skorpion ist ebenfalls ein sehr altes Sternbild, das eine Reihe von hellen, auffälligen Sternen enthält, insbesondere den hellsten im Skorpion mit Namen Antares. Antares gehört zu den wenigen Sternen, die eine deutliche Färbung zeigen. Er leuchtet rötlich und verdankt dieser Farbe auch seinen Namen. Weil der Planet Mars

ebenfalls rötlich leuchtet und als Planet auf der Ekliptik häufig in die Nähe von Antares geraten kann, bezeichnete man Antares als »Gegen-Mars« (Ant-Ares), denn Ares war der giechische Kriegsgott und praktisch identisch mit dem römischen Gott des Krieges Mars.

Der Antares steht so dicht an der Ekliptik, dass er häufig vom Mond bedeckt werden kann. Er ist ein ungewöhnlicher Stern in 500 Lichtjahren Entfernung. Die Astronomen bezeichnen ihn, genau wie den Stern Beteigeuze im Orion (→ Seite 54, 129), als Überriesen mit einem Durchmesser, der den der Sonne um das 700fache übersteigt. Anstelle der Sonne stehend, würde er über die Bahn des Planeten

Mars hinausreichen und die Erde in sich verschlucken. Er leuchtet mindestens 7600-mal heller als die Sonne. Ebenfalls im Skorpion finden wir den offenen Sternhaufen M 7, einen der wenigen, den man schon mit dem bloßen Auge gut erkennen kann (→ Seite 150, 151).

Die Geschichte des Skorpion ist eng mit der anderer Sternbilder verknüpft. So soll er nach einer Überlieferung den Orion mit seinem Giftstachel tödlich verletzt haben (→ Seite 54) und wurde daraufhin so an den Sternenhimmel versetzt, dass er dem Orion immer genau gegenübersteht, sich beide also niemals treffen können. Der Skorpion ist ein Sommersternbild; der Orion ein Wintersternbild.

69

September
STERNKARTE N II/9

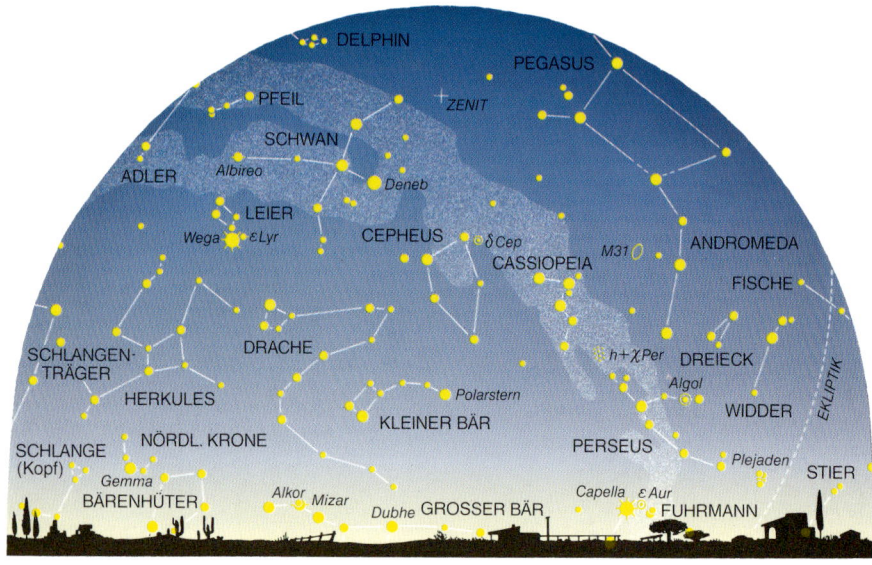

DELPHIN
PEGASUS
PFEIL
ZENIT
SCHWAN
ADLER   Albireo   Deneb
LEIER
Wega εLyr   CEPHEUS   δCep   M31   ANDROMEDA
CASSIOPEIA   FISCHE
SCHLANGEN-   DRACHE   h+χPer   DREIECK
TRÄGER   Algol   EKLIPTIK
HERKULES   Polarstern   WIDDER
SCHLANGE   NÖRDL. KRONE   KLEINER BÄR   PERSEUS
(Kopf)   Plejaden   STIER
Gemma   Capella εAur
BÄRENHÜTER   Alkor Mizar Dubhe GROSSER BÄR   FUHRMANN

WESTEN   NORDEN   OSTEN

Der Herbst beginnt im September. Tag und Nacht sind etwa gleich lang (→ Seite 12, 13 und 104, 105), sodass sich die Sterne wieder leichter beobachten lassen, weil sie nun abends früher sichtbar werden.

Dies ist auch wichtig, weil jetzt viele der bekannten Sternbilder abends tief am Horizont zu finden sind und in besserer Position nur schwächere Sterne aufleuchten. So steht zum Beispiel der berühmte Große Bär oder der Große Wagen ganz tief im Norden, ja seine Sterne sind in dieser geographischen Breite sogar teilweise unter den Horizont gesunken. Die Ekliptik verläuft in mittlerer Höhe im Süden, wo sie die Sternbilder Steinbock und

Wassermann durchschneidet. Beide Sternbilder beherbergen daher häufig Planeten, die im September ebenfalls gut beobachtet werden können. Im Sternbild Steinbock wurde im September 1846 der Planet Neptun, einer der drei mit bloßem Auge nicht sichtbaren Planeten, gefunden (→ Seite 17, 145).

Sowohl der Steinbock als auch der Wassermann eignen sich besonders gut, um ein wichtiges Phänomen in der Bewegung der Gestirne zu verdeutlichen. Auf vielen Landkarten findet man noch heute für den südlichen Wendekreis, 23 1/2 Grad südlich des Äquators gelegen, die Bezeichnung Wendekreis des Steinbocks. Über dem südlichen Wendekreis steht die

Sonne jedes Jahr zum Winterbeginn der Nordhalbkugel genau im Zenit, also senkrecht über dem Beobachter. In den Jahren vor Christi Geburt, als diese alten Begriffe gebildet wurden, leuchtete die Sonne zu dieser Zeit vor den Sternen des Sternbilds Steinbock. Heute tut sie das jedoch nicht mehr, sondern befindet sich bei Winteranfang im Schützen, sodass man eigentlich vom Wendekreis des Schützen sprechen müsste.

Diese Verschiebung beruht auf derselben Erscheinung, die auch den Himmelsnordpol wandern lässt (→ Sternbild Drache, Seite 42, 43). Man bezeichnet sie als Präzession, als ein allmähliches Vorrücken der wichtigsten Himmelslinien, des Him-

Bei Sommerzeit
1 Stunde hinzurechnen

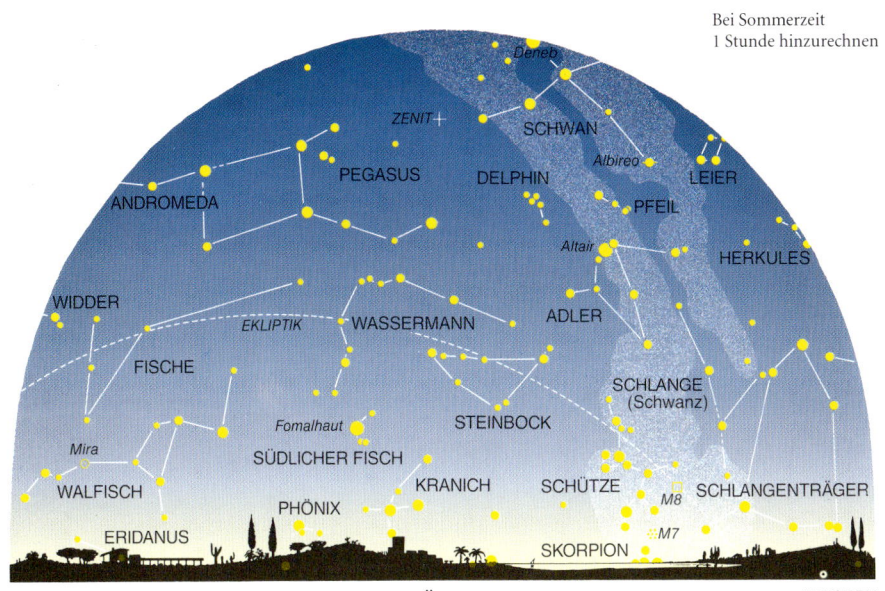

OSTEN   SÜDEN   WESTEN

melsäquators und des Himmelsnordpols und -südpols vor dem Hintergrund der Sterne. Einmal in 26.000 Jahren vollenden diese Kreise und Punkte eine vollständige Umdrehung um die Himmelskugel. Der tiefste Punkt der Sonne auf der Ekliptik hat sich inzwischen vom Steinbock in den Schützen verlagert und der Punkt, in dem die Sonne immer bei Frühlingsanfang steht, der so genannte Frühlingspunkt, vom Widder in die Fische. Wegen dieser Lage hat man in der Astrologie, der Sterndeutung, das jetzt herrschende Zeitalter als das Zeitalter der Fische bezeichnet. Da aber der Frühlingspunkt auf der Ekliptik fortwährend weiter wandert, wird er etwa um das Jahr 2400 die Grenze zum Sternbild Wassermann überschreiten. Dann beginnt das Zeitalter des Wassermanns, in dem alles besser, friedlicher und schöner auf der Erde werden soll. Dies ist der astronomische Hintergrund des bekannten Liedes »The age of aquarius« (Zeitalter des Wassermanns) aus dem Musical »Hair«.

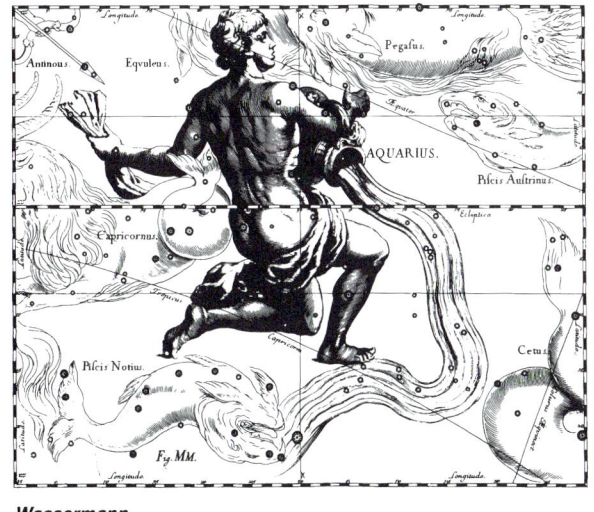

Wassermann

Oktober
STERNKARTE N II/10

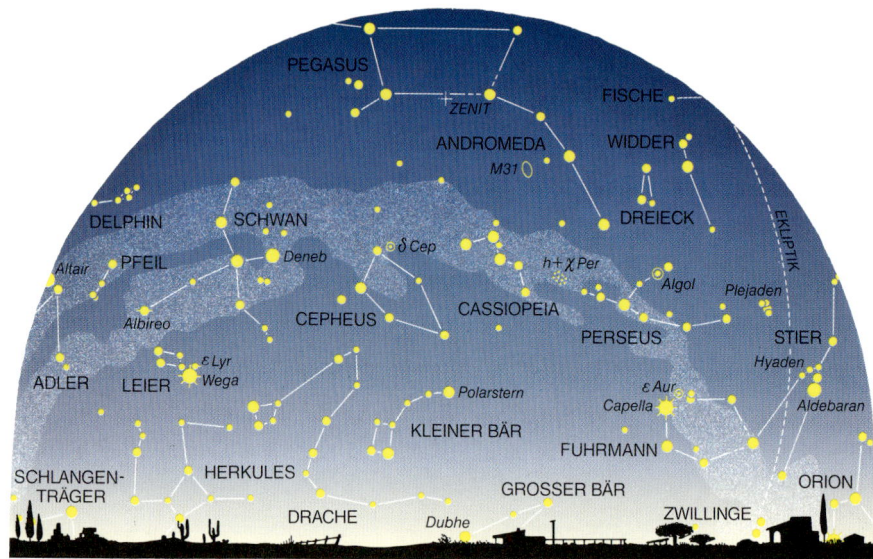

WESTEN
NORDEN
OSTEN

Zu jeder Jahreszeit gibt es typische Sternbilder am Himmel. Durch die Bewegung der Sonne im Lauf eines Jahres können nachts von Monat zu Monat andere Sterne gesehen werden, die ein halbes Jahr später mit der Sonne unsichtbar über den Taghimmel wandern. Die Sonne entscheidet so durch ihre scheinbare Bewegung am Himmel über die jahreszeitliche Sichtbarkeit der Sterne, während die Rotation der Erde über ihre Sichtbarkeit im Lauf der Nacht zu verschiedenen Uhrzeiten entscheidet (→ Einleitung, ab Seite 8).

Der Sternenhimmel erscheint also in jeder Jahreszeit gleich, mit Ausnahme der Stellung der Planeten (→ Seite 113 bis 117). Im Herbst fällt vor allem

das »Herbstliche Viereck« auf, das von den Sternbildern **Pegasus** und Andromeda gebildet wird und im Oktober genau im Zenit, in der höchsten Position über dem Beobachter steht.

Das Sternbild Pegasus wird meistens als dieses fast exakte Viereck dargestellt, obwohl einer der Ecksterne schon zur Andromeda gehört. Dies ist auf den Sternkarten durch entsprechend gestrichelte Linien deutlich gemacht. Hinter dem Pegasus verbirgt sich ein berühmtes Fabeltier der griechischen Sage, ein Pferd, das fliegen konnte. Der Held Perseus (→ Seite 30) kämpfte einst mit der Medusa, die so schrecklich aussah, dass jeder bei ihrem Anblick vor Schreck zu Stein erstarrte. Doch Per-

seus war so geschickt, dass er im Kampf die Medusa nur als Spiegelbild in seinem Schild betrachtete und sie schließlich besiegen konnte. Aus ihrem abgeschlagenen Haupt entsprang der Pegasus, entfaltete seine Flügel und flog zum Himmel zu den Göttern. Perseus, die Andromeda, die ebenfalls das Herbstliche Viereck bildet, der Cepheus und die Cassiopeia gehören alle zu einem Sagenkreis und sind im Oktober am Nordhimmel zu sehen.

Später vollbrachte der Pegasus im Auftrag der Götter viele Taten. Einmal landete er auf der Insel Helion, und seine Hufe schlugen beim Aufsetzen ein Loch in den Boden, aus dem eine Quelle der Weisheit entsprang. Wer aus ihr

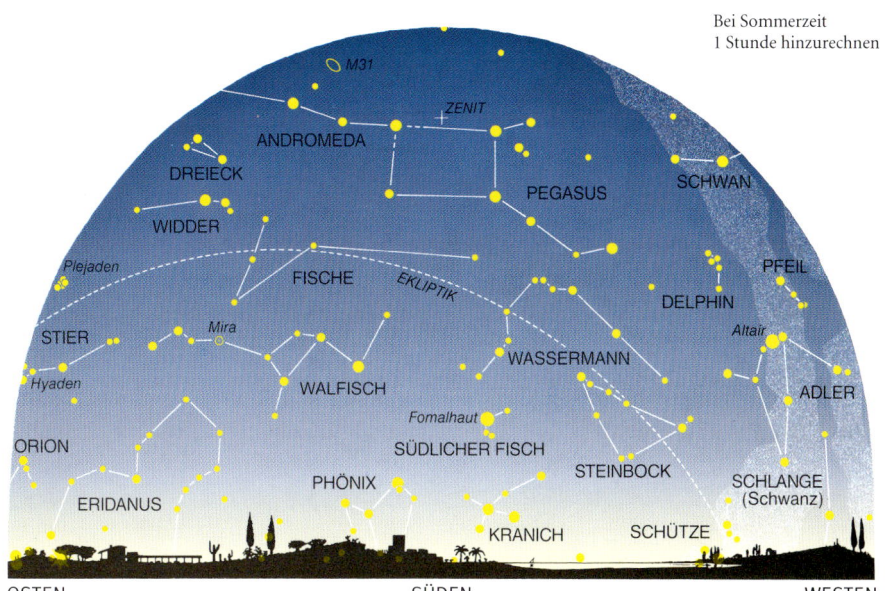

Bei Sommerzeit
1 Stunde hinzurechnen

OSTEN   SÜDEN   WESTEN

trank, den beflügelte die Fantasie, sodass der Pegasus später zu einem Symbol, zu einem Schutzpatron der Denker und Dichter wurde. Der Pegasus dehnt sich über das Herbstliche Viereck hinaus noch sehr weit aus und stößt im Westen an die Sternbilder Schwan und Delphin.

Trotz seiner Größe enthält der Pegasus nur wenige auffällige Sterne oder andere Himmelsobjekte wie Sternhaufen und veränderliche Sterne. Ganz anders die Andromeda, die den berühmten Andromedanebel, eine der wenigen mit bloßem Auge sichtbaren gewaltigen Sternsysteme oder Galaxien enthält (→ Seite 26, 133). Die Fachbezeichnung lautet M 31, das heißt die 31. Eintragung in einem Katalog des französischen Astronomen Charles Messier aus dem 18. Jahrhundert. Überhaupt bietet im Oktober der Blick nach Norden am Sternenhimmel mehr als der nach Süden, weil dort fast nur schwache Sternbilder stehen mit der einen Ausnahme des Südlichen Fisches (→ Seite 94, 95), der einen sehr hellen Stern, Fomalhaut, enthält.

Pegasus

73

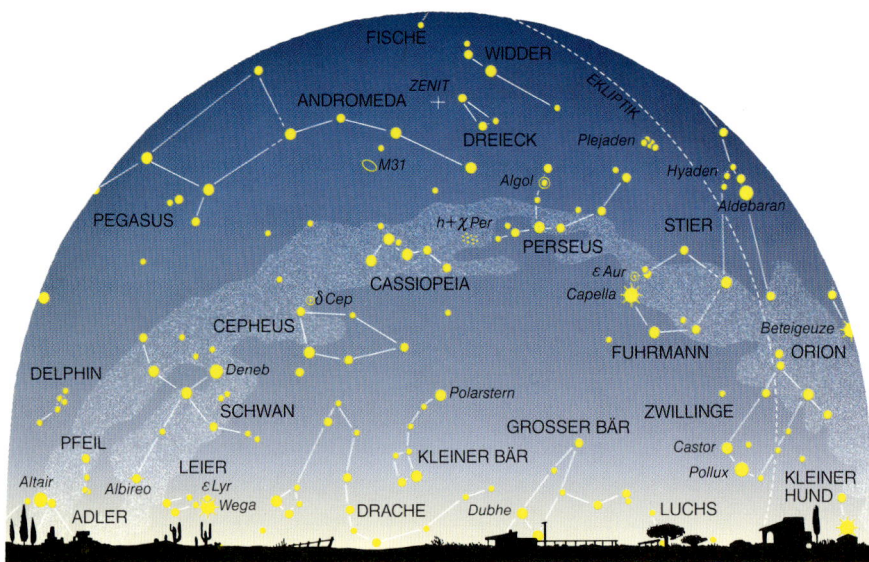

WESTEN   NORDEN   OSTEN

Sehr viele Sternbilder stammen aus einem geschlossenen Sagenkreis und sind, wenn auch nicht immer unmittelbar, miteinander verwoben. So ist zum Beispiel der Walfisch, der im November seine beste Position hoch am Südhimmel erreicht, mit der Perseussage, dem Pegasus und vielen Sternbildern am Nordhimmel verbunden. Er war das Ungeheuer, das Äthiopien verwüstete, wo der Cepheus und die Cassiopeia herrschten (→ Seite 28, 29).

Im Gegensatz zum Perseus und zur Cassiopeia hat der **Walfisch** nur wenige helle Sterne am Himmel erhalten, dafür aber einen umso interessanteren, nämlich den Stern Mira. Das Wort Mira kommt aus dem Lateinischen

und heißt übersetzt »wunderbar«. Dahinter verbirgt sich der erste Stern, dessen schwankende Helligkeit entdeckt und der so zum Prototyp einer Gruppe von Sternen – den Mira-Veränderlichen – wurde (→ mehr darüber ab Seite 150, 151). Bei ihrer größten Helligkeit lässt sich die Mira leicht mit bloßem Auge sehen; bei ihrer geringsten kann sie unsichtbar werden.

In den 60er Jahren dieses Jahrhunderts vermutete man im Walfisch noch einen weiteren »wunderbaren« Stern, und zwar den Stern Tau Ceti, der der Sonne besonders ähnlich und nur 12 Lichtjahre von der Erde entfernt ist. Zusammen mit dem Stern Epsilon Eridani (→ Seite 99) galt er als erster Kandidat für ei-

nen Stern, der wie die Sonne Planeten besitzen könnte, auf denen vielleicht sogar Leben existierte. 1960 lauschten daher amerikanische Astronomen mit Radioteleskopen intensiv in Richtung dieser beiden Sterne nach Lebenszeichen einer fernen Zivilisation, doch ohne jeden Erfolg. Nördlich des Walfisch leuchtet das Sternbild der Fische, ein weiteres Tierkreissternbild, durch das die Ekliptik läuft und das daher Planeten beherbergen könnte. Auch die Fische sind ein unscheinbares Sternbild mit wenigen dem bloßen Auge zugänglichen Sternen. In den alten Sternatlanten sind hier zwei Fische dargestellt, die durch einen Strick verbunden sind. In der griechischen Mytholo-

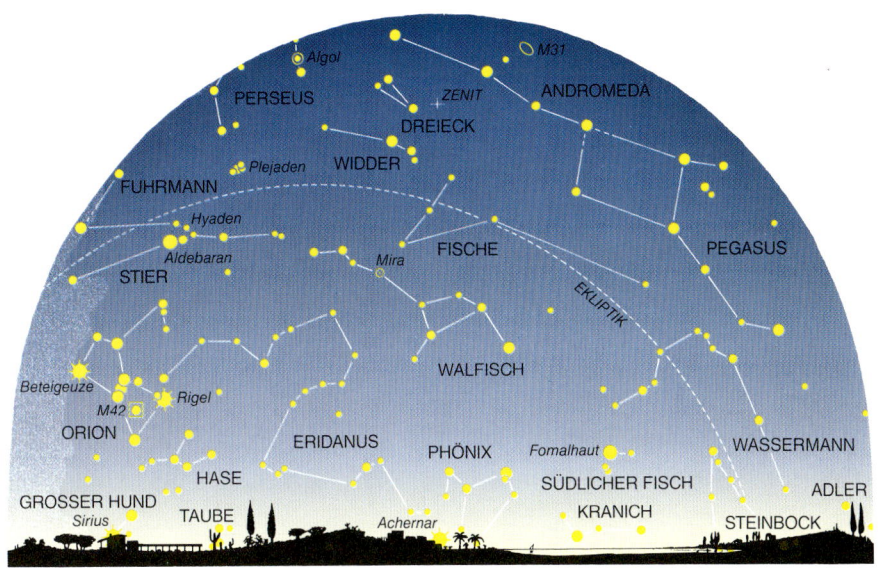

OSTEN · SÜDEN · WESTEN

gie floh einst die Göttin der Liebe, Aphrodite, mit ihrem Sohn Eros vor einem Ungeheuer schrecklichster Art, konnte aber den Fluss Euphrat in Mesopotamien, der Hochwasser führte, nicht überqueren. Doch trotzdem stürzte sie sich vor Verzweiflung in die Fluten, und die Meeresgöttinnen erbarmten sich ihrer, indem sie zwei Fische schickten, die durch einen Strick verbunden waren, sodass sich Aphrodite und ihr Sohn festklammern konnten. Als Dank für diese Tat wurden die Fische zum Sternbild. Im Sternbild Fische ereignete sich im Jahre 7 v. Chr. eine ungewöhnliche Stellung der Planeten Jupiter und Saturn, eine mehrfache Konjunktion (→ Seite 113, 114). Die meisten Astronomen sind heute der Meinung, dass diese Planetenstellung im Sternbild Fische der berühmte Stern von Bethlehem war, der zur Geburt von Jesus Christus leuchtete (die Zählung der Jahre nach Christi Geburt wurde erst 500 Jahre später erfunden. Wann Jesus Christus tatsächlich geboren wurde, ist bis heute umstritten).

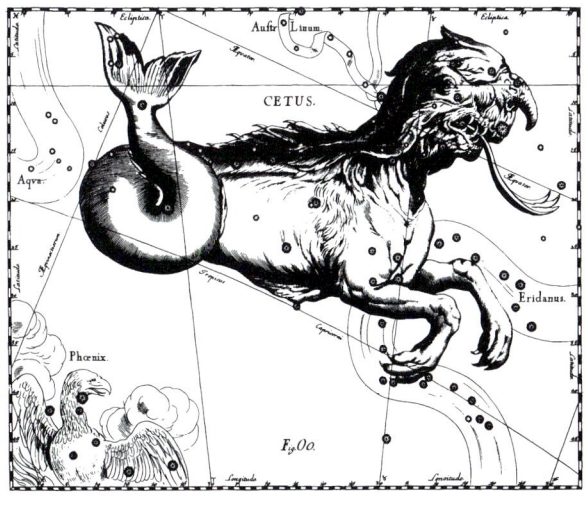

Walfisch

Dezember

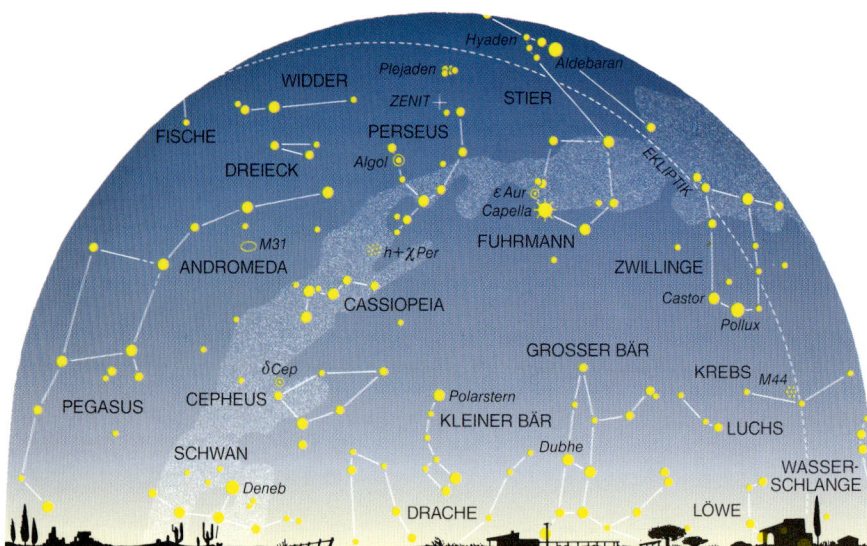

WESTEN NORDEN OSTEN

Der Sternenhimmel im Dezember bietet in den frühen Abendstunden bereits die bekannten Wintersternbilder in einer günstigen Position im Südosten. Im Gegensatz zum Sternenhimmel des Herbstes ist jetzt der Süden wieder eindeutig der dominierende Himmelsteil. Auch die Ekliptik zieht einen gewaltigen Bogen über den Himmel, sodass der Dezember auch ein Monat ist, in dem sich Planeten gut sehen lassen und der Mond besonders hoch steht und lange über dem Horizont leuchtet. Auch die schönsten Tierkreissternbilder sind daher im Dezember gut zu beobachten, vor allem die Zwillinge, der Stier und auch der **Widder,** der normalerweise als erstes Tierkreissternbild

genannt wird. Früher, vor Christi Geburt, stand die Sonne nämlich bei Frühlingsanfang in ihm, sodass der entsprechende Punkt ihrer Bahn, den man heute meist nur noch als Frühlingspunkt bezeichnet, damals Widderpunkt hieß. Infolge der Präzession, also des Vorrückens des Himmelspols (→ Seite 42, 43), ist aber der Frühlingspunkt inzwischen im Sternbild Fische angekommen und wird in etwa 400 Jahren den Wassermann erreichen (→ Seite 70, 71).

Das Sternbild Widder ist untrennbar verbunden mit der Sage über das Schiff der Argonauten, dem wir mehrere schöne Sternbilder des Südhimmels verdanken, so den Schiffskiel, das Segel sowie

das Hinterdeck. Eines dieser Sternbilder aus der Argonautensage lässt sich im Dezember auch ganz knapp über dem Südosthimmel erkennen, das Sternbild Hinterdeck (des Schiffes Argo, → mehr darüber auf Seite 82, 83).

In Böotien in Griechenland herrschte einst der König Athamas, dessen Land von einer sehr großen Hungersnot heimgesucht wurde. In seiner Not wollte er seine beiden Kinder Phrixos und Helle opfern. Die böse Stiefmutter der Kinder hatte ihm ein falsches Orakel übermitteln lassen. Doch bevor sie geopfert wurden, sandten die Götter einen Widder, der ein Fell aus purem Gold hatte und reden konnte, wie ein Mensch. Er entführte Phrixos und Helle und trug sie

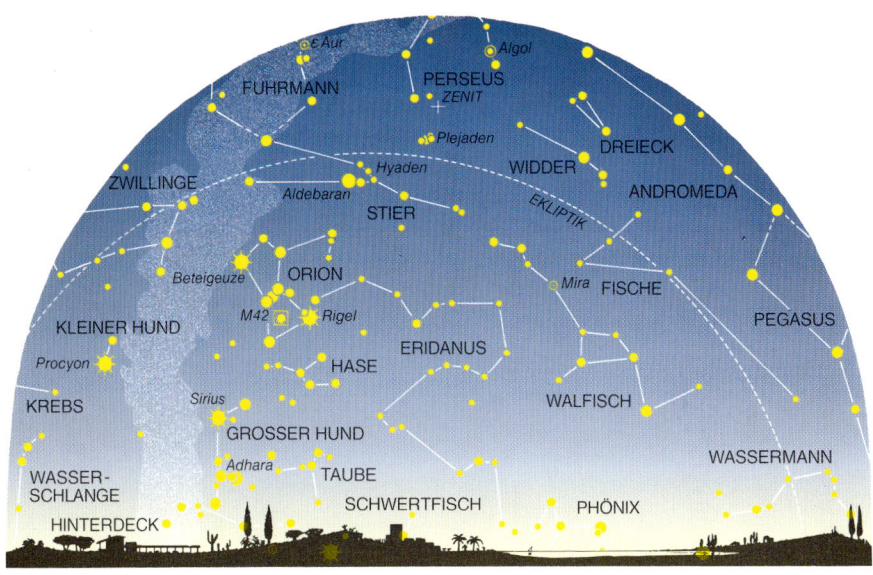

fliegend über das Meer gen Osten. Doch unterwegs bekam das Mädchen Helle Angst und stürzte hinab ins Meer, an einer Stelle, die noch heute der Hellespont heißt. Dem Phrixos aber sprach der goldene Widder gut zu, und der landete ihn schließlich sicher im Lande Kolchis am Schwarzen Meer. Auf den Rat der Götter hin opferte Phrixos dort den Widder und hängte sein goldenes Fell, das so genannte Goldene Vlies, im Garten des Kriegsgottes Ares auf, wo es ein riesenhafter Drache bewachte. Dieses berühmte Goldene Vlies sollten später die Helden des Schiffes Argo auf Befehl der Götter zurückholen, was ihnen auch gelang. Der Widder gehört heute zu den kleineren Sternbildern. Er enthält nur einen helleren Stern, den Hamal, was arabisch ist und der Kopf des Schafes heißt. Hamal ist 80 Lichtjahre von der Erde entfernt und leuchtet etwa 70-mal heller als die Sonne. Die Sonne bewegt sich in jedem Jahr zwischen dem 19. April und dem 13. Mai an den Sternen des Widder vorüber.

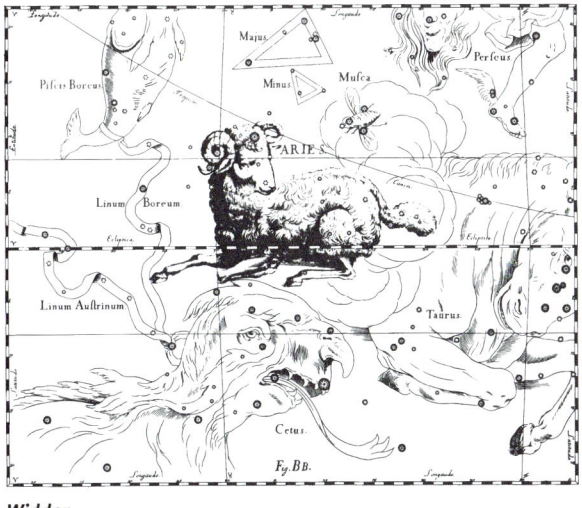

Widder

Sternkarten S

Zwischen 10 Grad und 30 Grad südlicher Breite liegen die Länder der Erdsüdhalbkugel, für die die Sternkartenserie S gilt. Der südliche Sternenhimmel unterscheidet sich stark vom nördlichen. Die nördlichen Sternbilder scheinen für einen Betrachter auf der Südhalbkugel »auf dem Kopf« zu stehen, wie ein Blick auf die Karten des Himmelsanblicks Richtung Norden deutlich zeigt. Auch die Namen der Sternbilder des Südhimmels unterscheiden sich von denen des Nordens, weil sie zu einer viel späteren Zeit, im 18. Jahrhundert, entstanden. Die Abkürzungen KMW

und GMW stehen für die auffälligsten Himmelsobjekte des Südhimmels, für die Kleine Magellan'sche Wolke und die Große Magellan'sche Wolke (→ Seite 137).

Je weiter man nach Süden reist, umso höher stehen die Sterne in südlicher Richtung über dem Horizont und umso tiefer die in nördlicher Richtung. Auch die Karten der Serie S gelten für Anfang des Monats 23 Uhr, Mitte des Monats 22 Uhr und Ende des Monats 21 Uhr und bei Sommerzeit für 24, 23 und 22 Uhr. Für andere Uhrzeiten muss man die Tabelle auf Seite 20 zurate ziehen.

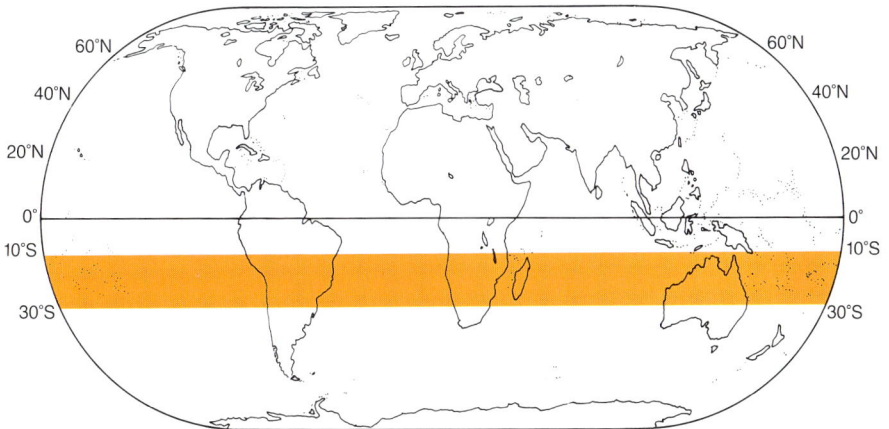

Die Sternkarten S gelten für folgende Länder: Peru, Bolivien, Argentinien, Chile, Südafrika, Simbabwe, Tansania, Botswana, Namibia, Madagaskar, Australien.

Was die Symbole in den Sternkarten zeigen:

● = Doppelsterne: Besonders eng zusammenstehende Sternenpaare.

◉ = Veränderliche Sterne: Diese Sterne verändern ihre Helligkeit.

□ = Nebel: Farbig leuchtende Gas- und Staubwolken.

∴ = Sternhaufen: Sternansammlungen, die konzentriert an einer Stelle stehen.

○ = Galaxien: Sternsysteme (eine unter vielen ist die Milchstraße).

Zur Helligkeit und Größe der eingezeichneten Sterne:

0 = ☀ Hellste Sterne. Auch am Großstadthimmel gut sichtbare Sterne.

1 = ● 2 = ● 3 = ● 4 = •

Größenklassen von 0 bis 4. Je kleiner die Zahl, desto heller der Stern.

Der Schleiernebel in der Leier ist wahrscheinlich Überrest einer Supernova.

Januar
STERNKARTE S 1

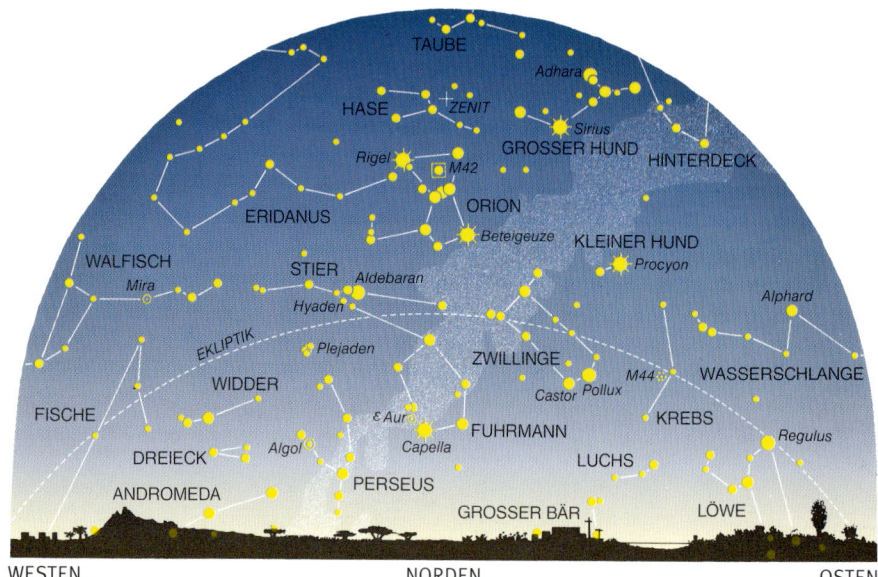

WESTEN · NORDEN · OSTEN

Die Erde steht der Sonne im Januar am nächsten. Nur 147,1 Millionen Kilometer trennen uns von ihr. Dass jetzt auf der Südhalbkugel der Erde Sommer herrscht, hat mit der geringen Entfernung zur Sonne allerdings kaum etwas zu tun, obwohl die Intensität der Wärmestrahlung mit sinkender Entfernung zunimmt. Unsere Jahreszeiten werden tatsächlich durch die Schrägstellung der Erdachse verursacht (→ Seite 13).

Der südliche Sternenhimmel in den Monaten von Januar bis März ist der wohl prachtvollste Himmel überhaupt. Von den zehn hellsten Sternen des Himmels (alle mit kleinem Strahlenkranz versehen) sind sieben in günstiger Höhe über dem Horizont zu beobachten – es fehlen lediglich Wega und Arktur sowie Alpha Centauri, der aber im Lauf der Nacht aufgehen wird. Den Nordhimmel beherrschen die auf der Nordhalbkugel als Wintersechseck bekannten Sternbilder. Es sind die hellsten Sterne der Sternbilder Fuhrmann, Stier, Orion, Großer Hund, Kleiner Hund sowie der Zwillinge. Das nördliche Wintersechseck müsste hier allerdings entsprechend der Jahreszeit eher als Sommersechseck bezeichnet werden.

Den südlichen Himmel bevölkern viele kleinere Sternbilder, die nach Tieren benannt sind, zum Beispiel der **Tukan,** der Phönix, die **Kleine Wasserschlange,** der **Fliegende Fisch,** der Kranich, der Schwertfisch und der Pfau. Sie sind alle um den Himmelssüdpol gruppiert, den im Gegensatz zum Nordpol kein heller Stern markiert, der aber mit Hilfe des Sternbilds Kreuz des Südens, das jetzt ebenfalls deutlich zu sehen ist, leicht gefunden werden kann (→ Seite 22). Die vielen exotischen Tiernamen am Südhimmel stammen nicht wie die Sternbildnamen des Nordens aus der griechischen Mythologie, sondern sind erst viel später, im 17. Jahrhundert erfunden worden. Ein deutscher Astronom, Johann Bayer, der von 1572 bis 1625 in Augsburg lebte, stellte sie 1603 in einem berühmten Sternatlas zum ersten Mal der Öffentlichkeit vor. Er stützte sich auf ältere Quellen, die

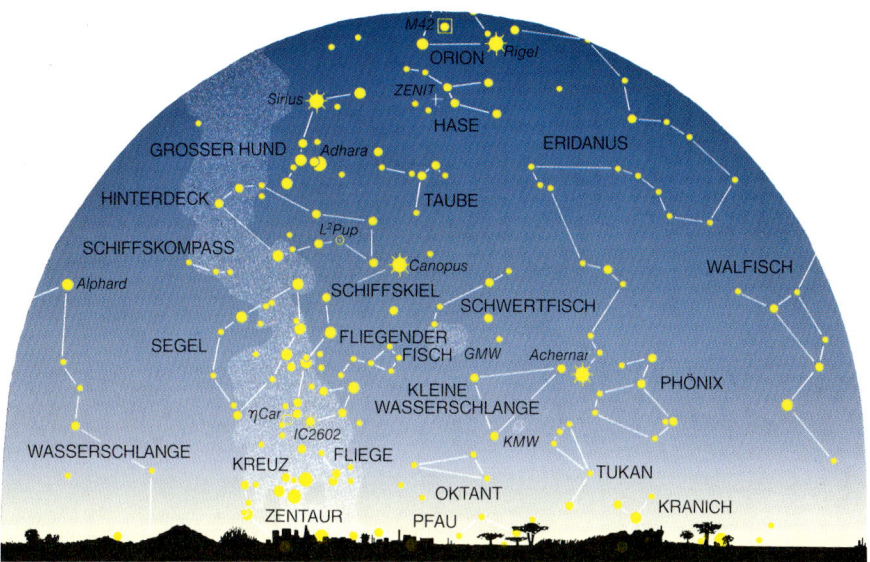

OSTEN · SÜDEN · WESTEN

Berichte von holländischen Seefahrern, die im 16. Jahrhundert zum ersten Mal den Südhimmel beobachtet hatten. Johann Bayer übernahm aus diesen Erzählungen verschiedene Sternbilder, die er ziemlich willkürlich um den Himmelssüdpol anordnete und die seine Zeichner überaus fantasievoll darstellten. Wie ein Vergleich dieser Zeichnungen (unten) mit den Sternbildern (oben) zeigt, ist der Zusammenhang zwischen den Tieren und der Anordnung der Sterne kaum erkennbar, während er am Nordhimmel, etwa beim Großen Wagen, noch nachempfunden werden kann.

So entstanden auch die kleinen Sternbilder Fliegender Fisch und Kleine Wasserschlange. Die Kleine Wasserschlange (lateinisch: Hydrus) bildete Bayer in Anlehnung an ihre größere und ältere Schwester, die Große Wasserschlange (Hydra) am Nordhimmel (→ Seite 62, 63). Die Berichte von Fliegenden Fischen müssen ihn ebenfalls fasziniert haben, weil ein solches Tier bis dahin im Norden unbekannt war.

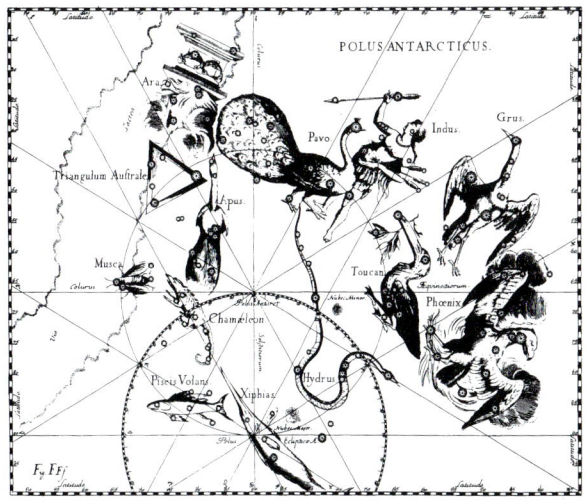

Tukan, Fliegender Fisch, Kleine Wasserschlange

Februar

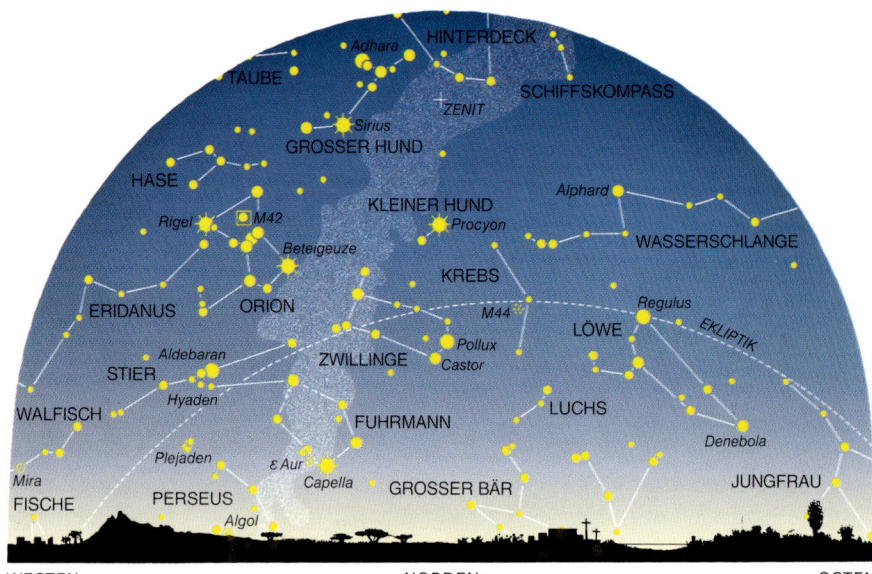

WESTEN NORDEN OSTEN

Der Zentaur steht im Februar abends am Sternenhimmel bereits über dem Horizont. Er sowie Teile des Schiffs, der Kiel, das Segel und das Hinterdeck zeigen deutlich, dass es auch am Südhimmel Sternbilder gibt, die aus dem Sagenkreis des klassischen Altertums und nicht nur aus der modernen Zeit stammen.

Hinter dem Schiff verbirgt sich eine der spannendsten Sagen der griechischen Mythologie. Ursprünglich war es nur ein einziges Sternbild, nämlich das Sternbild **Schiff Argo,** heute ist es in vier Teile gegliedert, die jedoch alle am Himmel unmittelbar aneinander grenzen. Auch viele andere Sternbilder in der Umgebung gehören zu der fantastischen Sage der »Argonauten«.

So hieß die Besatzung des berühmten Schiffes, das der Held Jason befehligte. Jason hatte von seinem Onkel die Aufgabe erhalten, das berühmte Goldene Vlies nach Griechenland zurückzubringen, damit er die Herrschaft über das Reich seines Vaters erringen könne. Das Goldene Vlies war das Fell des Widders, der nach seinem abenteuerlichen Flug den Göttern geopfert worden war (→ Seite 76, 77). Es wurde von einem Drachen streng bewacht.

Doch Jason, unterstützt von der Göttin Athene, baute die Argo, die Schnelle, ein gewaltiges Schiff, und er ließ überall in Griechenland verkünden, welches Abenteuer er zu bestehen gedenke. Alle bedeutenden Helden, Herkules,

Castor und Pollux (→ mehr darüber in: Sterne in den Zwillingen am Nordhimmel, Seite 58, 59) und viele andere folgten seinem Ruf und besetzten das Schiff. Natürlich gelang es Jason schließlich, das Goldene Vlies zu erobern, nachdem er den schrecklichen Drachen getötet hatte. Vorher musste das Schiff Argo mit seiner Besatzung durch viele Meerengen fahren, bei denen die große Gefahr bestand, an den Felsen zu zerschellen. Doch die Göttin Athene schickte eine Taube, die der Argo den Weg wies und sie sicher durch die Klippen führte – auch die Taube steht heute als Sternbild am Himmel.

Das interessanteste Sternbild des heute viergeteilten Argo-

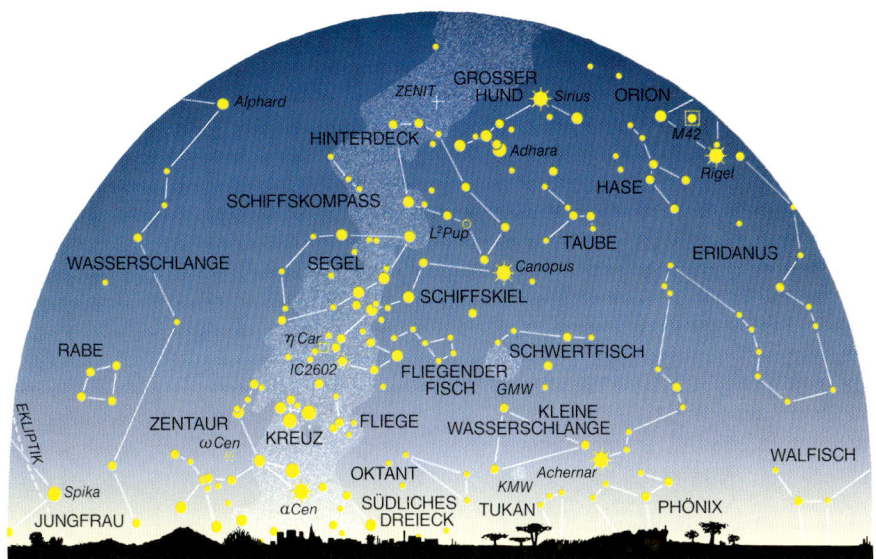

nauten-Schiffs ist der Schiffs-kiel (lateinisch: Carina), denn in ihm leuchtet der zweit-hellste Stern des Himmels, Canopus (→ Seite 130). Ein eindrucksvoller Sternhaufen steht ebenfalls im Schiffskiel, der die Fachbezeichnung IC 2602 trägt (das heißt die 2602. Eintragung im Index-Cata-log, einem ausführlichen Ver-zeichnis von Sternhaufen). IC 2602 wird oft auch als »südli-che Plejaden« bezeichnet, das Gegenstück zu dem berühm-ten Sternhaufen der Plejaden auf der Nordhalbkugel des Himmels (→ Seite 145, 150). IC 2602 sollte man mit Hilfe eines kleinen Feldstechers be-trachten. Dicht bei diesem eindrucksvollen Sternhaufen liegt ein gewaltiger Gasnebel, der den Stern Eta Carinae umgibt. Eta Carinae ist ein Objekt der Milchstraße (→ 139–141), über das bis heute keine eindeutigen Erkennt-nisse vorliegen.

Schiff Argo

März

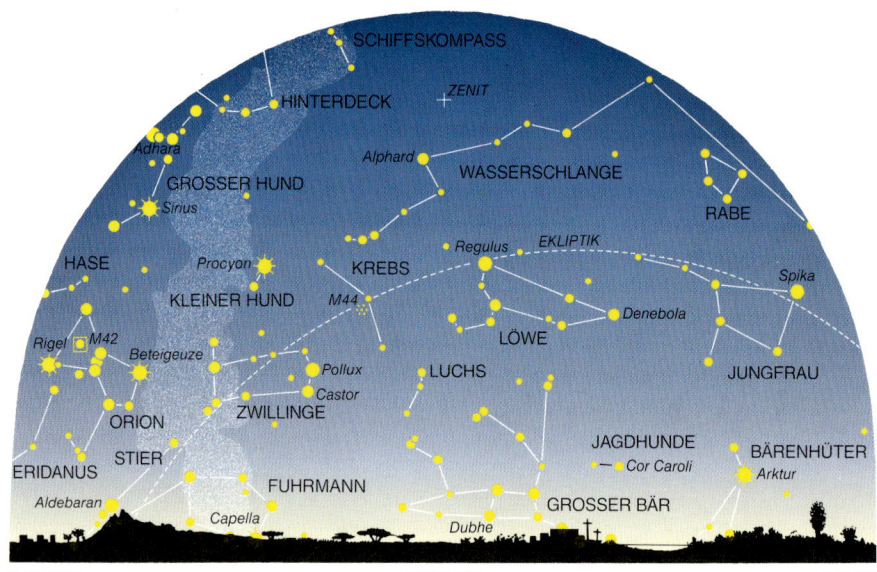

WESTEN NORDEN OSTEN

Das Schiff der Argonauten beherrscht im März den Südhimmel. Die **Taube,** die so großartig den Helden den Weg durch die Meerenge nach Osten zum Goldenen Vlies wies, leuchtet im Südwesten. Darüber reckt sich das Hinterdeck, zwischen den hellsten Sternen des Himmels, Sirius und Canopus. Im Hinterdeck oder Achterschiff (lateinisch: Puppis) leuchtet ein ungewöhnlicher Stern, der zu den wenigen veränderlichen Sternen gehört, die man gut mit bloßem Auge sehen und deren Lichtwechsel man verfolgen kann: L2 Puppis.

L 2 Puppis gehört zur Gruppe der Mira-Sterne. Er zeigt ein ähnliches Verhalten wie der »wunderbare Stern« Mira im Walfisch (→ Seite 74, 141). Er

verändert seine Helligkeit in rund 140 Tagen und kann im Maximum sehr gut mit dem bloßen Auge gesehen werden, bei seiner geringsten Helligkeit sinkt er allerdings auf die Grenze des gerade noch für das Auge sichtbaren Lichts ab. Im Südosten streben der Zentaur und das Kreuz des Südens langsam ihrer höchsten Stellung entgegen. Durch das Kreuz des Südens verläuft eine der sternenreichsten Gegenden der Milchstraße. Aber es findet sich innerhalb des Kreuz des Südens auch eine sehr dunkle Stelle, nämlich der so genannte Kohlensack. Große dunkle Wolken aus Staubpartikeln blocken dort das Licht dahinter stehender Sterne ab. Der Kohlensack ist mit einem kleinen Feldste-

cher besonders eindrucksvoll zu beobachten, weil man fast das Gefühl hat, hier befände sich ein richtiges Loch innerhalb des Milchstraßenbandes. Die Dunkelwolke des Kohlensacks ragt in das kleine Sternbild Fliege hinein, ein etwas ungewöhnlicher Name, der 1624 von Jakob Bartsch, dem Schwiegersohn des sicher bedeutendsten deutschen Astronomen Johannes Kepler, erfunden wurde. Das Kreuz des Südens verdankt seine Berühmtheit vor allem seiner Nützlichkeit als Navigationshilfe auf hoher See, weil es den Weg zum Südpol des Himmels und damit auch zur Südrichtung am Horizont wies (→ Seite 22, 23). Ansonsten ist es nicht ganz so eindrucksvoll, wie man häufig

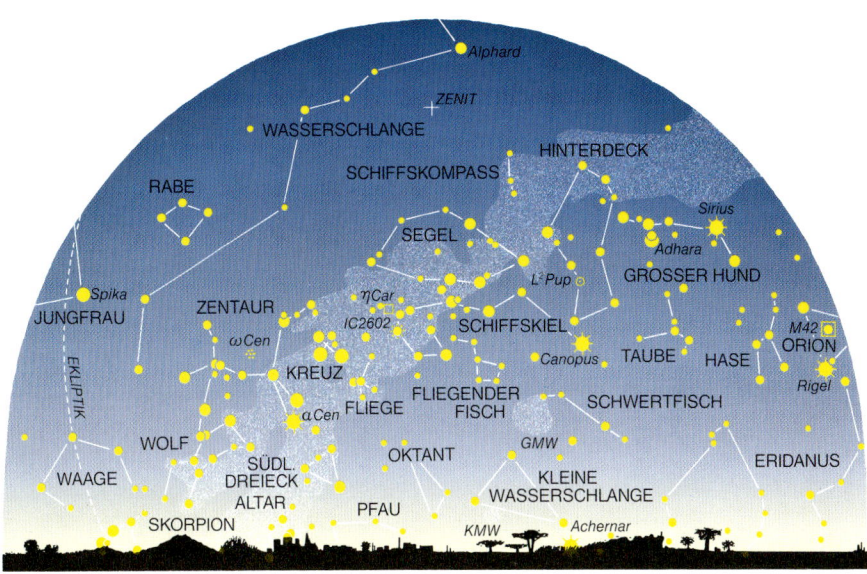

OSTEN · · · · · · · · · · SÜDEN · · · · · · · · · · WESTEN

auf der Nordhalbkugel meint. Obwohl ein christliches Symbol, war das Kreuz schon den Astronomen des Altertums bekannt. Sie betrachteten es jedoch als Teil des Sternbilds Zentaur. Heute hält das Sternbild Kreuz den Rekord als kleinstes aller 88 Sternbilder (das größte ist die Wasserschlange).

Im Jahre 1942 leuchtete im Sternbild Hinterdeck (des Schiffes) eine ungewöhnliche Nova auf, ein Stern, der in wenigen Tagen seine Helligkeit um das 15-Millionenfache steigerte. Dieser sensationelle Helligkeitsausbruch führte damals zu Überlegungen, ob es sich tatsächlich um einen Supernova-Ausbruch gehandelt haben könnte (→ Novae und Supernovae, Seite 143 und 151, 152). Nach neuesten Erkenntnissen dürfte dies jedoch nicht der Fall gewesen sein. Heute kann man an der Stelle der Nova Puppis 1942 (so der offizielle Name dieser Himmelserscheinung) lediglich einen extrem schwachen Stern sehen, um den feine Gasmassen leuchten, die bei der Explosion abgestoßen wurden.

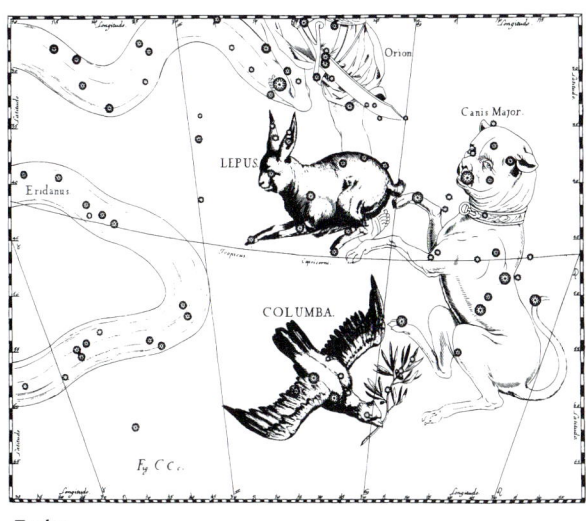

Taube

85

April
STERNKARTE S 4

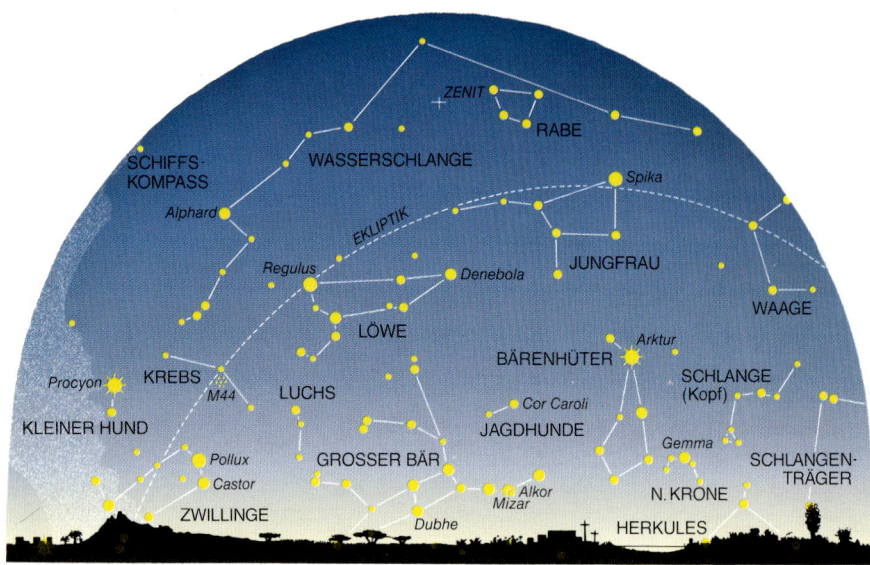

ZENIT
RABE
WASSERSCHLANGE
SCHIFFS-KOMPASS
Spika
Alphard
EKLIPTIK
JUNGFRAU
Regulus
Denebola
WAAGE
LÖWE
Arktur
BÄRENHÜTER
SCHLANGE (Kopf)
Procyon
KREBS
M44
LUCHS
Cor Caroli
SCHLANGEN-TRÄGER
KLEINER HUND
JAGDHUNDE
Gemma
Pollux
GROSSER BÄR
Castor
Alkor
N. KRONE
Mizar
ZWILLINGE
Dubhe
HERKULES
WESTEN   NORDEN   OSTEN

Der Aprilhimmel zeigt bei einem Blick zum Zenit die gewaltige Ausdehnung der Wasserschlange, des größten Sternbilds. Sie besteht allerdings nur aus verhältnismäßig schwach leuchtenden Sternen (→ Seite 62, 63). Im Süden beherrscht jetzt der **Zentaur** den Himmel.

Der Zentaur ist ein Fabelwesen der griechischen Mythologie, halb Pferd und halb Mensch. Die meisten Zentauren waren als grobe, brutale Gesellen bekannt, die viel Unheil anrichteten. Es gab jedoch auch eine Ausnahme, und zwar den Zentauren Chiron. Er war von sanfter und freundlicher Art, ein sehr gebildetes Wesen, das die Heilkunst lehrte. Doch sein Schicksal nahm eine grausa-

me Wende. Eines Tages begegnete er Herkules, der einen seiner vergifteten Pfeile aus Versehen auf den Fuß des Chiron fallen ließ. Obwohl Chiron ein großer Meister der

Heilkunst war, gelang es ihm nicht, diese Wunde zu heilen. Seine Qualen waren so groß, dass er, der eigentlich von göttlicher Geburt war, auf seine Unsterblichkeit verzich-

Zentaur

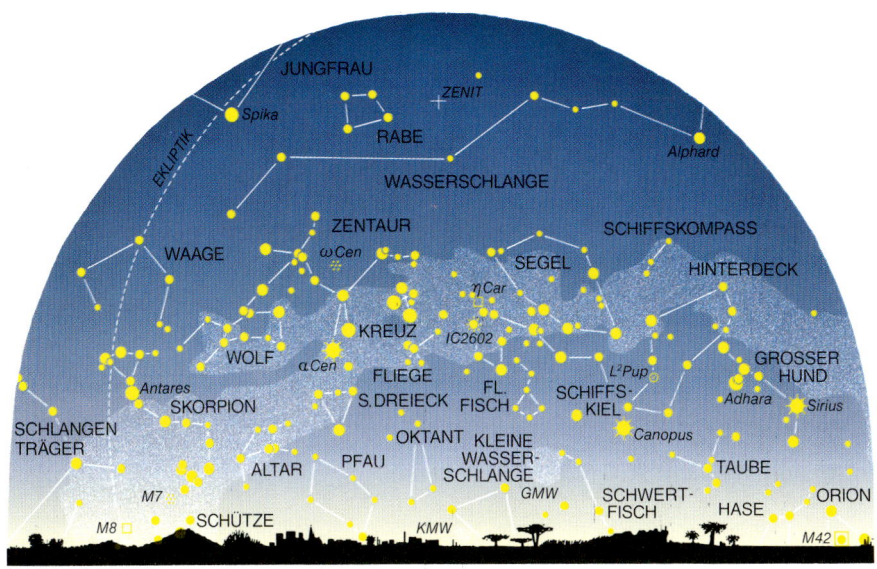

OSTEN · SÜDEN · WESTEN

tete, um von seinen Leiden erlöst zu werden. Dadurch befreite er gleichzeitig den Helden Prometheus, der das Feuer den Göttern genommen und den Menschen geschenkt hatte und dafür von diesen mit ewigen Qualen gestraft worden war. Zum Dank für diese selbstlose Tat machten ihn die Götter zu einem Sternbild.

Das Sternbild des Zentaur ist heute vor allem durch seinen hellsten Stern Alpha Centauri berühmt, der zu den zehn hellsten des Himmels gehört; er ist der nächste Stern der Erde (→ Seite 128, 129). Außerdem beherbergt es ein ungewöhnliches Objekt, den hellsten Kugelsternhaufen des Himmels, Omega Centauri. Die Bezeichnung Omega, also

ein griechischer Buchstabe, lässt erkennen, dass man den Sternhaufen ursprünglich für einen Stern hielt (→ Seite 21). Dem bloßen Auge erscheint er auch tatsächlich wie ein Stern, aber schon ein Fernglas zeigt die neblige verwaschene Struktur.

Die Kugelsternhaufen sind besonders dicht gepackte Ansammlungen von Sternen, im Gegensatz zu den offenen Sternhaufen wie etwa IC 2602, der jetzt nur wenig weiter westlich im Sternbild Schiffskiel gesehen werden kann (zu Sternhaufen allgemein → Seite 150, 151). Die Entfernung zu Omega Centauri, der auch einer der nächsten Kugelsternhaufen ist, beträgt etwa 15.000 Lichtjahre. Intensive Beobachtun-

gen haben gezeigt, dass Omega Centauri aus mindestens 100.000 Sternen bestehen muss. Dies heißt allerdings nicht, dass die Sterne innerhalb eines Kugelsternhaufens dicht an dicht gepackt sind. Auch im Inneren eines Kugelsternhaufens liegen immer noch viele Milliarden Kilometer zwischen den einzelnen Sternen. Der Himmelsanblick innerhalb eines Kugelsternhaufens muss allerdings einmalig sein. Der Himmel wäre dort dicht an dicht mit einigen hundert Sternen von der Helligkeit des Sirius oder des Canopus besetzt.

Mai

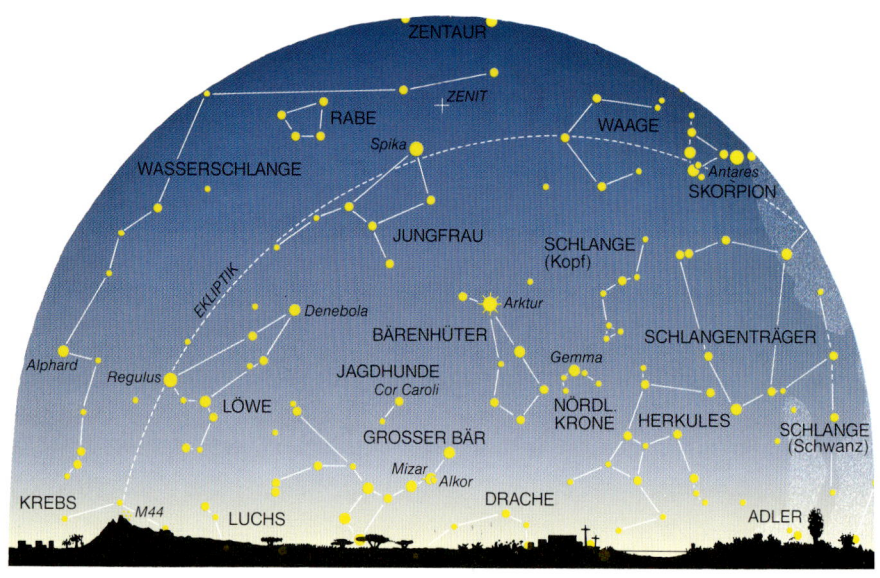

WESTEN   NORDEN   OSTEN

Das berühmte Schiff Argo, mit den Sternbildern Schiffskiel, Hinterdeck und Segel, steht in diesem Monat abends bereits tief am Westhimmel. Lediglich das Segel reckt sich noch ein wenig empor. Westlich grenzt an das Segel das seltsame Sternbild Schiffskompass. Trotz seiner Nähe hat es mit dem Schiff Argo nur mittelbar zu tun, denn zu Zeiten, als dieses sagenhafte Schiff über das Mittelmeer fuhr, gab es noch keinen Kompass.

Der Name Schiffskompass ist wie der Name Oktant für das genau im Süden stehende Sternbild eine späte Erfindung. Wir verdanken sie einem französischen Astronomen, der 1751 bis 1753 vom Kap der Guten Hoffnung aus den Südsternhimmel intensiv beobachtete und die letzten Sternbilder erfand, die Eingang in die heute benutzten 88 fanden. Es war Nicolas Louis de Lacaille, der von 1713 bis 1762 lebte und durch die Erfindung von insgesamt 14 neuen Sternbildern bekannt ist. Als Lacaille den Südhimmel beobachtete, da existierten dort nur wenige Sternbilder, nämlich die, die Johann Bayer aufgrund der Erzählungen holländischer Seefahrer erfunden hatte (→ Seite 80). Doch Lacaille hatte viel Fantasie. Er schreibt in seinem Sternkatalog: »Um die großen leeren Zwischenräume zwischen den alten Sternbildern anzufüllen, habe ich hier neue eingeschoben: Ich habe dafür die Figuren der hauptsächlichen Instrumente der freien und mechanischen Künste genommen.« Und so setzte er an den Himmel den Chemischen Ofen, die Pendeluhr, den Schiffskompass, den Oktanten, den Zirkel, das Fernrohr, das Mikroskop und sogar eine Luftpumpe.

Diese Sternbilder existieren noch heute und geben dem Südsternhimmel gegenüber den fantasievollen Namen des Nordhimmels ein etwas nüchternes, unpersönliches Aussehen, zumal alle diese Sternbilder aus sehr schwachen Sternen zusammengesetzt sind, sodass man sie nur mit größter Mühe erkennen kann. Von den 14 Sternbildern Lacailles sind auf den Sternkarten in diesem Buch nur 2 verzeichnet. Es sind der

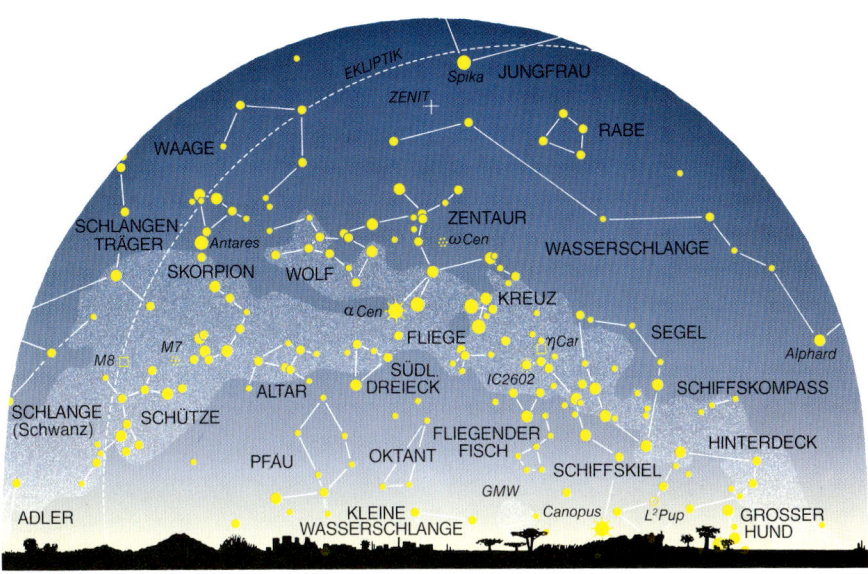

OSTEN   SÜDEN   WESTEN

Schiffskompass und der Oktant, ein Messgerät zum Bestimmen von Winkeln, das aus einem Achtel (lateinisch: Okto) eines Kreises bestand. Bekannter ist der von Hevelius gezeichnete **Sextant,** ein Sternbild, dessen Name auf das Sechstel eines Kreises zurückgeht.

Die Sternbilder Schiffskompass und Sextant zeichnen sich durch keine Besonderheiten aus. Auch der Oktant enthält nur wenige schwache Sterne, doch in ihm liegt der Himmelssüdpol. Finden lässt es sich am besten mit Hilfe des Sternbilds Kreuz des Südens, dessen Achse man viereinhalbmal verlängern muss (→ Seite 22).

Der Nordhimmel präsentiert im Mai den Stern Arktur als beherrschenden Lichtpunkt. Zusammen mit dem Stern Spika in der Jungfrau und Regulus im Löwen formt er das Frühlingsdreieck, das auf der Südhalbkugel allerdings besser als Herbstdreieck zu bezeichnen wäre.

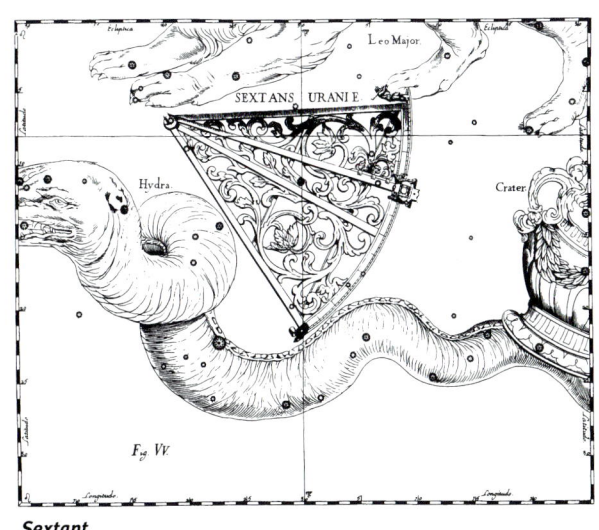

Sextant

89

Juni

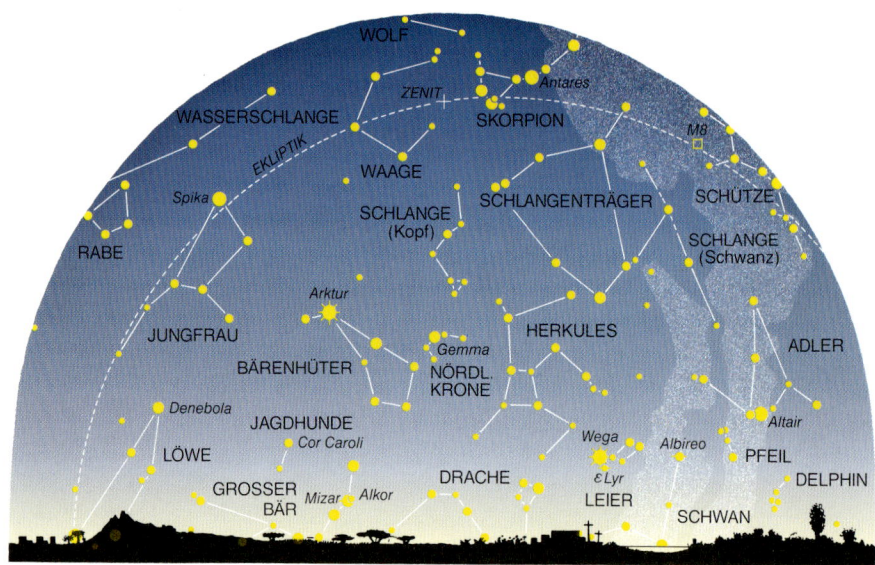

WESTEN   NORDEN   OSTEN

Zum Winteranfang auf der Südhalbkugel läuft die Ekliptik steil über den Himmel, durch den Zenit hindurch. Das heißt, auch alle Planeten, die im Juni zu sehen sind, stehen in ungewöhnlich guter Position fast senkrecht über dem Beobachter.

Die beherrschenden Sternbilder im Süden sind der Zentaur, das Kreuz des Südens, sowie fast im Zenit der Skorpion und der Schütze. Durch all diese Sternbilder läuft die Milchstraße, die im Juni besonders eindrucksvoll zu sehen ist. Die auffälligen Objekte in der Milchstraße, der Kugelsternhaufen Omega Centauri und der offene Sternhaufen IC 2602 im Sternbild Schiffskiel, die gigantischen Gasnebel M 8 im Schützen

und Eta Carinae im Schiffskiel, stehen alle in einer Position, dass sie mit dem Feldstecher gut betrachtet werden können. Überhaupt bietet der südliche Himmelsteil im Juni eine Fülle unterschiedlicher Objekte, die zu einer intensiven Betrachtung geradezu einladen. Dazu kommen das **Südliche Dreieck** und der **Pfau,** überlieferte Sternbilder, die 1603 von dem deutschen Astronomen Johann Bayer bekannt gemacht wurden.

Zum Sternbild Südliches Dreieck gibt es eine interessante Geschichte, wonach der holländische Schriftsteller Peter Cäsius im 17. Jahrhundert vorschlug, diese drei Sterne nach den Patriarchen des Alten Testaments, Abraham, Isaak und Jakob, zu benen-

nen. Die Sterne des Südlichen Dreiecks sind daher auch bekannt als die Patriarchen-Sterne. Diese seltsame Geschichte zeigt, dass die Sternbilder nicht immer so eindeutig und unverrückbar festlagen wie heute. Es hat viele Anläufe gegeben, nicht nur neue Sternbilder zu schaffen, wie es Johann Bayer mit den Sternbildern Südliches Dreieck und Pfau tat, später Johannes Hevelius, insbesondere aber 1753 der Franzose de Lacaille mit seinen naturwissenschaftlichen Instrumenten, sondern auch alte abzuschaffen.

Im 17. Jahrhundert wurde versucht, die als heidnisch betrachteten Sternbilder durch christliche zu ersetzen und so zum Beispiel den gesamten

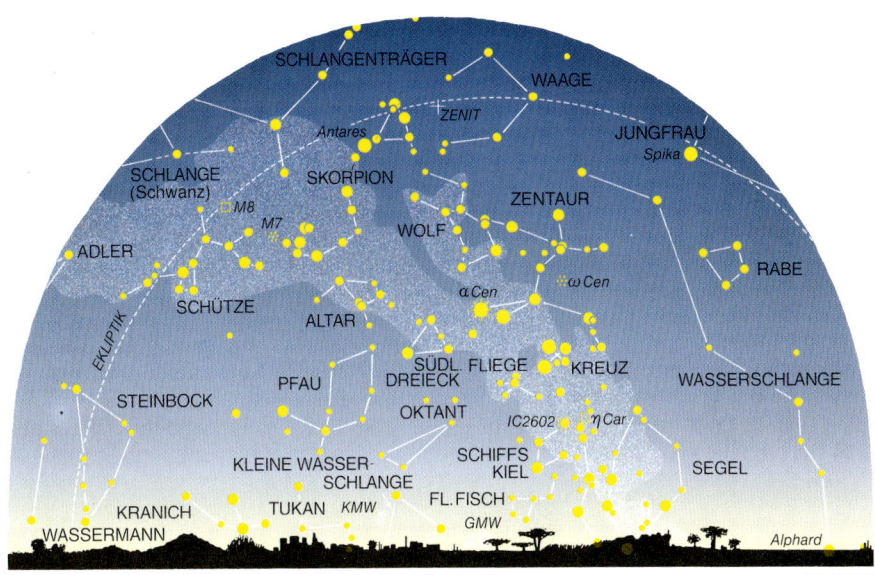

OSTEN   **SÜDEN**   **WESTEN**

Tierkreis mit den 12 Aposteln auszuschmücken. Der deutsche Astronom Julius Schiller veröffentlichte 1627 sein Werk »Der christliche Sternhimmel«. Das Argonautenschiff, dessen letzter Teil, das Segel, im Juni im Westen abends früh versinkt, sollte zur Arche Noah werden. Aus den Sternbildern Tukan, Kleine Wasserschlange und der Kleinen Magellan'schen Wolke (KMW) formte Schiller den Erzengel Sankt Raphael. Das Sternbild Leier, das wir im Nordosten im Juni tief am Horizont erkennen können, wurde bei Schiller zur Krippe Jesu Christi. Dem Vorhaben, den gesamten Sternhimmel zu christianisieren, war allerdings kein Erfolg beschieden. Das Sternbild Altar ist eines der südlichsten Sternbilder, die noch im Altertum bekannt wurden. Es lässt sich vom südlichen Mittelmeerraum aus knapp erkennen. An ihm verbündete sich der höchste Gott Zeus mit den anderen Göttern zum Kampf gegen die Titanen. Nach ihrem Sieg stellten sie den Altar zum Andenken an den Himmel.

Südliches Dreieck und Pfau

91

Juli

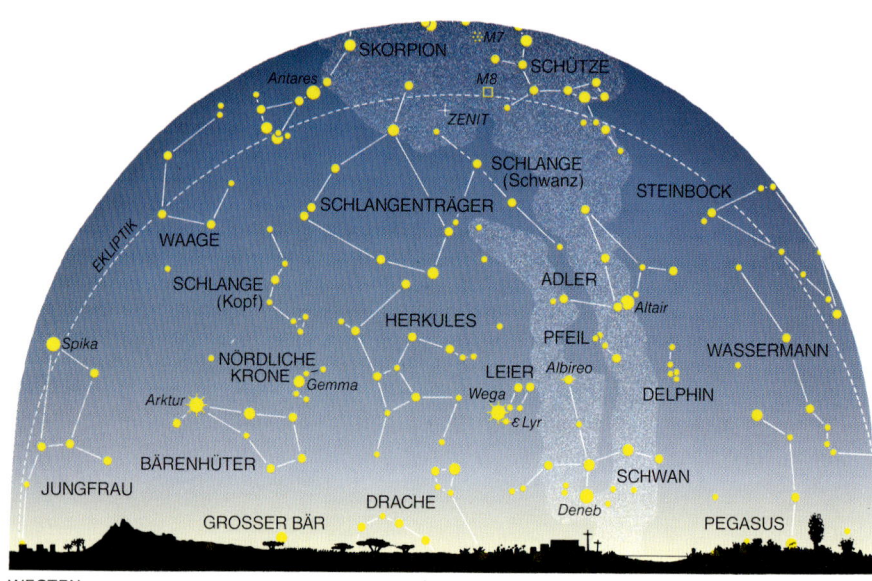

WESTEN   NORDEN   OSTEN

Überaus reizvoll ist ab Juli der Blick zum Zenit. Dort verläuft die Ekliptik und dort stehen zwei bekannte Tierkreissternbilder, die eine Vielzahl besonderer Himmelsobjekte enthalten. Es sind der Skorpion und vor allem der **Schütze**. Dazwischen schiebt sich noch der Schlangenträger, der ebenfalls ein Tierkreissternbild ist, obwohl er die Ekliptik nicht mit helleren Sternen besetzt. Im Zuge der Neuschneidung der Grenzen aller Sternbilder im Jahre 1930 wurde der Schlangenträger aber zwischen Skorpion und Schütze am Sternenhimmel eingesetzt und so zum 13. Tierkreissternbild (→ Seite 15, 16).

Das Sternbild Schütze gehört zu den interessantesten Tierkreissternbildern. Denn im Schützen liegt das Zentrum der Milchstraße. Die Milchstraße lässt sich im Juli ohnehin ganz ausgezeichnet beobachten, weil sie ebenfalls durch den Zenit über den Himmel läuft, vom Schwan im Nordosten beginnend über den Schützen und Skorpion bis hin zum Schiffskiel im Südwesten. Unsere Milchstraße ist ein gewaltiges Sternsystem mit einem Durchmesser von 100.000 Lichtjahren, in dessen Randregionen sich die Sonne mit der Erde befindet (→ Seite 139). Das Zentrum der Milchstraße ist von der Sonne und der Erde etwa 28.000 Lichtjahre entfernt, doch ein direkter Blick dorthin ist unmöglich, weil zu viele Sterne, Gas- und Staubwolken den Blick versperren.

Was sich tatsächlich im Zentrum der Milchstraße verbirgt, bleibt daher bis heute unbekannt. Vielleicht ereignen sich dort explosionsartige Vorgänge, die zum Ausstoß von gewaltigen Gasmassen führen. Dies hat man teilweise aus der Beobachtung von Radiowellen geschlossen, die im Gegensatz zum sichtbaren Licht von dem Zentrum der Milchstraße direkt zu uns auf die Erde vorstoßen können. Die Astronomen schätzen, dass der Kernbereich der Milchstraße eine Masse von 500 Millionen Sonnen in sich vereinigt.

Das Sternbild Schütze, in dem eine Vielzahl der schönsten Himmelsobjekte liegen, zum Beispiel der Gasnebel M 8 (→ Seite 142) und der Sternhau-

1. Juli 23 Uhr · 15. Juli 22 Uhr · 31. Juli 21 Uhr

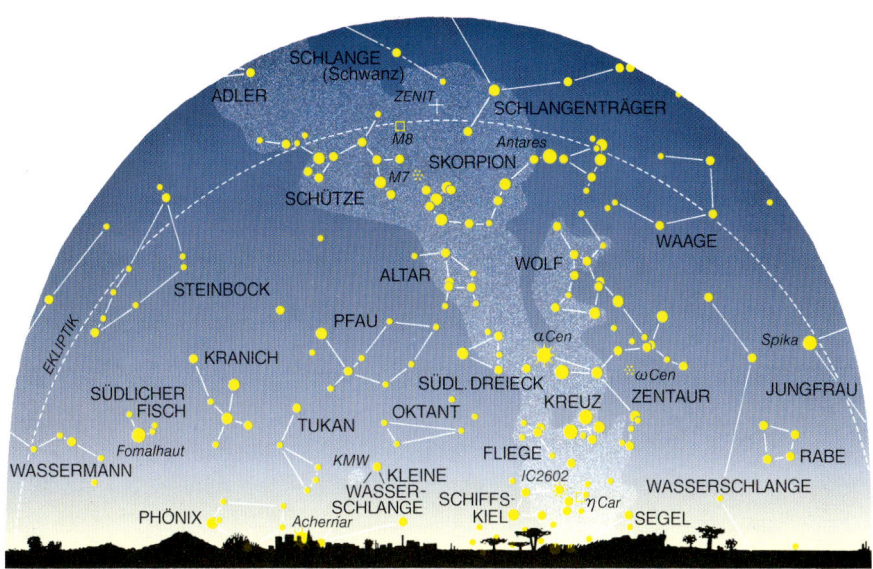

OSTEN   SÜDEN   WESTEN

fen M 7 (→ Seite 121, 151), gehört zu den klassischen Tierkreissternbildern. Meist wird der Schütze als Zentaur dargestellt, als ein Fabelwesen halb Mensch und halb Pferd.

Er ähnelt insoweit dem Zentaur (→ Seite 86, 87 und 128, 129), der im Juli noch deutlich in voller Ausdehnung am Südwesthimmel gesehen werden kann.

Auch die Geschichte, die man erzählt, behandelt denselben weisen Zentauren Chiron, der schon Pate des Sternbilds Zentaur selbst war (→ Seite 86, 87).

Bei den Chinesen dagegen stand hier der Tiger, auch ein Sternbild ihres Tierkreises. Julius Schiller mit seinem missglückten Versuch, den Sternhimmel zu christianisieren, ersetzte den Schützen durch den Apostel Matthäus. Die Babylonier sahen rund 2000 v. Chr. im Sternbild Schütze den König des Krieges, Nergal, der ebenso aussah wie ein Zentaur. Diese Vorstellung des Schützen als Fabelwesen muss daher schon sehr alt sein.

Schütze

August
STERNKARTE S 8

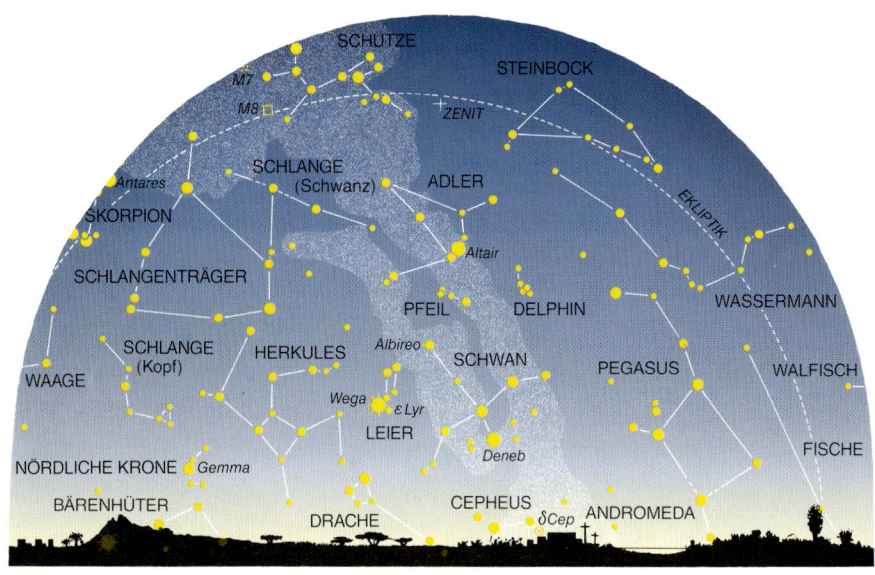

SCHÜTZE
STEINBOCK
M7
M8
ZENIT
SCHLANGE
(Schwanz)
ADLER
Antares
SKORPION
EKLIPTIK
Altair
SCHLANGENTRÄGER
PFEIL
DELPHIN
WASSERMANN
Albireo
SCHLANGE
HERKULES
SCHWAN
PEGASUS
WALFISCH
(Kopf)
WAAGE
Wega
ε Lyr
LEIER
FISCHE
Deneb
NÖRDLICHE KRONE
Gemma
BÄRENHÜTER
CEPHEUS
ANDROMEDA
DRACHE
δCep

WESTEN   NORDEN   OSTEN

Der August ist der Monat der Perseiden, eines berühmten Sternschnuppenschwarms (→ Seite 139). Zwischen dem 10. und 12. August scheinen aus dem Sternbild Perseus besonders viele Sternschnuppen herauszufliegen. Der Perseus ist allerdings im August in den Abendstunden nicht zu sehen. Er erscheint erst in den Morgenstunden ab etwa 2 Uhr im Nordosten (→ Tabelle Seite 20).

Die Milchstraße bleibt im August eines der beherrschenden Objekte beim Blick nach Süden. Schütze und Skorpion, in denen die Milchstraße ihre größte Vielfalt zeigt, sind fast im Zenit zu beobachten. Im Südosten lässt sich Achernar, der hellste Stern im Sternbild Eridanus, wieder

deutlich erkennen. Darüber sind zwei weitere Sternbilder zu finden, die wegen der ansonsten sternleeren Gegend, in der sie stehen, sehr auffallen. Es sind der **Südliche Fisch** und der **Kranich.**

Der Kranich ist eines von den Tiersternbildern, die wir dem Astronomen Johann Bayer verdanken. Dagegen ist der Südliche Fisch ein klassisches Sternbild, dessen Herkunft nicht mehr eindeutig geklärt werden kann. Auf alten Darstellungen, so auch im Heveliusatlas, wird der Südliche Fisch meist mit aufgerissenem Maul gezeigt, das Wasser vom Sternbild Wassermann in sich aufnimmt. Fomalhaut, der hellste Stern im Sternbild Südlicher Fisch, heißt übersetzt so viel wie Maul des Fi-

sches. Fomalhaut strahlt in weiter Umgebung am hellsten. Dieser gehört nicht zu den besonders großen Sternen und ist nur 22 Lichtjahre entfernt. Er dürfte zweimal größer als die Sonne sein und 14-mal heller leuchten als sie. Im Jahre 1983 fand ein Erdsatellit, der über der Erdatmosphäre den Himmel im Infrarotlicht beobachtete, um Fomalhaut eine Staubwolke. Diese Beobachtung lässt den Schluss zu, dass sich um Fomalhaut vielleicht ein Planetensystem entwickelt, ähnlich dem Planetensystem der Sonne. Solche Planeten, die um Sterne kreisen und von ihnen ihre Energie beziehen, könnten die Basis für die Entstehung anderer Lebewesen im Weltraum sein. Fomalhaut

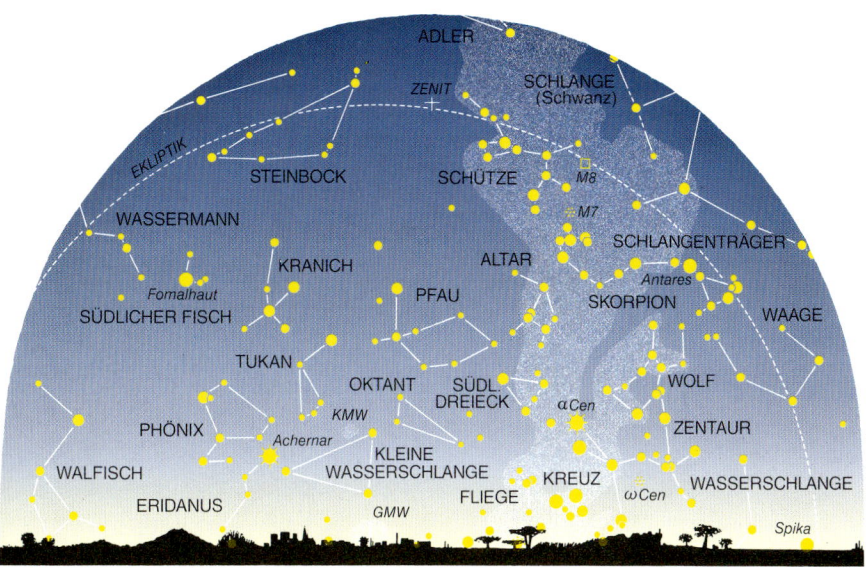

zählt deshalb zusammen mit einem Stern im Sternbild Eridanus (→ Seite 98, 99) und Walfisch (→ Seite 74, 75) zu den Sternsystemen, in denen vielleicht einmal Lebewesen entstehen können. Genauere Anzeichen hierfür hat man aber bisher nicht belegen können. Eine Reise zu Fomalhaut oder zu anderen Sternen, die vielleicht Planeten um sich scharen, liegt außerhalb aller Möglichkeiten. Schon eine Reise mit einem Raumschiff, das fast mit Lichtgeschwindigkeit fliegt, würde 22 Jahre dauern.

Das Sternbild Kranich hat dagegen wenig Auffälliges zu bieten. Seine Sterne sind jedoch noch verhältnismäßig hell, sodass es sich in der ansonsten sternleeren Gegend gut am Himmel erkennen lässt. Das Himmelsareal um den Kranich steht so in deutlichem Gegensatz zu der Gegend um den Schützen und den Skorpion mit den hellsten Regionen der Milchstraße. Der Name des Sternbildes stammt von holländischen Seefahrern und wurde 1603 erstmals von Johann Bayer bekannt gemacht.

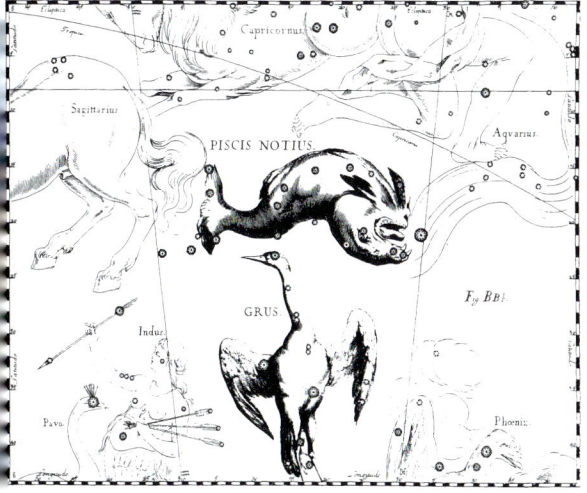

Südlicher Fisch und Kranich

September

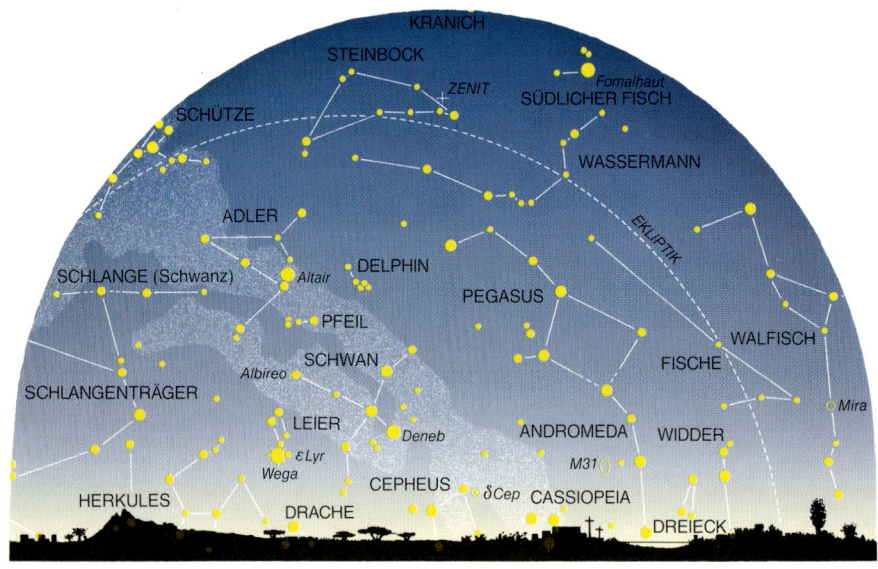

KRANICH
STEINBOCK
ZENIT
SCHÜTZE
Fomalhaut
SÜDLICHER FISCH
WASSERMANN
ADLER
SCHLANGE (Schwanz)
Altair
DELPHIN
PEGASUS
EKLIPTIK
PFEIL
WALFISCH
SCHWAN
Albireo
FISCHE
SCHLANGENTRÄGER
Mira
LEIER
Deneb
ANDROMEDA
WIDDER
εLyr
Wega
M31
HERKULES
CEPHEUS
δCep
CASSIOPEIA
DRACHE
DREIECK

WESTEN　　　　　　　NORDEN　　　　　　　OSTEN

Der September, der Monat des Herbstanfangs auf der Nordhalbkugel und des Frühlingsanfangs auf der Südhalbkugel, ist auch der Monat der Neujahre. Viele fremde Kalendersysteme beginnen ihr neues Jahr mit dem Herbstbeziehungsweise Frühlingsanfang, zum Beispiel der jüdische Kalender und der Kalender Persiens.

Im September sind am Südhimmel die hellsten Sterne verschwunden, jedoch am Nordhimmel sind die hellsten noch nicht wieder aufgetaucht. Im Gegensatz etwa zum Januar- oder März-Sternenhimmel findet man von den hellsten Sternen im Süden nur noch den Alpha Centauri kurz vor seinem Untergang am Südwesthimmel

und den hellen Achernar im Südosten sowie im Norden die Wega. Ein Sternbild, das nicht zu den hellsten gehört, aber eine interessante Geschichte hat, steht nun tief am Südwesthimmel, der **Wolf**. Der Name Wolf kam erst in einer späteren Zeit auf, bei den Griechen und Römern war das Sternbild allgemein als wildes Tier bekannt. Vielleicht ist es der Wolf, besser die Wölfin, die einst die Gründer Roms, Romulus und Remus, vor dem Verhungern bewahrte, als sie in den Wäldern ausgesetzt waren. Diese Wölfin war später wichtiges Symbol des römischen Reiches. Bei dem Versuch, den Sternenhimmel dem christlichen Glauben anzupassen, wurde der Wolf zu Benjamin,

dem Urvater eines der zwölf Stämme Israels.

Vor etwa 1000 Jahren, im Jahre 1006, leuchtete in diesem Sternbild eine der gewaltigsten Supernovae auf, die je gesehen wurden. Viele Beobachter in Arabien und in China waren von dieser Erscheinung so fasziniert, dass sie ausführliche Berichte hinterließen. Der arabische Astronom Ali Iben Redwan aus Kairo berichtet zum Beispiel darüber: »Zu Beginn meiner Erziehung sah ich ein einmaliges Schauspiel. Es erschien im Tierkreiszeichen des Skorpion entgegengesetzt zur Sonne und es handelte sich um einen großen Stern. Rund an Form, etwa zwei- bis dreimal größer als die Venus. Sein Licht erleuchtete den Hori-

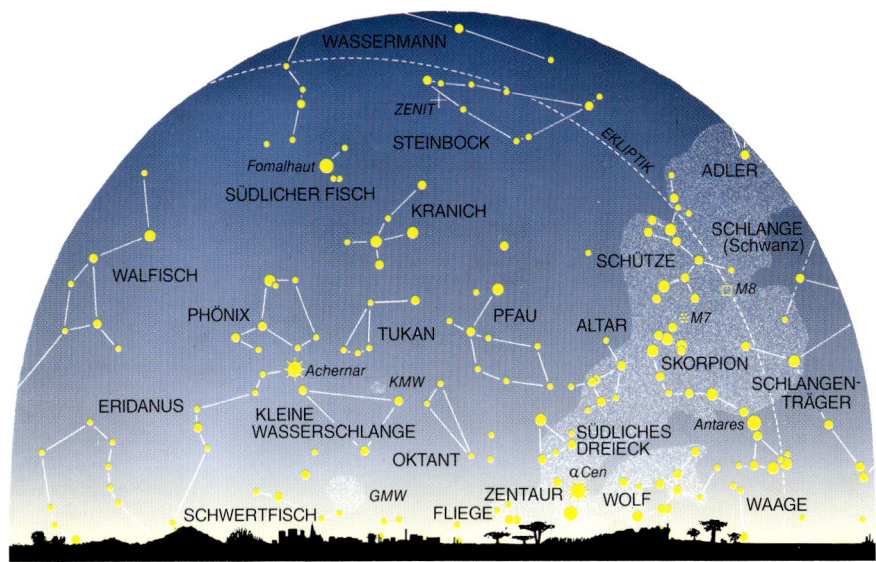

OSTEN   SÜDEN   WESTEN

zont und er blinkte stark. Seine Helligkeit war etwas mehr als ein Viertel der Helligkeit des Mondes.« Supernovae sind die spektakulärsten Erscheinungen am Fixsternhimmel. Ein Stern explodiert unerwartet plötzlich und schleudert den größten Teil seiner Materie in das All, wobei er für einen kurzen Zeitraum unvorstellbare Energiemengen freisetzt. Im Lauf der Geschichte sind nur sehr wenige solcher Supernovae-Explosionen beobachtet worden, die auch mit dem bloßen Auge erkennbar waren, die letzte im Jahre 1987 in der Großen Magellan'schen Wolke (→ Seite 136). Die letzte, die in unserer Milchstraße aufleuchtete, war im Jahre 1604 im Sternbild Schlangenträger (→ Seite 66, 67) zu erkennen.

Seit langem bemühen sich die Astronomen, Überreste der Supernova von 1006 im Sternbild Wolf aufzuspüren. Dies ist jedoch bis heute nicht mit Sicherheit gelungen, weil die alten Positionsangaben zu ungenau sind.

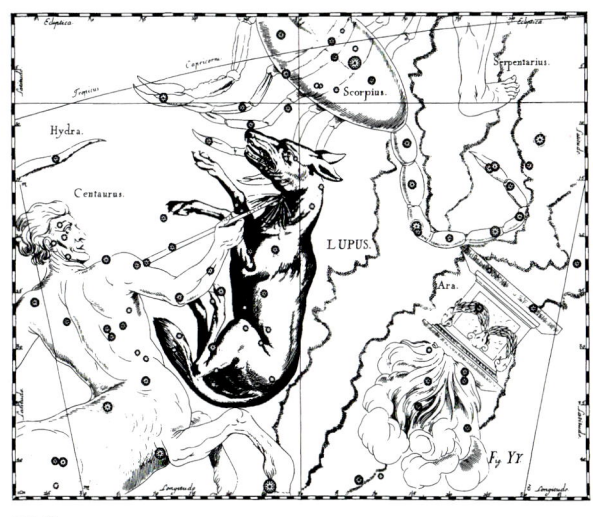

Wolf

Oktober

STERNKARTE S 10

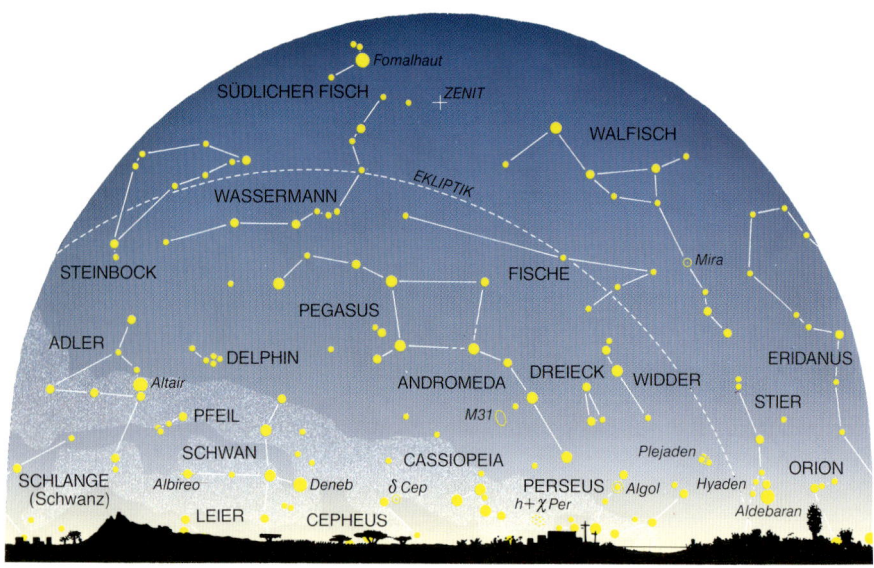

WESTEN   NORDEN   OSTEN

Das Sternbild Eridanus lässt sich ab Oktober am Südosthimmel in seiner gesamten Ausdehnung beobachten. Der Eridanus ist zwar nicht das größte Sternbild (dieser Rang gebührt der Wasserschlange), er gehört aber neben der Wasserschlange zu den längsten, was man jetzt sehr deutlich verfolgen kann. **Eridanus** beginnt bereits beim Rigel (→ Seite 147) im Orion und schlängelt sich mit seinen vielen Windungen bis zu seinem Endpunkt, dem Stern Achernar, der zu den hellsten Sternen des Himmels gehört (→ Seite 128).

Der Eridanus war in der griechischen Mythologie ein Fluss, in den der Sohn des Sonnengottes Phaeton nach seiner abenteuerlichen Fahrt über den Himmel stürzte. Phaeton bat seinen Vater Helios eines Tages, er möge ihm den Wunsch erfüllen, den Sonnenwagen über den Himmel zu lenken. Helios hatte große Angst um seinen Sohn und ermahnte ihn sehr, auf diesen Wunsch zu verzichten. Aber Phaeton wollte unbedingt und schlug alle Warnungen in den Wind. Als er

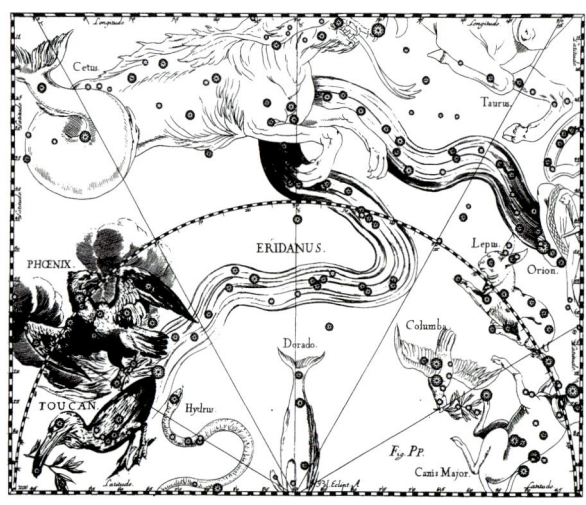

Eridanus

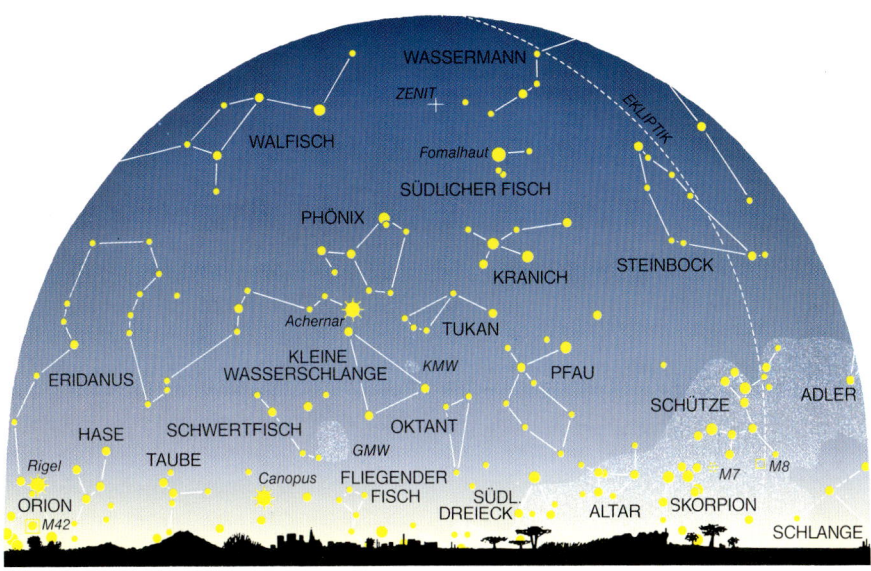

schließlich den Sonnenwagen durch den Tierkreis manövrierte und lenkte, die wilden Rosse an seinem Wagen zerrten, bekam er Angst, wurde unsicher, und am Ende gingen die Pferde mit ihm durch. Diese rasende Fahrt am Himmel soll nach einigen Überlieferungen die Milchstraße erzeugt haben (' auch Seite 40, 48). Auf jeden Fall kam er der Erde dabei so nahe, dass er das Volk der Äthiopier schwarz brannte und Libyen zur feurigen Wüste machte. Schließlich stürzte er in den Eridanus, wo ihn die Nymphen, die am Fluss wohnten, bargen und bestatteten. Den Fluss setzten die Götter an den Himmel, Phaeton aber nicht. Neben dem Stern Achernar findet sich im Eridanus ein

weiterer Stern, der zwar nicht besonders auffällt, der aber immer wieder in der Diskussion auftaucht, wenn es um die Suche nach Leben außerhalb der Erde im Weltall geht. Es ist der Stern Epsilon Eridani. Epsilon Eridani ähnelt der Sonne sehr stark, ist etwa so groß und hell wie sie und steht in der vergleichsweise geringen Entfernung von »nur« 11 Lichtjahren. Wegen dieser großen Ähnlichkeit vermutete man, Epsilon Eridani könne vielleicht wie die Sonne ein Planetensystem haben, auf dem sich wie auf der Erde Leben entwickelte. 1960 wurde daher ein Projekt begonnen, diesen Stern und einen weiteren Geschwisterstern der Sonne im Sternbild Walfisch mit einem Radiote-

leskop bei einer Wellenlänge von 21 Zentimetern intensiv zu überwachen. Man hoffte, Signale einer fremden Zivilisation empfangen zu können. Das Ergebnis war negativ. Kein einziges Signal von Epsilon Eridani hat man bis heute erhalten, das auf eine künstliche Herkunft schließen ließe, also eventuell von Lebewesen auf einem fernen Planeten stammen könnte (' auch Seite 74).
An Achernar, den hellsten Stern im Eridanus, schließt sich das Sternbild Phönix an. Auch der Phönix wurde von Johann Bayer 1603 zum ersten Mal vorgestellt.

November

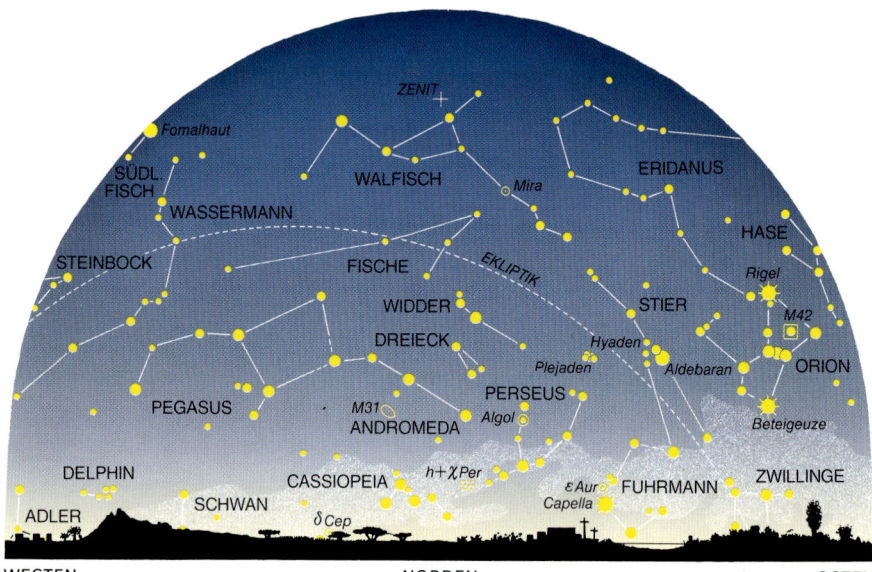

ZENIT

Fomalhaut

SÜDL. FISCH

WASSERMANN

WALFISCH

Mira

ERIDANUS

STEINBOCK

FISCHE

EKLIPTIK

HASE

Rigel

WIDDER

STIER

M42

DREIECK

Hyaden

Plejaden

Aldebaran

ORION

PEGASUS

M31

ANDROMEDA

Algol

PERSEUS

Beteigeuze

DELPHIN

CASSIOPEIA

h+χ Per

ε Aur

FUHRMANN

ZWILLINGE

ADLER

SCHWAN

δ Cep

Capella

WESTEN   NORDEN   OSTEN

Das Sternbild Orion ist am Osthimmel besonders gut zu sehen. Für die Bewohner der Nordhalbkugel hat es eine ungewöhnliche Lage, denn es scheint auf dem Kopf zu stehen. Auch der Sirius, hellster Stern des Himmels, lässt sich am Osthimmel zusammen mit Canopus wieder beobachten. Die Sterne Sirius, Canopus und Achernar bilden ungefähr eine gerade Linie am Himmel, eine gute Orientierungshilfe, insbesondere in der Dämmerung, wenn nur wenige Sterne zu sehen sind. Zwischen Sirius und Orion erkennt man am Südosthimmel ein Sternbild mit dem ungewöhnlichen Namen Hase. Auch hierbei handelt es sich um ein klassisches Sternbild, das bereits im Altertum

bekannt war. Seine genaue Herkunft ist aber unklar. Da es südlich des Orion steht, dürfte es sich um ein Wild handeln, das der Himmelsjäger Orion erjagte.
Ebenfalls in günstiger Position sind der Tukan und der **Steinbock** zu sehen. Der Steinbock gehört zu den Klassischen Sternbildern des Tierkreises (→ Seite 16), der Tukan zu den Sternbildern von Johann Bayer. Obwohl ansonsten kein auffälliges Sternbild, beherbergt der Tukan eine Attraktion des Südhimmels, die Kleine Magellan'sche Wolke, die zusammen mit der Großen Magellan'schen Wolke im Sternbild Schwertfisch zu den auffälligsten Objekten des Südhimmels gehört.

Die Kleine Magellan'sche Wolke (→ Seite 137) wurde, zusammen mit ihrem großen Bruder, zuerst nach der Weltumseglung von Ferdinand Magellan 1520 erwähnt und ihm zu Ehren benannt, obwohl seine Gefährten die Reise beenden mussten, weil Magellan vorher auf den Philippinen getötet wurde.
Die Kleine und die Große Magellan'sche Wolke sind die der Erde am nächsten gelegenen Welteninseln. Sie sind irreguläre, das heißt unregelmäßig geformte Galaxien. Die Kleine Magellan'sche Wolke ist etwas weiter von der Erde entfernt als die Große Magellan'sche Wolke. Beide Sternsysteme sind das Hauptbeobachtungsobjekt der auf der Südhalbkugel der Erde er-

1. November 23 Uhr · 15. November 22 Uhr · 30. November 21 Uhr

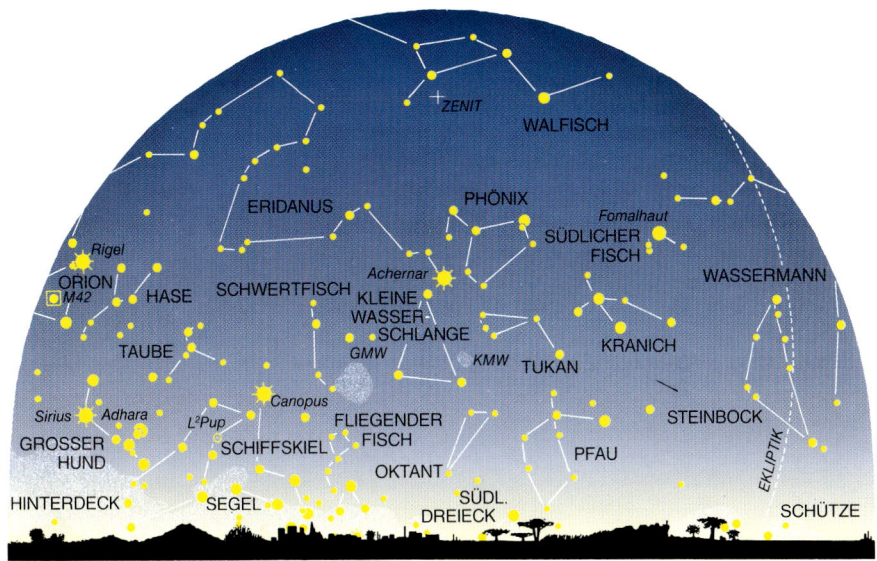

OSTEN SÜDEN WESTEN

richteten Sternwarten, denn sie stehen beide so dicht zum Himmelssüdpol, dass sie von gemäßigten nördlichen Breiten aus niemals zu sehen sind. Bis etwa in die 50er Jahre dieses Jahrhunderts wurde der nördliche Sternenhimmel wesentlich besser erforscht als der südliche. Dies hat sich erst in den letzten dreißig Jahren geändert, weil viele Sternwarten der Nordhalbkugel, insbesondere der USA und Europas, auf der Südhalbkugel Zweigstellen errichteten. Acht europäische Staaten haben zum Beispiel die Europäische Südsternwarte (ESO) gegründet (Hauptquartier in Garching bei München), die heute eine der größten Sternwarten der Südhalbkugel in Chile auf dem Berg La Silla unterhält. Die Große und die Kleine Magellan'sche Wolke werden auch dort intensiv beobachtet.

Der November schließlich ist der Monat der Leoniden, eines großen Sternschnuppenschwarms. Mitte November scheinen aus dem Sternbild Löwe besonders viele Sternschnuppen herauszufliegen (→ Seite 60).

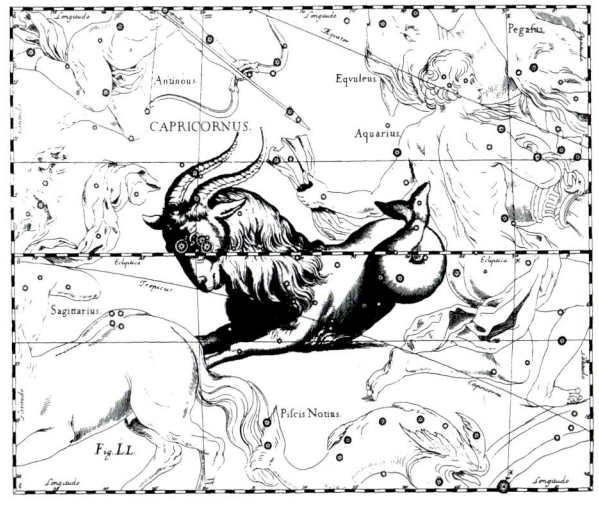

Steinbock

Dezember

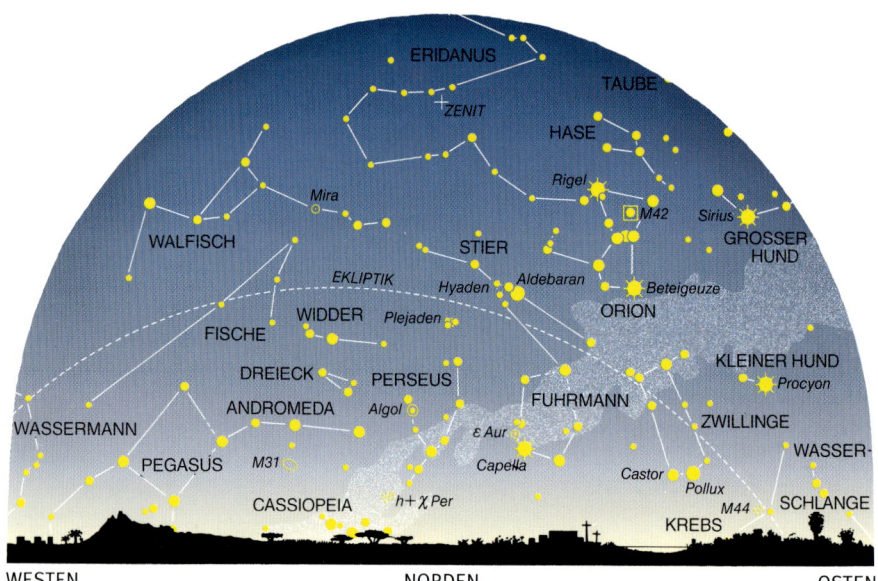

WESTEN   NORDEN   OSTEN

Wenn man die Sternkarten des Monats Dezember betrachtet, erkennt man bei der Vielzahl der unterschiedlichen Namen bald, dass eine Gruppe von Tieren besonders stark vertreten ist, die Fische. Neben dem klassischen Tierkreissternbild Fische finden wir nämlich einmal den Walfisch, den Fliegenden Fisch, den Südlichen Fisch und schließlich auch das Sternbild Schwertfisch. Der Schwertfisch, wieder von Johann Bayer 1603 nachempfunden und willkürlich an den Himmel gesetzt, wäre nicht weiter der Rede wert, wenn er nicht das »Starobjekt« des Südlichen Himmels beherbergen würde, die Große Magellan'sche Wolke. Die Große Magellan'sche Wolke kann selbst in ei-

ner Vollmondnacht mit dem bloßen Auge gut als ausgedehnte neblige Fläche erkannt werden und entpuppt sich im Fernglas, erst recht im Fernrohr, als eine gewaltige

Ansammlung von unzähligen Sternen.

Zusammen mit der Kleinen Magellan'schen Wolke ist die Große Wolke, ebenfalls nach dem Seefahrer Ferdinand

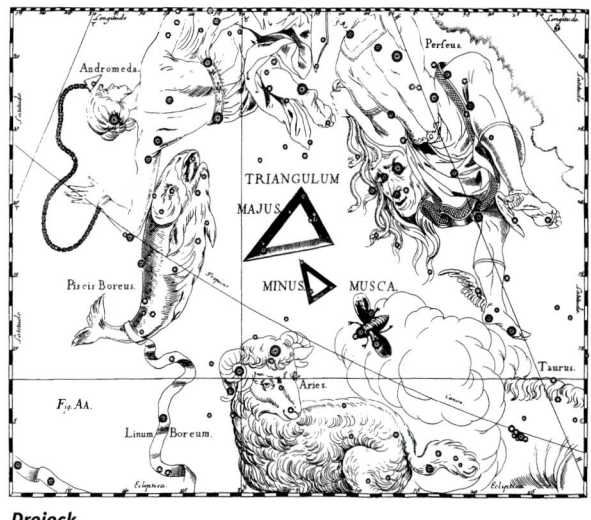

Dreieck

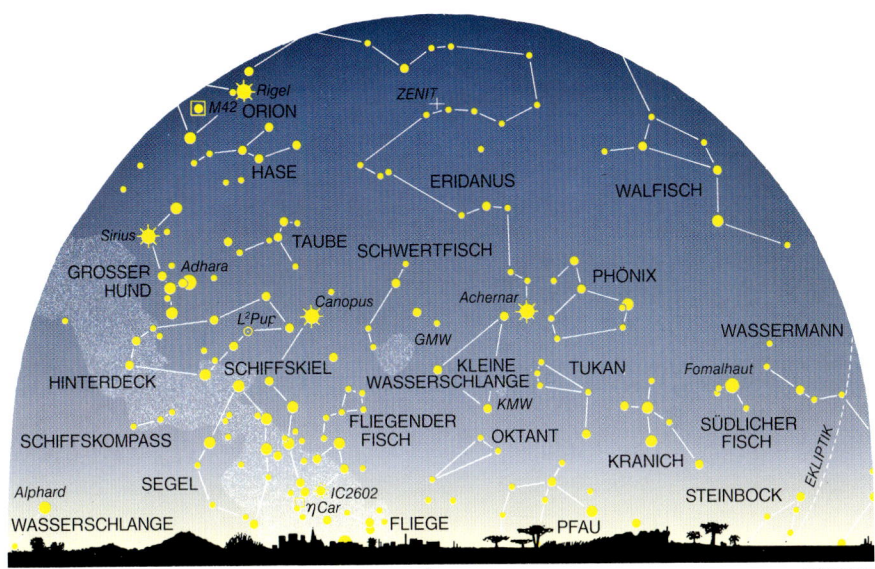

Magellan benannt, das der Erde nächstgelegene Sternsystem. Die Entfernung beträgt etwa 150.000 Lichtjahre, und man schätzt, dass 15 bis 30 Milliarden Sterne dort leuchten. In der Großen Magellan'schen Wolke befindet sich eine Vielzahl von Gasnebeln, Sternhaufen sowie anderen Objekten, die auf Aufnahmen der Wolke besonders farbenprächtig in Erscheinung treten (→ Seite 152, 153).

Die Große Magellan'sche Wolke wurde im Jahre 1987 noch zusätzlich berühmt, als in ihr eine Supernova entdeckt wurde, die die Fachbezeichnung 1987 A erhielt. Sie war die letzte Supernova, die mit bloßem Auge zu erkennen war. Diese Supernova (zu den Supernovae → Seite 151, 152) war vor allem deshalb interessant, weil es zum ersten Mal gelang, das gesamte Arsenal moderner astronomischer Beobachtungsgeräte zusammen einzusetzen. Die Supernova in der Großen Magellan'schen Wolke wurde daher von Satelliten beobachtet und von sämtlichen verfügbaren Teleskopen auf der Südhalbkugel der Erde; ja sogar in tiefen Bergwerken gelang es, ein ungewöhnliches Signal dieser fernen Sternenexplosion einzufangen: Die Ankunft von lichtschnellen Neutrinos.

Am Nordhimmel lässt sich die dritte ferne Galaxie sehen, die schon mit bloßem Auge wahrnehmbar ist, nämlich der Andromedanebel, dessen Fachbezeichnung M 31 lautet. Südlich davon steht das kleine Sternbild **Dreieck,** eines der wenigen aus dem Altertum überlieferten Sternbilder, das nicht nach einer sagenhaften Gestalt benannt ist, sondern nach einem Gerät, das man zudem noch gut am Himmel wiedererkennen kann. Oberhalb des Dreiecks verläuft die Ekliptik im Dezember flach über den Himmel. Alle Planeten und der Mond, die sich entlang dieser Linie bewegen, stehen deshalb ebenfalls verhältnismäßig niedrig am Nordhimmel. Welche Planeten sich im Einzelnen dort auf der Ekliptik in den nächsten Jahren aufhalten und wie man sie erkennen kann, ist Gegenstand des Kapitels ab Seite 104.

Himmelsereignisse bis ins Jahr 2010

Die Fixsterne und die von ihnen geformten Sternbilder stehen jedes Jahr zur gleichen Zeit an derselben Stelle des Himmels. Sie gehen nur auf und unter und zeigen so die Rotation der Erde um ihre Achse (→ Einleitung, ab Seite 8). Ihre unvorstellbare, wirklich astronomische Entfernung zur Erde verhindert, dass wir ihre tatsächliche Bewegung, die sie durch das Weltall führt, wahrnehmen. Nur Himmelskörper, die uns erheblich näher stehen als die Fixsterne, zeigen auch von der Erde aus eine deutliche Bewegung, indem sie von Sternbild zu Sternbild wandern und in immer anderen Stellungen zueinander und zu den hinter ihnen leuchtenden Sternen geraten. Nur wenige dieser »beweglichen« Gestirne sind für das bloße Auge sichtbar. Sie zeigen dafür aber auch die auffälligsten und spektakulärsten Himmelserscheinungen überhaupt. Alle wichtigen Erscheinungen sind in diesem Kapitel bis ins Jahr 2010 vorherberechnet und zusammengefasst. Erfasst werden: Sonne und Erde, der Mond und die Finsternisse als Zusammenspiel von Sonne, Erde und Mond; die großen Planeten Merkur, Venus, Mars, Jupiter und Saturn.

Leider lassen sich die mindestens ebenso spektakulären Erscheinungen der Kometen oder Schweifsterne sowie der Supernovae, plötzlich aufleuchtender Sterne, nicht vorhersagen (→ Seite 135, 151). Bezüglich solcher Erscheinungen muss man die Tagespresse verfolgen.

Alles, was sich mit großer Präzision vorhersagen lässt, finden Sie auf den folgenden Seiten dargestellt, und zwar zunächst einmal für jeden einzelnen Himmelskörper in übersichtlichen Tabellen und danach in Form einer zusammengefassten Jahresübersicht für die Jahre 2001–2010.

Vorhersagbares über Sonne, Erde und Jahreszeitenbeginn

Sonne und Erde gehören im Weltraum untrennbar zusammen. Ohne die Sonne könnte auf der Erde kein Leben existieren, denn nur die Sonnenenergie, die schon seit über 5 Milliarden Jahren auf die Erde strahlt, ermöglicht das Leben bei uns (zur Sonne → Seite 149, 150).

Durch ihren Auf- und Untergang beherrscht die Sonne unseren Tagesrhythmus. Der Tag bildet seit Beginn der Menschheit die natürliche Einteilung der Zeit. Der Lauf der Ede um die Sonne definiert das Jahr, in dem sich die Erde 365 1/4-mal um ihre Achse dreht. Die Bewegung von Sonne und Erde sind somit auch entscheidende Grundlage unseres Kalenders. Je nach geographischer Breite geht die Sonne zu unterschiedlichen Zeiten

Beginn der Jahreszeiten

Nordhalbkugel (Südhalbkugel)	Frühling (Herbst)		Sommer (Winter)		Herbst (Frühling)		Winter (Sommer)	
2001	20.3.	14.31 Uhr	21.6.	8.38 Uhr	23.9.	0.05 Uhr	21.12.	20.22 Uhr
2002	20.3.	20.16 Uhr	21.6.	14.24 Uhr	23.9.	5.55 Uhr	22.12.	2.15 Uhr
2003	21.3.	2.00 Uhr	21.6.	20.10 Uhr	23.9.	11.47 Uhr	22.12.	8.04 Uhr
2004	20.3.	7.49 Uhr	21.6.	1.57 Uhr	22.9.	17.30 Uhr	21.12.	13.42 Uhr
2005	20.3.	13.33 Uhr	21.6.	7.46 Uhr	22.9.	23.23 Uhr	21.12.	19.35 Uhr
2006	20.3.	19.26 Uhr	21.6.	13.26 Uhr	23.9.	5.03 Uhr	22.12.	1.22 Uhr
2007	21.3.	1.07 Uhr	21.6.	19.06 Uhr	23.9.	10.51 Uhr	22.12.	7.08 Uhr
2008	20.3.	6.48 Uhr	21.6.	1.00 Uhr	22.9.	16.45 Uhr	21.12.	13.04 Uhr
2009	20.3.	12.45 Uhr	21.6.	6.45 Uhr	22.9.	22.19 Uhr	21.12.	18.47 Uhr
2010	20.3.	18.32 Uhr	21.6.	12.28 Uhr	23.9.	4.09 Uhr	22.12.	0.39 Uhr

Der Beginn des Jahreszeiten wechselt wegen des Schaltjahres in 4-jährigem Rhythmus.

Was sich vorausberechnen lässt

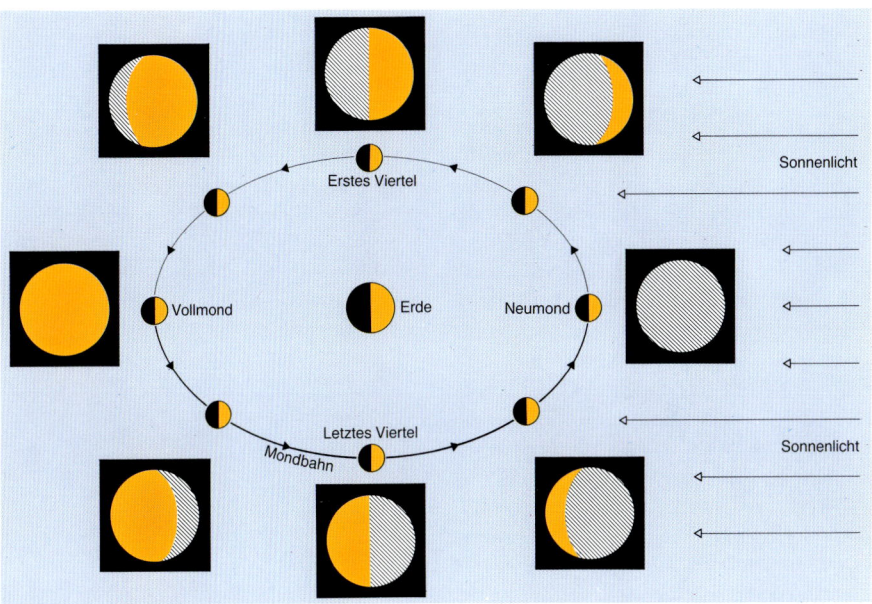

Je nach seiner Stellung zur Sonne sehen wir den Mond verschieden beleuchtet. Die Quadrate zeigen, wie wir ihn am Himmel sehen.

während des Jahres auf und unter (→ Seite 12). Je nach Jahreszeit steht sie höher oder tiefer am Himmel und entscheidet so über die Tageslänge (→ Seite 12, 13).

Den Beginn der Jahreszeiten Frühling, Sommer, Herbst und Winter für die Jahre 2001 bis 2010 zeigt Tabelle Seite 104. Beim Sommeranfang auf der Nordhalbkugel steht die Sonne am höchsten und scheint am längsten. Anschließend sinkt sie scheinbar immer tiefer und überschreitet zum Herbstanfang, als Herbst-Tagundnachtgleiche bekannt, den Himmelsäquator auf der Südseite. Ein Vierteljahr später erreicht sie dann bei Winteranfang auf der Nord- beziehungsweise bei Sommeranfang auf der Südhalbkugel ihren tiefsten Punkt am Nordhimmel beziehungsweise den höchsten am Südhimmel. Man bezeichnet diese Zeit auch als die Sonnenwende, weil die Sonne anschließend nicht tiefer sinkt, sondern wieder emporsteigt, bis sie im Frühling (Nordhalbkugel) beziehungsweise Herbst (Südhalbkugel) erneut den Himmelsäquator überschreitet, diesmal von der Süd- auf die Nordseite. Auch diese Zeit heißt Tagundnachtgleiche, weil Tag und Nacht fast gleich lang sind.

Alle Mondphasen genau errechnet

Der Mond ist der nächste Himmelskörper der Erde und ihr Begleiter im Weltraum. Der Mond wandert ständig um die Erde und wird mit ihr um die Sonne geführt. Er ist der einzige Himmelskörper (neben der Sonne), der von der Erde aus mit bloßem Auge gesehen als Fläche erscheint und deutlich helle und dunkle Stellen auf seiner Oberfläche erkennen lässt.

Bei seiner Wanderung um die Erde wird der Mond, wie die Erde, von der Sonne beleuchtet und zeigt uns dadurch ein ständig wechselndes Aussehen, die bekannten Mondpha-

Himmelsereignisse

sen. Ihre Entstehung zeigt die Zeichnung Seite 105. Die Mondphasen, der Wechsel vom unsichtbaren Neumond über eine am Abendhimmel sichtbare, immer größer werdende Sichel bis zum halberleuchteten so genannten ersten Viertel, das anschließende Wachsen bis zum Vollmond, der während der gesamten Nacht zu beobachten ist, schließlich das Schrumpfen bis zum so genannten letzten Viertel oder abnehmenden Halbmond, wenn der Mond nur in der zweiten Nachthälfte leuchtet, bis zurück zum Neumond dauert rund 29 1/2 Tage. Dieser Verlauf und Zeitraum bildet die Zeiteinteilung des Monats. Der Monat war im Altertum in vielen Kulturkreisen ein noch wichtigeres Zeitmaß als das Jahr. Er beherrschte in den Mythen alter Völker den zeitlichen Ablauf der Geschehnisse, und viele alte Kalendersysteme richteten ihre Monate nach seinem Lauf exakt aus. In unserem Kalender ist der Monat nur noch eine Zeiteinteilung des Jahres und hat keinen Bezug mehr zum wirklichen Phasenwechsel. Aber auch heute bleibt der Phasenwechsel des Mondes das auffälligste Himmelsschauspiel schlechtweg. Sämtliche hervorgehobenen Mondphasen, die beiden Halbmonde, Vollmond und Neumond, sind in der unten stehenden Tabelle und auf Seite 107 für 2001 bis 2010 wiedergegeben. Nur bei Vollmond treten Mondfinsternisse, nur bei Neumond Sonnenfinsternisse auf (→ Seite 108–113).

Die Mondphasen 2001–2004

	Jan.	Feb.	März	April	Mai	Juni	Juli	Aug.	Sep.	Okt.	Nov.	Dez.
2001	2.◐	1.◐	3.◐	1.◐	7.○	6.○	5.○	4.○	2.○	2.○	1.○	7.◑
	9.○	8.○	9.○	8.○	15.◑	14.◑	13.◑	12.◑	10.◑	10.◑	8.◑	14.●
	16.◑	15.◑	16.◑	15.◑	23.●	21.●	20.●	19.●	17.●	16.●	15.●	22.◐
	24.●	23.●	25.●	23.●	29.◐	28.◐	27.◐	25.◐	24.◐	24.◐	23.◐	30.○
				30.◐						30.○		
2002	6.◑	4.◑	6.◑	4.◑	4.◑	3.◑	2.◑	1.◑	7.●	6.●	4.●	4.●
	13.●	12.●	14.●	12.●	12.●	11.●	10.●	8.●	13.◐	13.◐	11.◐	11.◐
	21.◐	20.◐	22.◐	20.◐	19.◐	18.◐	17.◐	15.◐	21.○	21.○	20.○	19.○
	28.○	27.○	28.○	27.○	26.○	24.○	24.○	22.○	29.◑	29.◑	27.◑	27.◑
								31.◑				
2003	2.●	1.●	3.●	1.●	1.●	7.◐	7.◐	5.◐	3.◐	2.◐	1.◐	8.◐
	10.◐	9.◐	11.◐	9.◐	9.◐	14.○	13.○	12.○	10.○	10.○	9.○	16.○
	18.○	16.○	18.○	16.○	16.○	21.◑	21.◑	20.◑	18.◑	18.◑	17.◑	23.◑
	25.◑	23.◑	25.◑	23.◑	23.◑	29.●	29.●	27.●	26.●	25.●	23.●	30.◑
				31.●	31.●						30.◐	
2004	7.○	6.○	6.○	5.○	4.○	3.○	2.○	7.◑	6.◑	6.◑	5.◑	5.◑
	15.◑	13.◑	13.◑	12.◑	11.◑	9.◑	9.◑	16.●	14.●	14.●	12.●	12.●
	21.●	20.●	20.●	19.●	19.●	17.●	17.●	23.◐	21.◐	20.◐	19.◐	18.◐
	29.◐	28.◐	28.◐	27.◐	27.◐	25.◐	25.◐	30.○	28.○	28.○	26.○	26.○
					31.○							

Mondphasen 2001–2010

Die Mondphasen 2005–2010

	Jan.	Feb.	März	April	Mai	Juni	Juli	Aug.	Sep.	Okt.	Nov.	Dez.
2005	3.◐	2.◐	3.◐	2.◐	1.◐	6.●	6.●	5.●	3.●	3.●	2.●	1.●
	10.●	8.●	10.●	8.●	8.●	15.◑	14.◑	13.◑	11.◑	10.◑	9.◑	8.◑
	17.◑	16.◑	17.◑	16.◑	16.◑	22.○	21.○	19.○	18.○	17.○	16.○	15.○
	25.○	24.○	25.○	24.○	23.○	28.◐	28.◐	26.◐	25.◐	25.◐	23.◐	23.◐
					30.◐							31.●
2006	6.◑	5.◑	6.◑	5.◑	5.◑	3.◑	3.◑	2.◑	7.○	7.○	5.○	5.○
	14.○	13.○	14.○	13.○	13.○	11.○	11.○	9.○	14.◐	14.◐	12.◐	12.◐
	22.◐	21.◐	22.◐	21.◐	20.◐	18.◐	17.◐	16.◐	22.●	22.●	20.●	20.●
	29.●	28.●	29.●	27.●	27.●	25.●	25.●	23.●	30.◑	29.◑	28.◑	27.◑
								31.◑				
2007	3.○	2.○	3.○	2.○	2.○	1.○	7.◑	5.◑	4.◑	3.◑	1.◑	1.◑
	11.◑	10.◑	12.◑	10.◑	10.◑	8.◑	14.●	12.●	11.●	11.●	9.●	9.●
	19.●	17.●	19.●	17.●	16.●	15.●	22.◐	20.◐	19.◐	19.◐	17.◐	17.◐
	25.◐	24.◐	25.◐	24.◐	23.◐	22.◐	30.○	28.○	26.○	26.○	24.○	24.○
						30.○						31.◑
2008	8.●	7.●	7.●	6.●	5.●	3.●	3.●	1.●	7.◐	7.◐	6.◐	5.◐
	15.◐	14.◐	14.◐	12.◐	12.◐	10.◐	10.◐	8.◐	15.○	14.○	13.○	12.○
	22.○	21.○	21.○	20.○	20.○	18.○	18.○	16.○	22.◑	21.◑	19.◑	19.◑
	30.◑	29.◑	29.◑	28.◑	28.◑	26.◑	25.◑	23.◑	29.●	28.●	27.●	27.●
								30.●				
2009	4.◐	2.◐	4.◐	2.◐	1.◐	7.○	7.○	6.○	4.○	4.○	2.○	2.○
	11.○	9.○	11.○	9.○	9.○	15.◑	15.◑	13.◑	12.◑	11.◑	9.◑	9.◑
	18.◑	16.◑	18.◑	17.◑	17.◑	22.●	22.●	20.●	18.●	18.●	16.●	16.●
	26.●	25.●	26.●	25.●	24.●	29.◐	28.◐	27.◐	26.◐	26.◐	24.◐	24.◐
					31.◐							31.○
2010	7.◑	5.◑	7.◑	6.◑	6.◑	4.◑	4.◑	3.◑	1.◑	1.◑	6.●	5.●
	15.●	14.●	15.●	14.●	14.●	12.●	11.●	10.●	8.●	7.●	13.◐	13.◐
	23.◐	22.◐	23.◐	21.◐	20.◐	19.◐	18.◐	16.◐	15.◐	14.◐	21.○	21.○
	30.○	28.○	30.○	28.○	27.○	26.○	26.○	24.○	23.○	23.○	28.◐	28.◐
										30.◑		

*Halbfette Schrift bedeutet bei Vollmond = Mondfinsternis
oder bei Neumond = Sonnenfinsternis*

● Neumond ◐ Erstes Viertel ○ Vollmond ◑ Letztes Viertel
zunehmender Halbmond · abnehmender Halbmond

Himmelsereignisse

Datum, Dauer und Sichtbarkeit aller Sonnenfinsternisse

Die Wanderung des Mondes um die Erde ist für das Entstehen der wohl spektakulärsten Himmelserscheinungen, der Sonnenfinsternisse und Mondfinsternisse, verantwortlich. Eine Sonnenfinsternis tritt ein, wenn sich der Mond zwischen Sonne und Erde schiebt und seinen Schatten dabei auf die Erde fallen lässt. Eine Mondfinsternis entsteht, wenn die Erde zwischen Sonne und Mond tritt und dabei ihr Schatten auf die Mondoberfläche fällt (→ Zeichnung unten).

Daraus ergibt sich das wichtige Gesetz, dass Sonnenfinsternisse ausschließlich bei Neumond eintreten können (denn nur dann steht der Mond zwischen Sonne und Erde), während Mondfinsternisse nur bei Vollmond auftreten (nur dann steht der Mond der Sonne am Himmel genau gegenüber, sodass sich

die Erde zwischen beiden befindet). In der Mondphasentabelle Seite 106, 107 lässt sich dies sehr deutlich nachvollziehen, weil dort alle Sonnen- und Mondfinsternisse für die Jahre 2001 bis 2010 vermerkt sind. (Das genaue Datum ist halbfett geschrieben).

Sowohl der Schatten des Mondes als auch der Erde ist zweigeteilt. Da Mond und Erde Kugeln sind, sind ihre Schatten kegelförmig, bestehend aus einem inneren Kegel, dessen Spitze zur Sonne (beziehungsweise Erde) hinweist. Man bezeichnet diese beiden Schatten als Kernschatten und Halbschatten. Aus dem Zusammenspiel beider Schatten resultieren die unterschiedlichen Arten der Finsternisse. Der Kernschatten des Mondes ist fast genauso lang wie die mittlere Entfernung zwischen Erde und Mond, nämlich rund 380.000 Kilometer. Das bedeutet, dass die Schattenspitze gerade noch die Erdoberfläche erreicht. Sie

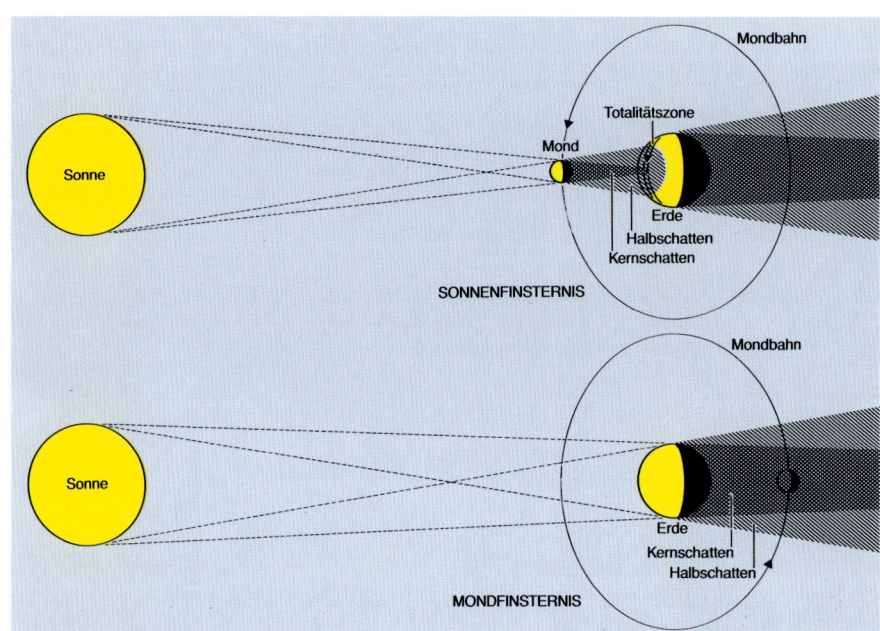

Bei einer Sonnenfinsternis fällt der Mondschatten auf die Erde. Bei einer Mondfinsternis trifft der Erdschatten den Mond.

Wie es zu Sonnen- und Mondfinsternis kommt

kann dort ein Gebiet von maximal 273 Kilometern Breite erfassen. Um dieses Gebiet herum erstreckt sich ein ebenfalls kreisförmiges, erheblich größeres Gebiet (bis 7000 Kilometer), das vom Halbschatten des Mondes erreicht wird. Im Kernschatten sieht man die Sonne total verfinstert (→ Fotos Seite 110), im Halbschatten teilweise oder partiell verfinstert (→ Fotos auf dieser Seite).

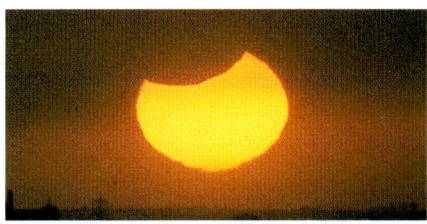

Während der Schatten des Mondes auf die Erdoberfläche fällt, bewegen sich sowohl die Erde, die weiter von West nach Ost rotiert, als auch der Mond, der in der gleichen Richtung weiterläuft. Dadurch huschen sowohl der Kern- als auch der Halbschatten mit hoher Geschwindigkeit (rund 2400 Kilometer pro Stunde!) immer von Westen nach Osten über die Erdoberfläche. Die genauen Bahnen der wichtigsten Sonnenfinsternisse sind im astronomischen Kalender (ab Seite 118) bei den Jahren 2001, 2005 und 2006 auf Landkarten dargestellt.

Die Daten sämtlicher Finsternisse bis ins Jahr 2010 sind in der Tabelle auf Seite 111 zusammengefasst. Dort tauchen noch zwei weitere Arten von Sonnenfinsternissen auf, die nur partiellen und ringförmigen. Wenn der Mond bei Neumond zu weit nördlich und südlich der Sonne steht, kommt es vor, dass nur sein Halbschatten die Erdoberfläche trifft. Entsprechend gibt es dann für die Erde nur eine teilweise Sonnenfinsternis. Eine solche Erscheinung ist entweder nur in hohen nördlichen oder hohen südlichen Breiten zu beobachten, also in der Arktis und umgebenden Gebieten sowie in der Antarktis. Bei einer ringförmigen Sonnenfinsternis trifft, genau wie bei einer totalen Finsternis, der Kernschatten des Mondes die Erde. Er ist aber infolge der schwankenden Entfernung zwischen Erde und Sonne und Erde und Mond nicht in der Lage, den gesamten Abstand zur Erdoberfläche zu überbrücken. Steht man allerdings in seiner Verlängerung auf der Erdoberfläche, so zeigt sich das ungewöhnliche

Ein ungewöhnliches, seltenes Himmelsereignis: Die teilweise verfinsterte Sonne versinkt in Hamburg am 20. Juli 1982 am Horizont.

Himmelsereignisse

11.8.1999: Sekundenbruchteile vor der Totalität leuchtet die Sonne durch die Mondgebirge.

11.8.1999: Die Korona, der Strahlenkranz, umgibt die total verfinsterte Sonne.

Schauspiel, dass die Mondscheibe zwar dunkel vor der Sonnenscheibe steht, sie aber nicht vollständig wie bei einer totalen Finsternis abdecken kann, sondern ein kleiner Ring der hellen Sonnenoberfläche um den dunklen Mond herum sichtbar bleibt. Von dieser Erscheinung rührt der Name ringförmige Sonnenfinsternis.

Die totalen Sonnenfinsternisse und auch die ringförmigen Sonnenfinsternisse (weniger die teilweisen oder partiellen) sind sicher die spektakulärsten Himmelserscheinungen überhaupt. Denn nur bei einer totalen Sonnenfinsternis lässt sich die Sonnenkorona in voller Ausdehnung sehen. Die Korona (der Strahlenkranz der Sonne) ist eine ausgedehnte Hülle aus heißem, hoch verdünntem Gas (→ Seite 149), die sich mehrere Millionen Kilometer von der Sonne ins All erstreckt und von Finsternis zu Finsternis in immer anderen Formen ein faszinierendes Schauspiel am Himmel bietet. Die plötzlich einbrechende

Dämmerung mitten am Tage, das Auftauchen der helleren Sterne am Himmel und die Veränderungen in der belebten Natur, für die der Einbruch der Dunkelheit gänzlich unerwartet kommt, machen die totalen Sonnenfinsternisse zu einem einmaligen Erlebnis.

Weil der Kernschatten des Mondes auf der Erdoberfläche sehr schmal ist, sind totale Sonnenfinsternisse in einem bestimmten Land der Erde nur sehr selten zu sehen.

Partielle oder teilweise Sonnenfinsternisse sind für ein jeweils ausgesuchtes Land der Erde wesentlich häufiger zu verzeichnen, weil der Halbschatten des Mondes rund 7000 Kilometer Durchmesser im Gegensatz zu den maximal 273 Kilometern Durchmesser des Kernschattens misst. Die Sonnenfinsternisse, die von Deutschland und Westeuropa aus in den nächsten 10 Jahren als teilweise oder partielle Erscheinung zu beobachten sein werden, sind in der nun folgenden Tabelle mit einem Sternchen gekennzeichnet.

Sonnenfinsternisse 2001–2010

Sonnenfinsternisse: Wann und wo sichtbar

Datum	Art	Größte Finsternis	Dauer der größten Finsternis	Größte Bedeckung der Sonnenscheibe
21. Juni 2001	t	14.04 Uhr	4 Min. 57 Sek.	105%
Sichtbarkeit: Tansania, Madagaskar, partiell: südliches Afrika, Südamerika, → Seite 118				
14. Dezember 2001	r	21.52 Uhr	3 Min. 53 Sek.	97%
Sichtbarkeit: Pazifischer Ozean, Mittelamerika, partiell: Nordamerika				
10./11. Juni 2002	r	1.45 Uhr	23 Sek.	99%
Sichtbarkeit: Pazifischer Ozean, partiell: Nordamerika, Ostasien, Japan				
4. Dezember 2002	t	8.31 Uhr	2 Min. 4 Sek.	102%
Sichtbarkeit: Angola, Simbabwe, partiell: Afrika, Indischer Ozean, Antarktis				
31. Mai 2003	r	6.08 Uhr	3 Min. 37 Sek.	94%
Sichtbarkeit: Grönland, partiell: Westeuropa, Russland*				
23. November 2003	t	23.49 Uhr	1 Min. 57 Sek.	104%
Sichtbarkeit: Antarktis, partiell: Australien				
19. April 2004	p	15.34 Uhr	-	73%
Sichtbarkeit: Südatlantik, südliches Afrika				
14. Oktober 2004	p	4.59 Uhr	-	93%
Sichtbarkeit: Nördlicher Pazifik, Japan, Russland				
8. April 2005	r–t	22.35 Uhr	42 Sek.	100%
(seltene Zwischenform, die Finsternis beginnt ringförmig, wird dann total und endet ringförmig) Sichtbarkeit: Pazifik, Mittelamerika, partiell: Süd- und Nordamerika				
3. Oktober 2005	r	12.31 Uhr	4 Min. 31 Sek.	96%
Sichtbarkeit: Spanien, Libyen, Sudan, Kenia, partiell: Afrika, Europa*, → Seite 123				
29. März 2006	t	12.11 Uhr	4 Min. 7 Sek.	105%
Sichtbarkeit: Westafrika, Libyen, Türkei, Russland, partiell: Afrika, Europa, Russland*, → Seite 123				
22. September 2006	r	13.40 Uhr	7 Min. 9 Sek.	93%
Sichbarkeit: Atlantik, partiell: Südamerika, Westafrika, Südafrika				
19. März 2007	p	4.32 Uhr	-	87%
Sichtbarkeit: Asien; Japan, Arktis				
11. September 2007	p	14.31 Uhr	-	75%
Sichtbarkeit: Südamerika, Antarktis				
7. Februar 2008	r	4.55 Uhr	2 Min. 12 Sek.	96%
Sichtbarkeit: Antarktis, Neuseeland				
1. August 2008	t	12.21 Uhr	2 Min. 27 Sek.	104%
Sichtbarkeit: Grönland, Russland, partiell: Russland, Europa*				
26. Januar 2009	r	8.58 Uhr	7 Min. 53 Sek.	93%
Sichtbarkeit: Indischer Ozean, Indonesien, partiell: südliches Afrika, Antarktis, Indonesien				
22. Juli 2009	t	4.35 Uhr	6 Min. 39 Sek.	108%
Sichtbarkeit: China, partiell: China, Südostasien, Pazifik				
15. Januar 2010	r	8.06 Uhr	11 Min. 8 Sek.	92%
Sichtbarkeit: Kongo, Kenia, Thailand, China, partiell: Afrika, Asien, Indischer Ozean				
11. Juli 2010	t	21.33 Uhr	5 Min. 20 Sek.	106%
Sichtbarkeit: südlicher Pazifik, partiell: Pazifik, südliches Südamerika				

von Deutschland, Österreich, Schweiz aus sichtbar

p = partiell, t = total, r = ringförmig

Himmelsereignisse

Datum, Dauer und Sichtbarkeit aller Mondfinsternisse

Im Gegensatz zu den Sonnenfinsternissen sind Mondfinsternisse von einem bestimmten Land der Erdoberfläche aus wesentlich häufiger zu beobachten, aber nur, weil jede Mondfinsternis immer auf der gesamten Nachtseite der Erde sichtbar ist. Insgesamt aber sind Mondfinsternisse seltener. In den Jahren 2001 bis 2010 sind 15 Mond-, aber 20 Sonnenfinsternisse zu erwarten (→ Tabelle unten und Seite 111).

Zwar wirft auch die Erde zwei Schatten ins Weltall, einen Kernschatten und einen Halbschatten; doch nur der Kernschatten ist für Mondfinsternisse interessant. Wenn der Mond durch den Halbschatten der Erde läuft, lässt sich dies von der Erde aus nur schwer verfolgen. Daher umfasst die Tabelle unten auch nur Finsternisse, bei denen der Mond in den Kernschatten der Erde wandert. Taucht die hell erleuchtete Mondscheibe (Vollmond) vollständig in den Kernschatten der Erde ein, spricht man von einer totalen

Mondfinsternisse: Wann und wo sichtbar

Datum:	Art	Beginn	Ende	Größe
9. Januar 2001	t	19.42 Uhr	22.59 Uhr	119%
Sichtbarkeit: Europa, Afrika, Asien*				
5. Juli 2001	p	15.35 Uhr	18.16 Uhr	50%
Sichtbarkeit: Australien, Pazifik				
16. Mai 2003	t	4.03 Uhr	7.17 Uhr	113%
Sichtbarkeit: Südamerika, Atlantik, Europa, Afrika*				
9. November 2003	t	0.32 Uhr	4.05 Uhr	102%
Sichtbarkeit: Afrika, Europa, Nord- und Südamerika*, → Seite 120				
4./5 Mai.2004	t	20.48 Uhr	0.12 Uhr	131%
Sichtbarkeit: Afrika, Europa, Asien*, → Seite 121				
28. Oktober 2004	t	2.14 Uhr	5.54 Uhr	131%
Sichtbarkeit: Amerika, Europa, Afrika*				
17. Oktober 2005	p	13.34 Uhr	14.32 Uhr	7%
Sichtbarkeit: Pazifik, Australien, Ostasien				
7. September 2006	p	20.05 Uhr	21.38 Uhr	19%
Sichtbarkeit: Europa, Asien, Afrika, Australien*				
3./4.März 2007	t	22.30 Uhr	2.12 Uhr	124%
Sichtbarkeit: Europa, Afrika*, → Seite 124				
28. August 2007	t	9.51 Uhr	13.24 Uhr	148%
Sichtbarkeit: Amerika, Pazifik, Australien, Ostasien				
21. Februar 2008	t	2.43 Uhr	6.09 Uhr	111%
Sichtbarkeit: Amerika, Europa, Afrika*				
16./17.August 2008	p	21.35 Uhr	0.44 Uhr	81%
Sichtbarkeit: Europa, Afrika; Asien*				
31. Dezember 2009	p	19.52 Uhr	20.53 Uhr	8%
Sichtbarkeit: Afrika, Europa, Asien *				
26. Juni 2010	p	12.16 Uhr	15.00 Uhr	54%
Sichtbarkeit: Pazifik, Australien, Amerika				
21. Dezember 2010	t	7.32 Uhr	11.02 Uhr	126%
Sichtbarkeit: Amerika, Pazifik, Ostasien				

= Finsternis in voller Länge oder zum Teil von Deutschland, Österreich, Schweiz aus sichtbar
p = partiell, t = total

Mondfinsternisse 2001–2010

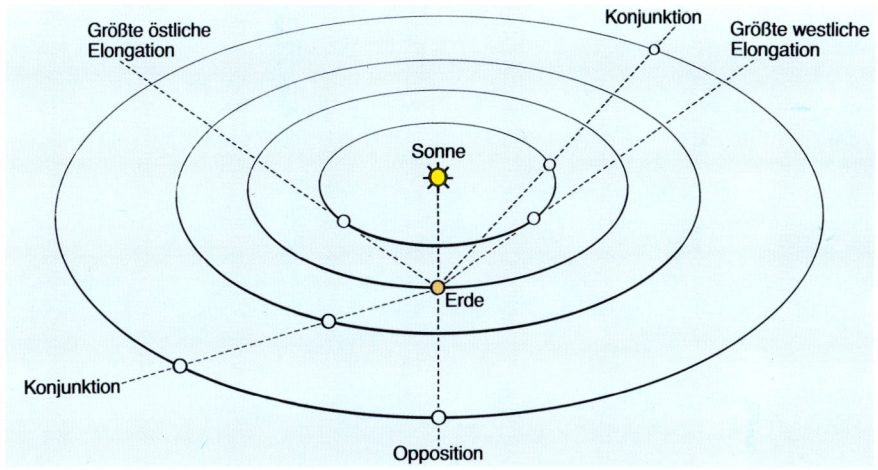

Zu Erde und Sonne nehmen die Planeten verschiedene Positionen ein: Opposition, Konjunktion, Elongation (→ Seite 114).

Finsternis, wandert der Mond nördlich oder südlich am Kernschattenzentrum vorbei und taucht nur zu einem Teil ein, von einer partiellen Finsternis. Drei totale Mondfinsternisse sind im astronomischen Kalender (ab Seite 118) bei den Jahren 2003, 2004 und 2007 grafisch dargestellt. In der Tabelle Seite 112 sind die Mondfinsternisse, die von ganz Westeuropa aus beobachtet werden können, mit einem Sternchen gekennzeichnet.

Eine Mondfinsternis erschiene für einen gedachten Beobachter auf dem Mond als Sonnenfinsternis. Denn genau wie bei einer Sonnenfinsternis die Erde in den Schatten des Mondes taucht, taucht dieser in den Erdschatten ein, sodass sich für ihn die Erde vor die Sonne schiebt. Von der Erde aus gesehen erkennt man, dass die hell erleuchtete runde Mondscheibe immer dunkler wird und allmählich verlischt. Sie verlischt aber – und das ist das Entscheidende und besonders Reizvolle der Beobachtung – nicht vollständig, sondern ist selbst bei der tiefsten Verfinsterung durch den Erdschatten immer noch sichtbar. Dies liegt an der Erdatmosphäre, die das Licht der Sonne bricht und einen Teil in den Erd-

schatten umlenkt, wo er auf die Mondoberfläche fällt und von dort reflektiert wird. Da dies vor allem für den roten Teil des Sonnenlichts gilt, leuchtet der Mond oft während einer totalen Mondfinsternis in einem tiefroten, kupferartigen Ton. Das Aussehen ist allerdings von Finsternis zu Finsternis verschieden. Dies ist vor allem abhängig von den Staubanteilen in der Erdatmosphäre.

Die Planeten leuchten in den Tierkreissternbildern

Die Planeten werden von der Sonne beleuchtet. Sie reflektieren ihr Licht zur Erde. Infolge ihrer großen Nähe zur Erde zeigen sie eine scheinbare Bewegung, die sie immer entlang der Ekliptik am Himmel führt, das heißt der Bahn, die unsere Sonne scheinbar während eines Jahres am Himmel beschreibt. Diese Ekliptik ist gestrichelt in die Sternkarten eingezeichnet, sodass es leicht fällt, Planeten zu identifizieren. Sie sind immer sehr hell und befinden sich immer auf der Ekliptik (→ Seite 15). Ihre unterschiedlichen Stellungen zu Sonne und Erde sind in der oben stehenden Zeichnung zu erkennen.

Himmelsereignisse

Entlang der Ekliptik gruppieren sich die berühmten Tierkreisbilder (→ Seite 15, 16). Die Planeten können daher nur in diesen dreizehn Sternbildern leuchten, was das Erkennen natürlich zusätzlich erleichtert.

Das Erscheinungsbild der Planeten ist abhängig davon, ob sie der Sonne näher stehen als die Erde oder sie weiter von ihr entfernt sind (→ Zeichnung Seite 17).

Näher an der Sonne stehen die Planeten Merkur und Venus; weiter weg sind die Planeten Mars, Jupiter und Saturn.

Merkur und Venus können sich durch ihre große Sonnennähe nicht weit von der Sonne entfernen. Sie sind daher immer nur abends nach Sonnenuntergang am Westhimmel oder morgens vor Sonnenaufgang am Osthimmel zu sehen. Am günstigsten erscheinen sie, wenn der Abstand zur Sonne, den man in Winkelgraden misst, besonders groß ist. Diese Zeiten (der so genannten »**größten Elongation**«) sind in der Tabelle auf Seite 115 für die Venus als Abend- und Morgenstern wiedergegeben.

Mars, Jupiter und Saturn stehen weiter weg von der Sonne als die Erde. Sie können am irdischen Himmel der Sonne gegenüberstehen, eine Stellung, die man als **Opposition** bezeichnet. Diese Zeiten erscheinen in Tabelle Seite 117. Die Opposition eines dieser drei Planeten ist immer gleichbedeutend mit der besten Sichtbarkeit, weil der Planet dann während der ganzen Nacht am irdischen Himmel steht. Er geht etwa bei Sonnenuntergang auf und bei Sonnenaufgang unter.

Die Planeten bewegen sich unterschiedlich schnell am Himmel. Merkur am schnellsten, Saturn am langsamsten. Dadurch verändert sich ständig ihre Lage zueinander. Oft laufen zwei oder mehr in einem Tierkreissternbild zusammen und stehen dann genau in Nord-Süd-Richtung übereinander. Eine solche Stellung bezeichnet man als **Konjunktion**, als Zusammenkunft (→ Zeichnung Seite 113). Planetenkonjunktionen sind wichtige Himmelsereignisse; der Sternenhimmel erscheint dann besonders ungewöhnlich und auffallend; mehrere Planeten bereichern zusammen die Sternbilder.

Einige interessante Planetenkonjunktionen sind im astronomischen Kalender (ab Seite 118) erwähnt.

Merkur zeigt sich nur kurz

Merkur ist der am schwierigsten zu beobachtende Planet. Die Tabelle Seite 114, 115 zeigt nur die Zeiten, zu denen er am Abendhimmel zu sehen ist. Er steht immer sehr tief zum Horizont und kann längstens für eine Stunde nach Sonnenuntergang erkannt werden. Je nachdem ob man ihn besser auf der Nord- oder Südhalbkugel sieht, sind die entsprechenden Zeiten mit »Norden« bzw. »Süden« gekennzeichnet. In den Gebieten um den Äquator ist der Merkur dagegen zu jeder angegebenen Zeit am Abendhimmel zu erkennen. Zum Merkur als Himmelskörper → Seite 137, 138.

Merkur 2001–2003		
Jahr	Abendhimmel (Sternbild)	Sichtbarkeit
2001	Mai/Juni (Stier)	Norden
	September (Jungfrau)	Süden
	Dezember (Steinbock/Wassermann)	Süden
2002	April (Widder, Stier)	Norden
	August/September (Jungfrau)	Süden
	Dezember (Schütze)	Süden
2003	April (Widder)	Norden
	August (Löwe)	Süden
	Dezember (Schütze)	Süden

Merkur und Venus stehen der Sonne nahe

Merkur 2004–2010

Jahr	Abendhimmel (Sternbild)	Sichtbarkeit
2004	März (Fische)	Norden
	Juli (Löwe)	Süden
	November (Skorpion/Schlangenträger)	Süden
2005	März (Fische)	Norden
	Juli (Krebs)	Süden
	Oktober (Waage/Skorpion)	Süden
2006	Juni (Zwillinge)	Norden
	Oktober (Waage)	Süden
2007	Mai (Stier, Zwillinge)	Norden
	September/Oktober (Jungfrau)	Süden
2008	Mai (Stier)	Norden
	September (Jungfrau)	Süden
	Dezember (Schütze)	Süden
2009	April (Widder)	Norden
	August (Löwe/Jungfrau)	Süden
	Dezember (Schütze)	Süden
2010	März/April (Fische, Widder)	Norden
	Juli (Löwe)	Süden
	November/Dezember (Schütze)	Süden

Venus, der Morgen- und Abendstern

Im Gegensatz zu Merkur kann sich die Venus wesentlich weiter von der Sonne entfernen und dadurch viel länger nach Sonnenuntergang und vor Sonnenaufgang leuchten. Sie ist nach Sonne und Mond das hellste Gestirn am irdischen Himmel und ist daher oft auch schon bei Tage zu sehen. Daher wird in der Tabelle unten ausnahmsweise auch die Morgensichtbarkeit angegeben. Zur Venus als Himmelskörper → Seite 152.

Merkur- und Venusdurchgänge

Nur Merkur, Venus und (bei Neumond → Seite 105) der Mond stehen der Sonne näher als die Erde. Nur sie können sich daher manchmal direkt vor die Sonnenscheibe schieben. Beim Mond erleben wir dann eine Sonnenfinsternis – er blockiert das Sonnenlicht auf seinem Weg zur Erde. Venus und Merkur erscheinen von der Erde aus gesehen allerdings wesentlich kleiner als der Mond und können die gleißend helle Sonnenscheibe nicht ganz verdecken – daher sprechen wir hier nicht von

Venus 2001–2010

Jahr	Abendstern (Größte Elongation zur Sonne, Sternbilder im Monat der größten Elongation)	Morgenstern
2001	Jan.–März (17.1., Wassermann, Fische)	April–Okt. (8.6., Fische, Widder)
2002	Mai–Okt. (22.8., Jungfrau)	Dez.
2003	Dez.	Jan.–Mai (11.1., Skorpion)
2004	Jan.–Mai (29.3., Widder, Stier)	Juli–Dez. (17.8., Zwillinge)
2005	Juni–Dez. (3.11., Schütze)	-
2006	-	Feb.–Aug. (25.3., Steinbock, Wassermann)
2007	Feb.–Juli (9.6., Krebs, Löwe)	Sep.–Dez. (28.10., Löwe)
2008	Sep.–Dez.	Jan.–März
2009	Jan.–März (15.1., Wassermann)	April–Okt. (6.6., Fische, Widder)
2010	März–Okt. (20.8., Jungfrau)	Dez.

Himmelsereignisse

einer »Finsternis«, sondern von einem »Venus-« beziehungsweise »Merkurdurchgang«, also von einem Vorbeilaufen oder »Durchgehen« vor der Sonnenscheibe.

Venus- und Merkurdurchgänge sind wesentlich seltener als Sonnenfinsternisse, ganz besonders Durchgänge der Venus. Nach einer Pause von 130 Jahren wird sich am 8. Juni 2004 ein solches Schauspiel wiederholen – die Venus läuft vor der Sonne als deutliche schwarze Scheibe vorüber. Dieser Venusdurchgang ist eines der wichtigsten Himmelsereignisse der Jahre 2001 bis 2010. Allerdings kann die Venus nicht wie der Mond bei einer Sonnenfinsternis so viel Licht der Sonne abblocken, dass es merklich dunkler würde. Man sieht das Himmelsschauspiel vielmehr nur in einem Fernrohr oder Fernglas. Bei der Beobachtung muss man sehr vorsichtig sein und darf die Sonne nur durch dichte Schutzfilter ansehen. Sicherer ist es, das Sonnenbild durch das Fernrohr hindurch auf ein weißes Blatt zu projizieren und dort die Venus (oder bei einem Merkurdurchgang den Merkur) zu verfolgen.

Im Gegensatz zur Venus sind Durchgänge des Merkur viel häufiger, aber auch unspektakulärer, weil er nur als winziges Pünktchen auf der Sonne erscheint. Alle Daten von Venus- und Merkurdurchgängen der nächsten zehn Jahre sind in der Tabelle Seite 117 zusammengefasst. Überall wo die Sonne über dem Horizont steht, lässt sich das jeweilige Schauspiel verfolgen. Bei der Venus sind zusätzlich zur ersten Berührung der Sonnenscheibe und dem Ende des Durchgangs noch die Zeiten angegeben, zu denen die volle Venusscheibe zuerst und zuletzt vor der Sonne steht – sie braucht immerhin 20 Minuten, um voll in die Sonne hineinzuwandern. Das ist ein Zeichen für den großen Durchmesser der Venus und ihre relative Nähe zur Erde.

Der Ablauf der Durchgänge von Merkur und Venus ist im astronomischen Kalender auf Seite 121 grafisch dargestellt.

Mars, der rote Planet

Der Mars ist nach der Venus unser zweitnächster Planet. Der Erde kommt er während seiner Oppositionsstellung (→ Seite 113) besonders nahe. Die Entfernung schwankt dann jedoch stark: 67 (2001), 56! (2003), 69 (2005), 88 (2007) und 99! (2010) Millionen Kilometer. Der Mars leuchtet rötlich; er ist immer schwächer als die Venus und fast immer schwächer als der Jupiter, aber in den Monaten um die Opposition heller als die hellsten Fixsterne am Himmel. Zum Mars als Himmelskörper → Seite 136, 137.

Jupiter, der Riese des Sonnensystems

Jupiter, der mit Abstand größte Planet im Sonnensystem, strahlt in einem deutlich sichtbaren, gelblichen Licht. Er ist nach der Venus der zweithellste Himmelskörper überhaupt (Sonne und Mond einmal ausgenommen). Nur ganz selten wird er einmal während weniger Wochen vom Mars übertroffen, wenn dieser in Opposition steht. Jupiter wandert in rund zwölf Jahren einmal um die Sonne. Daher verschiebt er sich von Opposition zu Opposition um ein Tierkreissternbild weiter am Himmel, was die Tabelle (Seite 117) deutlich zeigt. Zum Jupiter als Himmelskörper → Seite 134, 135.

Saturn, Planet in Weiß

Saturn bewegt sich von allen mit bloßem Auge sichtbaren Planeten am langsamsten. Er ist auch der leuchtschwächste, kann aber immer noch mit den hellsten Sternen des Himmels konkurrieren. Er fällt vor allem durch sein weißes, ruhiges, kaum flimmerndes Licht auf. Die berühmten Ringe des Saturn lassen sich aber nur mit einem Fernrohr bei mindestens 40facher Vergrößerung erkennen. Von 2001 bis 2005 gelingt dies besonders gut, weil die Erde weit südlich der Ebene der Saturnringe steht und diese dadurch stark geöffnet erscheinen. Zum Saturn als Himmelskörper → Seite 147, 148.

Wann die Planeten zu sehen sind

Merkur- und Venusdurchgänge 2001–2010

Datum	Beginn	Ende	Planetenlauf
Merkur:			
7. Mai 2003	7.13 Uhr	12.31 Uhr	nördliche Sonnenhälfte
6./7. November 2006	20.12 Uhr	1.11 Uhr	südliche Sonnenhälfte
Venus:			
8. Juni 2004	7.17 Uhr	13.09 Uhr	südliche Sonnenhälfte
	(7.37 Uhr)	(13.29 Uhr)	

Wann die Planeten zu sehen sind

Mars 2001–2010

Jahr	Opposition	Sternbild zur Opposition	Am Abendhimmel sichtbar
2001	13. Juni	Schlangenträger	Mai–Dez.
2002	-	-	Jan.–Mai
2003	28. Aug.	Wassermann	Juli–Dez.
2004	-	-	Jan.–Juni
2005	7. Nov.	Widder	Sep.–Dez.
2006	-	-	Jan.–Juli
2007	24. Dez.	Zwillinge	Okt.–Dez.
2008	-	-	Jan.–Juli
2009	-	-	Dez.
2010	29. Jan.	Krebs	Jan.–Aug.

Jupiter 2001–2010

Jahr	Opposition	Sternbild zur Opposition	Am Abendhimmel sichtbar
2001	-	Stier	Jan.–Mai/Nov.–Dez.
2002	1. Jan.	Zwillinge	Jan.–Juni/Dez.
2003	2. Feb.	Krebs	Jan.–Juli
2004	4. März	Löwe	Feb.–Aug.
2005	3. April	Jungfrau	März–Aug.
2006	4. Mai	Waage	April–Aug.
2007	6. Juni	Schlangenträger	Mai–Sep.
2008	9. Juli	Schütze	Juni–Okt.
2009	14. Aug.	Steinbock	Juli–Nov.
2010	21. Sep.	Wassermann/Fische	Aug.–Dez.

Saturn 2001–2010

Jahr	Opposition	Sternbild zur Opposition	Am Abendhimmel sichtbar
2001	3. Dez.	Stier	Jan.–April/Sep.–Dez.
2002	17. Dez.	Stier	Jan.–April/Okt.–Dez.
2003	31. Dez.	Zwillinge	Jan.–Mai/Nov.–Dez.
2004	-	Zwillinge	Jan.–Juni/Nov.–Dez.
2005	13. Jan.	Zwillinge	Jan.–Juni/Dez.
2006	27. Jan.	Krebs	Jan.–Juni/Dez.
2007	10. Feb.	Löwe	Jan.–Juli
2008	24. Feb.	Löwe	Jan.–Juli
2009	8. März	Löwe	Jan.–Juli
2010	22. März	Jungfrau	Feb.–Aug.

Astronomischer Kalender 2001–2010

2001

Im **Januar** ist die Venus hell leuchtender Abendstern am Westhimmel. Jupiter und Saturn beherrschen den Südhimmel. Jupiter ist der hellere von beiden und steht weiter im Osten. Am 9.1. wird der Mond total verfinstert.

Im **Februar** baut die Venus ihre Sichtbarkeit am Abendhimmel aus; sie geht erst um 21.30 Uhr unter. Jupiter und Saturn beherrschen den Abendhimmel innerhalb des Sternbildes Stier.

Im **März** wandert Venus auf Jupiter und Saturn zu, die am Südwesthimmel im Stier verharren. Ende März verschwindet die Venus vom Abendhimmel.

Im **April** beherrschen Jupiter und Saturn als einzige Planeten den Westhimmel. Ende April geht der Saturn um 20.20 Uhr und der Jupiter um 21.20 Uhr unter.

Im **Mai** lässt sich der Jupiter kurz nach Sonnenuntergang tief am Westhimmel betrachten; für Bewohner der Nordhalbkugel gesellt sich Mitte Mai der Merkur dazu, der am 15.5. zusammen mit Jupiter in einer Konjunktion gut zu beobachten ist.

Im **Juni** taucht am Osthimmel der Mars auf. Er leuchtet unter den Sternen des Sternbilds Schlangenträger. Am 13.6. steht er in Opposition. Am 21.6. ist im südlichen Afrika eine totale Sonnenfinsternis zu sehen (→ Zeichnung unten).

Im **Juli** beherrscht der Mars als einziger Planet den Himmel. Bei Einbruch der Dunkelheit lässt er sich an seiner rötlichen Farbe in südlicher Richtung deutlich erkennen. Am 5.7. ereignet sich eine teilweise Mondfinsternis.

Auch im **August** bleibt Mars der beherrschende Himmelskörper. Allerdings steht er sehr tief über dem südlichen Horizont.

Während der Monate **September** und **Oktober** scheint der Mars am Himmel zu verharren. Seine Bewegung gleicht die Verschiebung der Sterne zur Sonne praktisch aus, sodass er Ende Oktober fast zur gleichen Zeit wie Anfang September untergeht, nämlich um Mitternacht.

Erst im **Oktober** ändert sich das Bild. Der Mars leuchtet im Südwesten. Im Osten erscheint Anfang Oktober der Saturn wieder am Abendhimmel. Am 15. 10. geht er um 21.45 Uhr auf.

Anfang **November** sind nach wie vor Mars in südwestlicher Richtung, Saturn im Nordosten zu beobachten. Mars hat jetzt das Sternbild Steinbock erreicht, während der Saturn im Stier zu finden ist.

Im **Dezember** hat sich an der Stellung des Mars kaum etwas verändert. Im Osten kommt der Jupiter hinzu, sodass wir am Abendhimmel drei Planeten erkennen können, Mars im Südwesten, Saturn im Osten und Jupiter im Nordosten. Saturn steht am 3.12. in Opposition, lässt sich also von allen dreien am besten erkennen. Am 14.12. tritt eine ringförmige (→ Seite 109) Sonnenfinsternis ein.

2002

Am 1. **Januar** steht der Jupiter in Opposition. Im Sternbild Zwillinge beherrscht er den Abendhimmel. Zusammen mit dem Saturn lässt er sich hoch in südlicher Richtung beobachten. Der Mars dagegen lässt sich am Westhimmel sehen, wenn auch relativ leuchtschwach. Er geht

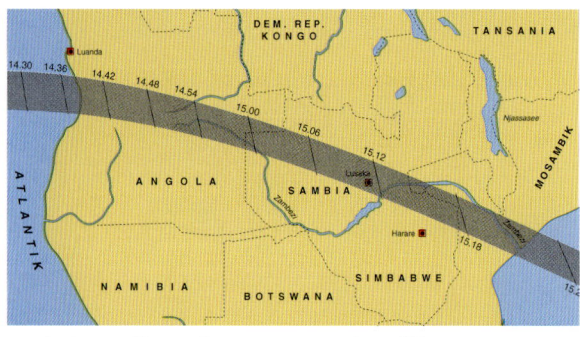

Totale Sonnenfinsternis am 21.6.2001 über Afrika.

118

2002

auch bereits um 22.30 Uhr unter.

Im **Februar** steht gegen 21 Uhr der Mars tief am abendlichen Westhimmel, während Jupiter und Saturn hoch am Südhimmel zusammen mit den Sternbildern des Winterhimmels eindrucksvoll zu sehen sind. Jupiter leuchtet deutlich heller als Saturn, er steht im Sternbild Zwillinge, Saturn im Stier.

Im **März** zeigt sich ein ähnliches Bild. Der Mars kann am Nordwesthimmel gesehen werden. Er läuft rasch auf den Saturn und den Jupiter zu. Um 21 Uhr bilden Mars, darüber Saturn und darüber Jupiter eine fast gerade Linie am Westhimmel.

Diese Stellung wird im **April** beibehalten, auch wenn der Mars jetzt nur noch kurze Zeit zu sehen ist. Er verschwindet Mitte April um 22.30 Uhr, Saturn um 23.30 Uhr und Jupiter um 1.40 Uhr.

Im **Mai** kommt es abends am Westhimmel zu einer einzigartigen Planetenkonstellation (→ Zeichnung oben). Die Venus taucht wieder als Abendstern am Westhimmel auf und steht mit Saturn und Mars im Sternbild Stier eng zusammen. Hinzu kommt noch tiefer im Westen der Merkur und höher in den Zwillingen der Jupiter. Alle fünf mit dem bloßen Auge sichtbaren Planeten stehen auf engem Raum und sind gleichzeitig bis kurz nach 22

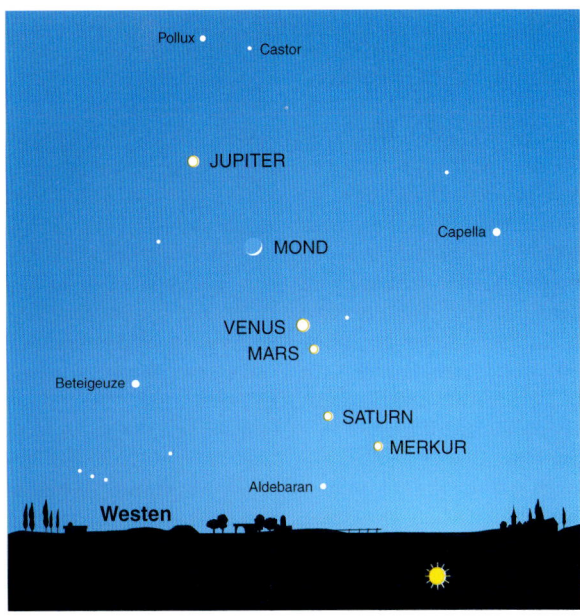

Im Mai 2002 sind gleich fünf Planeten am Himmel zu sehen.

Uhr zu sehen (Jupiter verschwindet Mitte Mai erst um Mitternacht).

Anfang **Juni** erreicht die Venus den Jupiter. Beide kommen zu einer eindrucksvollen Konjunktion im Sternbild Zwillinge zusammen. Mars lässt sich tief am Westhimmel sehen. Am 10.6. sehen Nordamerika und Japan eine teilweise Sonnenfinsternis.

Der **Juli**-Himmel zeigt nur noch den hellen Abendstern Venus in nordwestlicher Richtung. Die Venus bewegt sich schnell durch das Sternbild Krebs auf das Sternbild Löwe zu und geht Ende Juli um 22.50 Uhr unter.

Im **August** ist die Venus noch Abendstern, jedoch Ende des

Monats ist sie vom Himmel verschwunden.

Im **September** lässt sich am Abendhimmel kein Planet beobachten.

Im **Oktober** erscheint am Osthimmel wieder der Saturn. Ende Oktober geht er um 21.15 Uhr auf.

Im **November** bleibt Saturn der einzig sichtbare Planet am Abendhimmel im Osten. Er steht im Sternbild des Stier.

Am 17. **Dezember** erreicht der Saturn seine Oppositionsstellung. Gleichzeitig erscheint im Osten abends der Jupiter. Mitte Dezember geht er um 20.30 Uhr auf. Am 4.12. erleben Einwohner des südlichen Afrikas eine totale Sonnenfinsternis.

2003

Im **Januar** steht der Planet Saturn abends hoch im Süden im Sternbild Stier. Der Jupiter als hellster Himmelskörper leuchtet im Nordosten innerhalb des Sternbilds Krebs.

Im **Februar** sind ebenfalls nur Saturn und Jupiter zu beobachten. Saturn steht hoch im Süden, während Jupiter tiefer in Richtung Osten zu finden ist. Der Jupiter erreicht am 2.2. im Sternbild Krebs seine Oppositionsstellung.

Im **März** sind beide Planeten nach wie vor am Himmel zu sehen. Sie stehen abends im Süden und befinden sich innerhalb der hellsten Sternregionen.

Auch im **April** ist die Lage unverändert; allerdings haben sich Saturn und Jupiter jetzt abends deutlich nach Westen zu verlagert. Für Bewohner der Nordhalbkugel lässt sich Mitte April der kleine Merkur tief im Nordwesten erkennen.

Im **Mai** ist der Saturn am Abendhimmel noch tief in nordwestlicher Richtung zu sehen. Jupiter dagegen steht nun im Sternbild Krebs und beherrscht weiterhin den Himmel bis Mitternacht. Am 7.5. läuft der Merkur direkt vor der Sonnenscheibe vorüber (→ Zeichnung Seite 121; Merkurdurchgang → Seite 115). Am 16.5. wird der Mond total, am 31.5. die Sonne teilweise verfinstert.

Im **Juni** ist der Saturn vom Himmel verschwunden, und nur Jupiter lässt sich als einziger Planet abends in nordwestlicher Richtung beobachten.

Im **Juli** geht Jupiter deutlich früher unter, Mitte Juli bereits um 22 Uhr. Am 25.7. stehen Merkur und Jupiter tief im Westen in Konjunktion, gehen allerdings schon um 21.30 unter.

Der **August** gehört dem Planeten Mars. Mitte August erscheint er um 21 Uhr am Osthimmel und steht am 28.8. in Opposition. Die Oppositionsstellung ist besonders erwähnenswert, weil der Mars der Erde extrem nahe kommt, nämlich bis auf 56 Millionen Kilometer. Der Planet Mars steht im Sternbild Wassermann.

Im Monat **September** bleibt Mars der einzige sichtbare Planet am Himmel. Er leuchtet wegen seiner großen Nähe zur Erde ungewöhnlich hell und ist ein nicht zu übersehender, brillanter Punkt am abendlichen Südosthimmel.

Auch im **Oktober** behält der Mars diese außerordentliche Position am Südost- bzw. Südhimmel bei.

Anfang **November** ist abends nur der Planet Mars der einzig sichtbare Himmelskörper, der mit seiner großen Helligkeit in einer sternleeren Gegend (Sternbild Wassermann) sofort auffällt. Erst Ende November taucht der Saturn wieder am Nordosthimmel auf. Am 9.11. ereignet sich eine totale Mondfinsternis (→ Zeichnung unten). Am 23.11. wird die Sonne total verfinstert.

Im **Dezember** finden wir Mars hoch am Südhimmel und Saturn im Südosten im Sternbild Zwillinge. Saturn strebt dort seiner Opposition entgegen, die er am 31. Dezember im Sternbild Zwillinge erreicht. Ab Mitte Dezember gesellt sich dann noch die

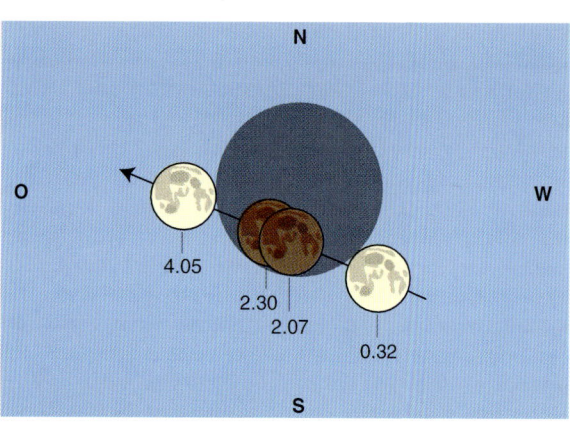

Die Mondfinsternis am 9.11.2003 mit Zeitangaben.

2004

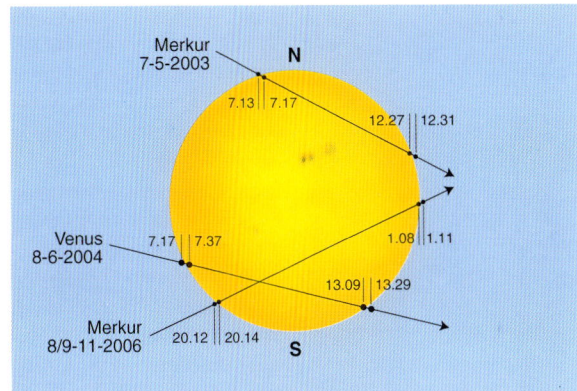

Merkur- und Venusdurchgänge mit Datums- und Zeitangaben.

Venus als Abendstern am Südwesthimmel hinzu; am 31.12. geht sie um 20 Uhr unter.

2004

Im **Januar** lassen sich Venus, Mars und Jupiter am Sternenhimmel beobachten. Venus als Abendstern steht gegen 20 Uhr tief am Westhimmel, Mars findet sich ebenfalls im Westen im Sternbild Fische, und Saturn leuchtet im Südosten im Sternbild Zwillinge. Im **Februar** gesellt sich zu den drei Planeten noch der Jupiter hinzu, der am 15.2. bereits um 19.30 Uhr aufgeht. Er befindet sich im Sternbild Löwe. Am 4. **März** erreicht der Jupiter seine Oppositionsstellung. Es sind jetzt vier Planeten deutlich zu sehen. Die Venus im Sternbild Fische am Westhimmel als Abendstern, der Mars darüber im Sternbild Widder, dann Saturn genau im Süden in den Zwillingen und der Jupiter im Osten.

Diese gleichzeitige Sichtbarkeit der Planeten bleibt auch im **April** erhalten. Die Venus läuft schnell auf den Mars innerhalb des Sternbilds Stier zu. Mitte April lassen sich dann am Westhimmel die helle Venus und der deutlich schwächere Mars, darüber der Saturn und genau im Süden der Jupiter beobachten. Am 19.4. wird die Sonne teilweise verfinstert.

Im **Mai** laufen die drei Planeten Venus, Mars und Saturn am Westhimmel immer enger zusammen und bilden dort innerhalb der Sternbilder Stier und Zwillinge ein eindrucksvolles Dreifachgestirn (→ Zeichnung Seite 122). Jupiter strahlt genau im Süden im Sternbild Löwe. Am 4.5. wird der Mond total verfinstert (→ Zeichnung unten).

Im **Juni** verabschiedet sich die Venus als Abendstern vom Himmel, während der Mars den Planeten Saturn überholt. Beide leuchten am Westhimmel, darüber im Südwesten der Jupiter. Am 8.6. läuft die Venus vor der Sonnenscheibe vorüber; wir erleben einen extrem seltenen Venusdurchgang (→ Zeichnung oben; Seite 115–117)!

Im **Juli** erscheint am Westhimmel erneut eine sehr auffällige Konjunktion. Diesmal stehen Merkur und Mars am 10.7. dicht zusammen, aller-

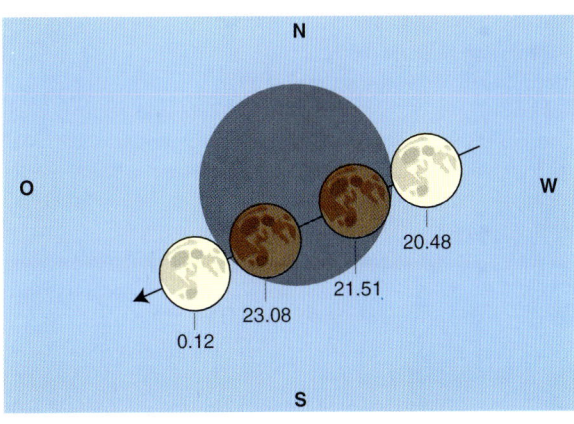

Die Mondfinsternis am 4./5.5.2004 mit Zeitangaben.

2005

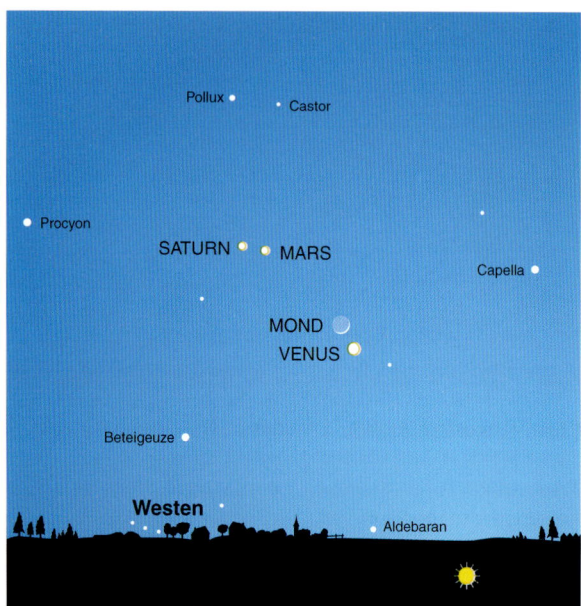

Im Mai 2004 nähern sich Saturn, Mars und Venus einander an.

dings auch sehr tief am Horizont. Ansonsten lässt sich am Westhimmel der Planet Jupiter im Sternbild Löwe gut beobachten.

Im **August** sind Mars und Merkur nicht mehr zu sehen, und auch der Jupiter lässt sich abends lediglich noch für 2 Stunden am Westhimmel erkennen.

Von **September** bis **Oktober** sind abends keine Planeten mehr zu sehen. Am 14.10. kann man im nördlichen Pazifik eine teilweise Sonnenfinsternis beobachten. Am 28.10. erleben die Bewohner Europas und Nordamerikas eine totale Mondfinsternis.

Mitte **November** zeigt sich am Osthimmel wieder der Saturn, der Ende des Monats um 21 Uhr aufgeht.

Im **Dezember** ist Saturn der einzige Planet, der abends bei Einbruch der Dunkelheit zu sehen ist. Er befindet sich im Südwesten vor den Sternen des Sternbilds Zwillinge.

2005

Am 13. **Januar** steht der Saturn in Opposition zur Sonne. Er kann die ganze Nacht über als einziger Planet beobachtet werden.

Im **Februar** ist der Saturn der einzige Planet des Abendhimmels.

Im **März** gesellt sich zum Saturn der Jupiter. Mitte des Monats geht er um 20 Uhr auf. Saturn steht zu dieser Zeit

schon hoch am Südhimmel. Bewohner der Nordhalbkugel können Mitte des Monats den kleinen Merkur tief am Nordwesthimmel erkennen.

Am 3. **April** erreicht der Jupiter seine Oppositionsstellung. Am Südosthimmel findet man ihn im Sternbild der Jungfrau. Saturn steht im Südwesten. Am 8.4. wird die Sonne verfinstert.

Auch im **Mai** sind Jupiter und Saturn die Planeten des Abendhimmels. Saturn befindet sich Mitte des Monats bereits im Südwesten im Sternbild Zwillinge, Jupiter leuchtet fast genau im Süden im Sternbild Jungfrau.

Im **Juni** gesellt sich zu Saturn und Jupiter die Venus als Abendstern hinzu. Mitte Juni geht die Venus erst um 22 Uhr unter und bewegt sich auf den Planeten Saturn zu. Jupiter behält seine Stellung hoch am Südhimmel im Sternbild Jungfrau.

Ende **Juni**, Anfang **Juli** können Bewohner der Südhalbkugel am Westhimmel verfolgen, wie sich kurz nach Sonnenuntergang im Sternbild Krebs die Venus, der Saturn und der Merkur auf engstem Raum versammeln. Ende Juli sind nur noch die Venus als Abendstern und der Jupiter im Sternbild Jungfrau am Westhimmel zu beobachten. Venus und Jupiter sind auch im Monat **August** die einzigen Planeten am Abendhimmel.

2006

Am 1. **September** kommt Venus dem Jupiter in einer Konjunktion besonders nahe. Jupiter verschwindet in diesem Monat vom Himmel, während die Venus weiterhin als Abendstern am Himmel zu sehen ist.

Im **Oktober** erscheint der Mars am Osthimmel. Er geht Anfang des Monats um 20.30 auf. Venus bleibt abends sehr tief im Südwesten als Abendstern sichtbar. Am 3.10. ereignet sich eine ringförmige (→ Seite 109) Sonnenfinsternis (→ Zeichnung oben). Am 17.10. wird der Mond teilweise verfinstert.

Am 7. **November** kommt der Mars in seine Opposition. Er steht 69 Millionen Kilometer von der Erde entfernt im Sternbild Widder. Die Venus durchwandert das Sternbild Skorpion und geht Ende November um 20.30 Uhr unter.

Im **Dezember** beherrscht im Süden nur noch der Mars den Abendhimmel. Am Nordosthimmel leuchtet ab 20 Uhr der Saturn auf.

2006

Der Mars steht im **Januar** hoch am Südhimmel. Im Sternbild Widder kann er an seiner rötlichen Färbung und seiner großen Helligkeit deutlich erkannt werden. Am Osthimmel strahlt der Saturn im Sternbild Krebs. Am 27.1. erreicht er die Opposition, seine günstigste Stellung im Januar.

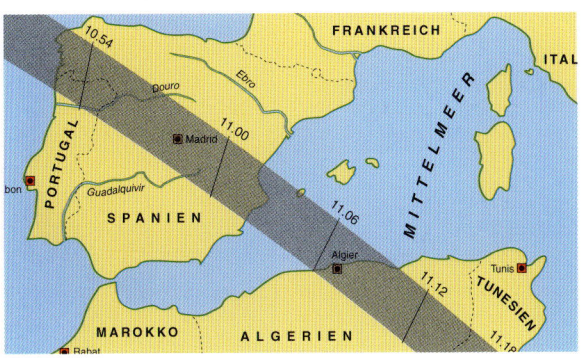

Ringförmige Sonnenfinsternis am 3.10.2005.

Saturn und Mars bleiben auch die Planeten des Monats **Februar.** Mars steht abends im Süden, der Saturn im Südosten.

An dieser Stellung ändert sich auch im **März** nichts. Mars und Saturn sind die einzig sichtbaren Planeten, der Mars steht im Südwesten, Saturn im Süden. Am 29.3. wird die Sonne total verfinstert (→ Zeichnung unten).

Im **April** gesellt sich zu Mars und Saturn der Jupiter hinzu, der Anfang April um 20 Uhr aufgeht. Mars steht vor den Sternen des Sternbilds Zwillinge, Saturn im Krebs.

Am 4. **Mai** kommt der Jupiter in seine Oppositionsstellung. Er leuchtet abends sehr hell im Südosten. Mars bewegt sich am Westhimmel deutlich auf den Saturn zu. Bewohner der Nordhalbkugel können Ende Mai abends am Nordwesthimmel für eine Stunde den Planeten Merkur beobachten.

Merkur bleibt auch im **Juni** am Nordwesthimmel sichtbar. Dort bewegt sich der Mars auf den Saturn zu und

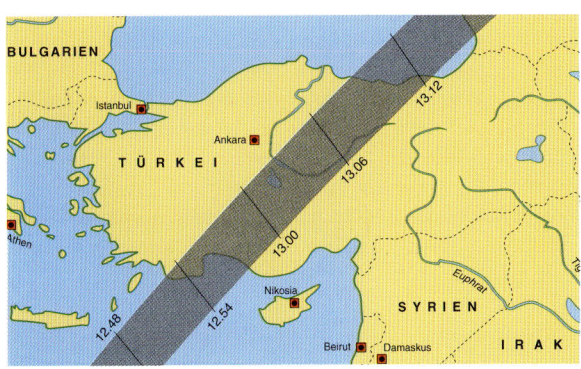

Totale Sonnenfinsternis am 29.3.2006.

steht am 17.6. mit ihm in einer auffälligen Konjunktion innerhalb des Sternbilds Krebs. Jupiter befindet sich abends unübersehbar am Südhimmel.

Im **Juli** steht der Saturn bei Einbruch der Dunkelheit bereits sehr tief am Westhimmel, darüber im Sternbild Löwe der jetzt schwächer leuchtende Mars und nach wie vor im Süden unübersehbar Jupiter. Saturn verschwindet noch im Juli.

Im **August** verabschiedet sich auch der Mars vom Himmel. Nur der Jupiter lässt sich abends im Südwesten im Sternbild Waage weiterhin beobachten.

Im **September** ist nur der Planet Jupiter abends zu sehen, und zwar in der ersten Monatshälfte noch am Südwesthimmel. Am 7.9. können Bewohner Europas, Asiens und Afrikas eine teilweise Mondfinsternis beobachten. Am 22.9. ereignet sich eine ringförmige (→ Seite 109) Sonnenfinsternis.

Im **Oktober** und **November** zeigt der nächtliche Sternenhimmel keine Planeten. Am 6.11. gibt es einen Merkurdurchgang, d.h., der Merkur wandert direkt vor der Sonnenscheibe vorbei (→ Zeichnung Seite 121; → Merkurdurchgang, Seite 115).

Im **Dezember** erscheint am Osthimmel erneut der Saturn, der Ende Dezember um 21 Uhr aufgeht.

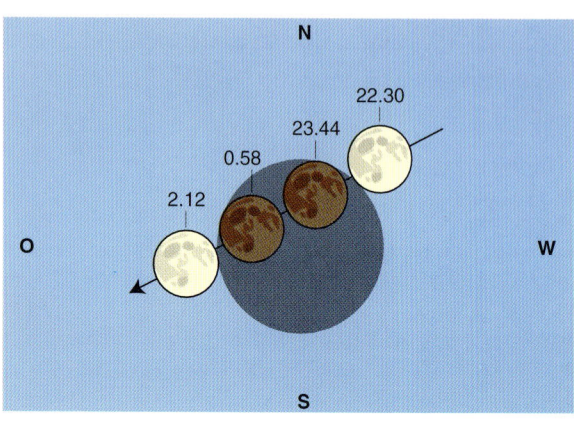

Mondfinsternis am 3./4.3.2007 mit Zeitangaben.

2007
Der Saturn beherrscht als einziger Planet den Himmel im **Januar**. Er steht im Sternbild Löwe. Ende des Monats geht er bereits um 18.45 Uhr auf. Im **Februar** erreicht der Saturn am 10.2. seine Oppositionsstellung und kann dann während der ganzen Nacht im Sternbild Löwe gesehen werden. Anfang Februar gesellt sich die Venus als Abendstern hinzu, die Mitte Februar um 20 Uhr untergeht.

Der **März** zeigt im Südosten den Planeten Saturn innerhalb des Sternbilds Löwe und tief am Westhimmel die Venus innerhalb des Sternbilds Fische. Am 3.3. wird der Mond total verfinstert (→ Zeichnung oben); am 19.3. folgt die Sonne mit einer teilweisen Verfinsterung.

Die Venus ist im **April** der beherrschende Himmelskörper. Sie leuchtet nach wie vor als Abendstern ganz hoch am Westhimmel und geht Ende des Monats um 23 Uhr unter. Saturn steht am Südhimmel im Sternbild Löwe.

Im **Mai** kommt zur Venus, die nach wie vor als Abendstern den Westhimmel beherrscht, und zum im Süden leuchtenden Saturn der Jupiter hinzu, der Mitte des Monats um 21.30 Uhr aufgeht. Für Bewohner der Nordhalbkugel erscheint Ende des Monats der Merkur im Nordwesten.

Im **Juni** sind im Südosten abends unübersehbar der Jupiter (am 6.6. in Opposition) sowie im Nordwesten der Abendstern Venus und der Saturn zu sehen. Beide laufen immer dichter zusammen und stehen am 1.7. in einer auffälligen Konjunktion innerhalb des Sternbilds Löwe.

Im **Juli** verabschiedet sich der Planet Saturn gegen Ende des Monats vom Himmel, und auch die Venus lässt sich nur noch kurz nach Sonnenun-

2008

ergang tief am Westhimmel erkennen. Dafür funkelt der Jupiter während des ganzen Monats am Südhimmel.

Im **August** bleibt der Jupiter der einzige sichtbare Planet. Er steht vor den Sternen des Sternbilds Skorpion im Süden. Am 28.8. ist eine totale Mondfinsternis zu sehen.

Im **September** ist der Jupiter als einzig sichtbarer Planet bei Einbruch der Dunkelheit deutlich im Westen zu finden; Ende September geht Jupiter um 23 Uhr unter. Am 11.9. wird die Sonne teilweise verfinstert.

Anfang **Oktober** können Bewohner der Südhalbkugel den Merkur im Südwesten dicht am Horizont beobachten, doch er geht schon um 20.30 unter.

Anfang **November** erscheint abends am Osthimmel der Planet Mars. Ende November geht er um 20 Uhr auf.

Im **Dezember** ist der Mars der einzig sichtbare Planet. Am 24.12. steht er in Opposition zur Sonne, im Sternbild Zwillinge, und ist 88 Millionen Kilometer von der Erde entfernt.

2008

Im **Januar** sind der Planet Mars im Sternbild Zwillinge und der Saturn zu sehen. Mars steht bei Einbruch der Dunkelheit bereits hoch am Südosthimmel, Saturn geht Mitte des Monats um 21.15 Uhr auf.

Im **Februar** sind ebenfalls Mars und Saturn (am 24.2. in Opposition) die Planeten am Abendhimmel. Mars steht ungewöhnlich hoch im Süden, Saturn im Sternbild Löwe im Osten. Am 7.2. ereignet sich eine ringförmige Sonnenfinsternis (→ Seite 109), am 21.2. eine totale Mondfinsternis.

Auch im **März** verändert sich das Bild nicht. Mars und Saturn sind die Planeten am Abendhimmel. Mars steht vor den Sternen der Zwillinge, Saturn vor denen des Sternbilds Löwe.

Im **April** bewegt sich der Mars auf den Saturn zu. Er lässt sich im Westen im Sternbild Zwillinge und Saturn im Löwen beobachten.

Im **Mai** können Bewohner der Nordhalbkugel in den ersten drei Wochen den Merkur tief am Nordwesthimmel abends erkennen. Mars steht im Südwesten im Sternbild Krebs, Saturn hoch im Süden im Löwen.

Im **Juni** sind Saturn und Mars dicht beieinander am Westhimmel abends zu beobachten. Im Osten gesellt sich der Planet Jupiter hinzu, der Mitte des Monats um 22 Uhr aufgeht.

Im **Juli** erreicht der Planet Mars am Westhimmel den Saturn und geht mit ihm eine enge Konjunktion innerhalb des Sternbilds Löwe ein (→ Zeichnung unten). Beide Planeten lassen sich gut beobachten und bilden ein unge-

Im Juli 2008 stehen Mars und Saturn eng beieinander.

2009

wöhnliches Doppelgestirn. Der Südosthimmel wird vom Planeten Jupiter beherrscht, der am 9.7. in Opposition zur Sonne steht.

Jupiter ist der einzige Planet im **August**. Er steht dann allerdings verhältnismäßig tief im Sternbild Schütze abends in südöstlicher Richtung. Am 1.8. erleben die Bewohner Russlands eine totale Sonnenfinsternis. Am 16.8. wird der Mond teilweise verfinstert.

Im **September** beherrscht Jupiter im Sternbild Schütze weiter den Himmel. Anfang September erscheint die Venus als Abendstern innerhalb des Sternbilds Jungfrau. Die Venus geht Ende des Monats um 20.30 Uhr unter.

Im **Oktober** leuchten die Venus weiter als Abendstern am Südwesthimmel und Jupiter, ebenfalls schon abends im Westen, im Sternbild Schütze.

Im **November** sind Venus und Jupiter die einzigen Planeten am Abendhimmel. Die Venus bewegt sich rasch auf den Jupiter zu und erreicht ihn am 30.11. Beide Gestirne sind dann in einer recht auffälligen Konjunktion tief am Westhimmel im Sternbild Schütze zu finden. Sie gehen am 30.11. um 20.30 Uhr unter.

Der **Dezember** zeigt nur die Venus als hell leuchtenden Abendstern am Südwesthimmel. Am 31.12. geht sie um 21.15 Uhr unter.

2009

Im **Januar** beherrscht die Venus den Westhimmel. Sie ist sofort nach Einbruch der Dämmerung zu beobachten. Am 31.1. geht sie um 21.30 Uhr unter. Im Osten gesellt sich Ende Januar der Saturn dazu. Er geht um 21 Uhr auf. Am 26.1. ereignet sich eine ringförmige (→ Seite 109) Sonnenfinsternis.

Auch im **Februar** sind abends im Westen die Venus und im Osten der Saturn zu sehen. Die Venus steht vor den Sternen der Fische, der Saturn vor den Sternen des Sternbilds Löwe.

Ab Mitte **März** ist die Venus nicht mehr am Westhimmel zu sehen. Von den Planeten lässt sich nur der Saturn im Sternbild Löwe beobachten. Am 8.3. steht er in Opposition zur Sonne und erreicht damit seine größte Helligkeit.

Im **April** ist der Saturn abends im Süden im Sternbild Löwe gut zu sehen. Bewohner der Nordhalbkugel können in der zweiten Aprilhälfte kurz nach Sonnenuntergang den Planeten Merkur dicht am Westhorizont beobachten.

Im **Mai** bleibt der Saturn der einzige sichtbare Planet. Er leuchtet nach wie vor im Sternbild Löwe und steht bei Einbruch der Dunkelheit hoch im Süden.

Im **Juni** ist der Saturn abends in südwestlicher Richtung zu beobachten.

Im **Juli** ist der Saturn abends im Westen im Sternbild Löwe zu sehen. Am Osthimmel erscheint Jupiter, der Ende des Monats um 21.30 Uhr im Südosten aufgeht und vor den Sternen des Steinbocks leuchtet. Am 22.7. wird die Sonne total verfinstert.

Im **August** kommt der Jupiter am 14. des Monats in die Oppositionsstellung. Der Saturn steht Mitte August abends sehr tief am Westhimmel.

Im **September** ist nur der Jupiter zu beobachten, nämlich abends im Sternbild Steinbock in südöstlicher Richtung.

Auch im **Oktober** bleibt Jupiter, diesmal bereits genau im Süden, der einzige Planet des Abendhimmels.

Im **November** ist der Planet Jupiter im Sternbild Steinbock abends schon im Westen zu finden.

Im **Dezember** leuchtet im Südwesten der Jupiter, und im Südosten gesellt sich ab Mitte des Monats der Mars hinzu, der um 21.30 Uhr aufgeht. Am 31.12. verfinstert sich der Mond teilweise über Afrika, Europa und Asien.

2010

Jupiter steht im **Januar** bei Einbruch der Dunkelheit tief im Südwesten, Mars im Nordosten. Am 29.1. kommt der Mars im Sternbild Krebs in seine Oppositionsstellung. Jupiter verschwindet Mitte Januar vom Himmel. Am

2010

15.1. zeigt die Sonne eine ringförmige (→ Seite 109) Finsternis.

Im **Februar** ist Mars zunächst der einzig sichtbare Planet. Man findet ihn bei Einbruch der Dunkelheit bereits hoch am Osthimmel. Mitte Februar gesellt sich auch noch der Saturn hinzu, der um 21 Uhr aufgeht.

Im **März** sind Mars hoch im Süden im Sternbild Krebs und der Saturn im Sternbild Jungfrau zu finden. Saturn steht am 22.3. in seiner Oppositionsstellung.

Auch im **April** beherrschen Mars im Süden und Saturn im Südosten den Sternenhimmel. Im Westen gesellt sich die Venus als Abendstern hinzu.

In der ersten Aprilhälfte können Bewohner der Nordhalbkugel Venus und Merkur eng zusammen in einer Konjunktion am nordwestlichen Horizont beobachten.

Im **Mai** sind im Westen der helle Abendstern Venus, im Südwesten der Mars und im Süden der Saturn deutlich zu beobachten.

Im **Juni** baut die Venus ihre Sichtbarkeit als Abendstern deutlich aus. Mitte des Monats geht sie erst um 23 Uhr unter. Über ihr leuchtet der Mars im Sternbild Löwe und noch etwas weiter darüber der Saturn im Sternbild Jungfrau. Am 26.6. wird der Mond teilweise verfinstert.

Der **Juli** zeigt im Westen eine eindrucksvolle Planetenkonstellation. Mitte des Monats ist tief am Westhorizont der Merkur zu finden, darüber steht die strahlende Venus, darüber der Mars und am höchsten der schwach leuchtende Saturn. Die drei bewegen sich im Juli aufeinander zu. Am 11.7. wird die Sonne total verfinstert.

Während der Merkur sich im **August** vom Abendhimmel verabschiedet, laufen Mars, Venus und Saturn immer enger zusammen und stehen Mitte August auf engem Raum vereinigt (→ Zeichnung oben). Am Osthimmel gesellt sich der Jupiter hinzu, der Mitte August um 21.30 Uhr aufgeht.

Am 21. **September** kommt der Jupiter im Sternbild der Fische in seine Oppositionsstellung. Am westlichen Himmel lässt sich bei Einbruch der Dunkelheit die tief stehende Venus beobachten. Sie geht Mitte des Monats um 21 Uhr unter.

Im **Oktober** kann nur der helle Jupiter am Abendhimmel gesehen werden. Er steht zwischen den Sternbildern Wassermann und Fische.

Auch im **November** und im **Dezember** ist lediglich der Jupiter als auffälliger Planet abends hoch am Südhimmel zu sehen. Für die Bewohner der Südhalbkugel gesellt sich Ende November/Anfang Dezember im Südwesten noch der Merkur tief am Horizont hinzu. Am 21.12. wird der Mond total verfinstert.

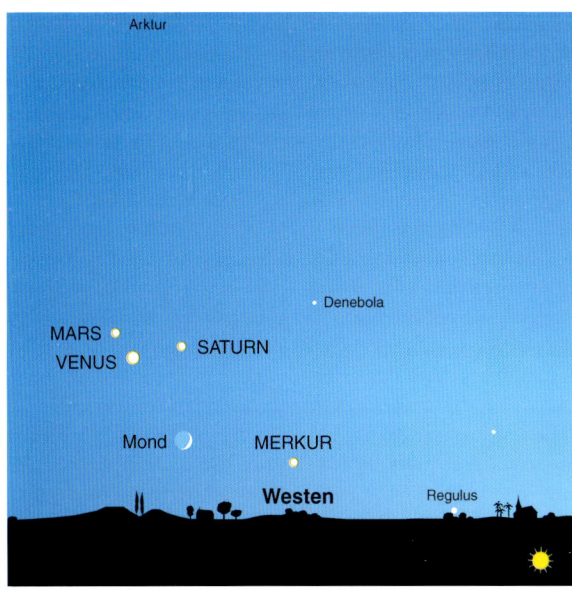

Im August 2010 gesellen sich Mars, Venus und Saturn zusammen.

Lexikon der Himmelskörper

Achernar

ist der neunthellste Stern des Himmels. Sein Name stammt aus dem Arabischen: Al Ahir al Nahr,»das Ende des Flusses«, woraus später, verstümmelt, Achernar wurde. Der Name bezieht sich auf die Lage innerhalb des Sternbilds Eridanus, das sich extrem lang am Sternhimmel entlangzieht und an dessen südlichsten Ende Achernar steht. Er kann nur südlich einer geographischen Breite von 33 Grad Nord gesehen werden, ist also überwiegend ein Stern der Erd-Südhalbkugel. Achernar ist etwa 88 Lichtjahre entfernt und leuchtet 650-mal heller als die Sonne. Sein Durchmesser wird auf sieben Sonnendurchmesser geschätzt.

Algol

ist der zweithellste Stern im Sternbild Perseus und gleichzeitig der berühmteste der veränderlichen Sterne (→ Seite 153, 154). Seine Helligkeit schwankt, und zwar so auffällig, dass man die Veränderung ohne Fernglas und mit dem bloßen Auge erkennen kann. Dieses ungewöhnliche Verhalten scheint sich auch in seinem Namen widerzuspiegeln, denn der Name leitet sich von dem arabischen Wort Al Ra's al Ghul ab, was »Kopf des Teufels« oder »Teufelshaupt« heißt. Doch so nahe dieser Zusammenhang scheint, es gibt keinerlei Hinweis, dass die Astronomen der

Griechen, Römer oder Araber bis zur Neuzeit die Veränderlichkeit gekannt hätten. In den alten Darstellungen des Sternbilds Perseus (→ Seite 30, 31) befindet sich der Kopf der Medusa an der Stelle des Teufelssterns Algol. Zwei Sterne umkreisen sich dort und bedecken sich in regelmäßigen Abständen wie bei einer Sonnenfinsternis, wodurch dann jeweils auch die Helligkeit absinkt. Heute wissen wir, dass Algol etwa 100 Lichtjahre von der Erde entfernt ist und seine beiden Sterne sich in genau 2 Tagen, 20 Stunden und 49 Minuten umrunden. Wenn der dunklere Begleiter vor den helleren tritt, sinkt die Helligkeit für 10 Stunden um etwa das Dreifache ab, was man deutlich beobachten kann. Der hellere Stern ist 100-mal heller als die Sonne und hat einen Durchmesser von 4 1/2 Millionen Kilometern; damit gehört er zu den so genannten Überriesen. Von seinem dunkleren Begleiter ist dagegen wenig bekannt. Da er jedoch den hellen so lange bedecken kann, muss er noch größer sein als der hellere Stern, wobei er nicht nur viel schwächer leuchtet, sondern wohl auch masseärmer ist.

Alpha Centauri

ist der einzige der 10 hellsten Sterne des Himmels, der meist nicht mit einem Eigennamen, sondern mit der wis-

senschaftlichen, zuerst von Johannes Bayer 1603 eingeführten Bezeichnung versehen wird: Die Sterne jedes Sternbilds werden mit griechischen Buchstaben versehen, und zwar entsprechend der Helligkeit, beginnend mit Alpha, dann Beta, dann Gamma (für den dritthellsten) usw., sowie dem lateinischen Namen des Sternbilds. Alpha Centauri ist also der hellste Stern des Sternbilds Zentaur (→ Seite 86, 87). Es gibt auch Eigennamen für diesen ungewöhnlichen Stern, etwa Rigil Kentaurus, der Fuß des Zentauren, oder Toliman. Doch diese Namen haben sich nicht durchgesetzt. Heute dagegen ist er einer der bekanntesten überhaupt, denn zusammen mit seinen Begleitern steht er der Erde am nächsten. Nur 4,3 Lichtjahre trennen uns von ihm, das sind 43 Billionen Kilometer, eine Strecke, die das Licht in 4 Jahren und 4 Monaten durchläuft. Alpha Centauri ist damit 275.000-mal weiter von der Erde entfernt als die Sonne. Der schottische Astronom Thomas Henderson maß im Jahre 1839 von der Sternwarte in Kapstadt aus zum ersten Mal die Entfernung dieses Sterns. Doch schon 150 Jahre vorher hatte der Missionar Richaud in Indien mit einem kleinen Fernrohr erkannt, dass Alpha Centauri ein Doppelstern ist, einer der seitdem bekanntesten und am besten beobachteten am Himmel. Wir wissen heute, dass die beiden Sterne (Alpha Centauri A und Alpha Centauri B) in 80 Jahren einmal umeinander laufen, wobei ihre Entfernung zwischen 1,6 und 5,2 Milliarden Kilometern schwankt. Beide Sterne haben ungefähr die gleiche Masse wie die Sonne, der hellere von beiden, Alpha Centauri A, ähnelt der Sonne auch ansonsten sehr. 1915 entdeckte der Astronom Innes in der direkten Umgebung von Alpha Centauri ein nur sehr schwaches Sternchen, das sich bei genaueren Messungen als noch etwas näher zur Erde stehend entpuppte. Es heißt heute »Proxima Centauri«, also »der Nächste im Zentauren«, und steht der Erde genau 0,065 Lichtjahre und damit 615 Milliarden Kilometer näher als Alpha Centauri. Proxima Centauri kann allerdings nur in sehr großen Teleskopen erkannt werden; er ist mit seinen 70.000 Kilometern Durchmesser 2000-mal leuchtschwächer als die Sonne. Bis heute konnte nicht eindeutig entschieden werden, ob Proxima Centauri auch physisch zu dem Doppelstern Alpha Centauri gehört, also durch die Schwerkraft an die größeren Sterne gebunden ist, oder aber nur zufällig in derselben Richtung steht.

Andromedanebel
(→ Seite 133)

Arktur
»Der Wächter des Bären«, wie der Name übersetzt lautet, gehört zum Sternbild Bärenhüter oder Bootes. Er ist der hellste Stern der nördlichen Himmelshalbkugel, man vermutet, dass er der erste war, der benannt wurde. Er steht 34 Lichtjahre von der Erde entfernt, gehört also zur unmittelbaren Umgebung von Erde und Sonne und leuchtet 110-mal heller als diese. Das heiße Gas, aus dem er besteht, ist 3000-mal dünner verteilt als das Gas der Sonne. Arktur gehört zu den roten Riesensternen, die extrem ausgedehnt und »kühl« sind (Oberflächentemperatur: in etwa 4200 Grad) und deren Gas dünner ist als in einem luftleeren Raum, einem Vakuum auf der Erde. Nur die große Ausdehnung dieser Sterne erzeugt dennoch einen so starken Energieausstoß an der Oberfläche, dass man sie selbst auf die astronomische Entfernung zur Erde hin deutlich sieht.

Im Herbst 1933 wurde der Stern Arktur für kurze Zeit »welt«berühmt, als sein Licht, auf eine Fotozelle gelenkt, die Weltausstellung in Chicago eröffnete. Sein Lichtstrahl aktivierte einen Schalter, der die Flutlichtanlage auf dem Ausstellungsgelände anknipste. Arktur wurde gewählt, weil man seine Entfernung damals mit 40 Lichtjahren ansetzte. Das heißt, der Lichtstrahl, der

die feierliche Eröffnung bewirkte, war im Jahre 1893 von Arktur erzeugt und ausgesandt worden, also während der vorhergehenden Weltausstellung in Chicago.

Beteigeuze
Das Sternbild Orion, ohnehin eines der eindrucksvollsten am Himmel, ist auch das einzige, das gleich zwei Sterne enthält, die zu den 10 hellsten des Himmels gehören. Rigel (→ Seite 147) und Beteigeuze. Die Namen beider Sterne haben eine direkte Beziehung zur Figur des Jägers Orion (→ Seite 54, 55). Beteigeuze ist eine stark verstümmelte Form der arabischen Bezeichnung für »Schulter des Riesen«, denn Beteigeuze steht auf den alten Sternbilddarstellungen in einer Schulter des Jägers Orion.

Bei Beteigeuze lässt sich schon mit bloßem Auge eine leicht rötliche Färbung erkennen. Er gehört zur Gruppe der roten Überriesen, wie sie die Astronomen nennen, mit wahrhaft astronomischen Dimensionen. Er dürfte 500- bis 800-mal größer als die Sonne sein, das sind 700 bis 1100 Millionen Kilometer. Diese unterschiedlichen Werte sind kein Widerspruch, denn Beteigeuze gehört auch zu den veränderlichen Sternen. Seine Helligkeit schwankt unregelmäßig. Die Ursache ist ein ständiges Aufblähen und Schrumpfen seines Durchmessers. Würde Beteigeuze an Stelle der Sonne stehen, reichte er bei kleinster Ausdehnung bis zur Bahn des Mars, bei größter bis zum Jupiter. Er ist einer der größten Sterne, die wir kennen, in rund 1040 Lichtjahren Entfernung.

Canopus

Der zweithellste Stern des Himmels, im Kiel des Schiffes, gehört zu den wenigen Sternen, die nach einem Menschen, wenn auch einem sagenhaften der alten griechischen Mythologie, benannt wurden. Canopus war der Kapitän der griechischen Flotte des Menelaos, der nach dem Fall der Stadt Troja nach Hause segelte und dabei die ägyptische Küste erreichte. Dort starb Canopus. König Menelaos errichtete ihm ein Mausoleum und benannte den brillanten Stern, der knapp über dem Südhorizont stand, ebenfalls zu seinen Ehren. Die Namensgebung hätte aus heutiger Sicht nicht besser gewählt werden können. Denn Canopus steht von den 10 hellsten Sternen des Himmels am weitesten von der Ekliptik entfernt. Bei Flügen zu den Planeten des Sonnensystems orientieren sich daher die Raumsonden nach Canopus als einen Fixpunkt im All für ihre Navigation. Kleine Sensoren behalten ihn im Blick und geben Steuerungssignale, wenn er aus dem Blickfeld

wandert. Alle anderen hellen Sterne stehen der Ekliptik, in deren Ebene auch Raumsonden fliegen, zu nahe und ergeben bei Messungen einen zu kleinen, unsicheren Winkel im Verhältnis zu Sonne und Erde, den weiteren Orientierungspunkten.

Die extrem südliche Lage von Canopus hat allerdings auch dazu geführt, dass er nur wenig beobachtet wurde. Alle Daten über ihn sind daher unsicherer als bei den übrigen hellen Sternen. Seine Entfernung wird unterschiedlich angegeben, zwischen 100 und 1200 Lichtjahren. Vermutlich liegt sie um 250 Lichtjahre. Mit Sicherheit ist er ein sehr großer, brillanter Stern, etwa 1400-mal heller als die Sonne und 30-mal größer als sie. Canopus scheint wie die Sonne ein Einzelstern zu sein; ein Begleiter wurde bisher nicht gefunden.

Capella

Das »Ziegenböckchen« auf der Schulter des Fuhrmanns (→ Seite 48, 49) ist der einzige der zehn hellsten Sterne des Himmels, der für Beobachter in höheren geographischen Breiten der Erdnordhalbkugel nie untergeht, also zirkumpolar ist (→ Seite 9, 10). Die Entfernung dieses Sterns zur Erde beträgt 41 Lichtjahre. An Masse übertrifft Capella die Sonne um das 3fache, an Durchmesser sogar um das 16fache.

Capella ist ein spektroskopischer Doppelstern (→ unten). Was wir als Stern Capella sehen, sind daher in Wirklichkeit zwei Fixsterne, die sich in 104 Tagen einmal umeinander bewegen. Die Werte für Masse und Durchmesser beziehen sich daher auf das hellere Mitglied. Daneben hat Capella noch zwei wesentlich kleinere, im Fernrohr sichtbare Begleiter, zwei Zwergsterne, sodass hier insgesamt ein Vierfachstern vorliegt. Bis heute ist es jedoch noch nicht gelungen, diese vier Sterne zu einem einheitlichen Bild zusammenzusetzen. Insbesondere der unsichtbare Capella-Zwilling lässt sich nicht exakt messen. Capella bleibt daher zum Teil ein rätselhaftes Sternsystem.

Doppelsterne

Viele Fixsterne stehen nicht einzeln im All, sondern haben einen oder mehrere Begleiter. Sie bilden einen Doppelstern, ein Dreifach- oder sogar Mehrfachsystem, das durch die gegenseitige Anziehungskraft der einzelnen Sterne zusammengehalten wird. Die meisten der Doppelsterne enthüllen ihre Mehrfachstruktur nur in einem Fernglas, häufig lediglich in Großteleskopen bei starker Vergrößerung. Manche Doppelsterne stehen sogar so dicht zusammen, dass man sie von der Erde aus nicht getrennt wahrnehmen kann. Doch genaue Beobachtungen ihres Spektrums, also des Farbbandes, in das man ihr Licht aufspaltet, zeigen ihre Eigenschaft als Doppelstern. Wenn sich die Sterne auf die Erde zu oder von ihr fortbewegen, verändert sich das Spektrum in charakteristischer Weise. Solche Doppelsterne nennt man »spektroskopische« im Gegensatz zu den visuellen Doppelsternen, die mit Feldstecher oder Fernrohr sichtbar sind.

Die Doppelsterne sind für die Astronomie von großer Bedeutung, weil sie die einzige Möglichkeit bieten, die Masse von Fixsternen näher zu bestimmen. Die Bewegung der Sterne umeinander erfolgt nach den Gesetzen der Massenanziehung, deren Stärke von der Masse und der gegenseitigen Entfernung der Himmelskörper abhängt. Die genau bestimmte Bahn der beiden Mitglieder eines Doppelsterns zeigt daher die Wirkung der diese Bahn beherrschenden Masse an – und damit die der beteiligten Sterne. Solche Bahnbestimmungen an Doppelsternen sind allerdings recht schwierig, weil die Bewegung meist sehr langsam verläuft. Typische Doppelsterne benötigen zum Teil bis zu 100 und mehr Jahre, um einen Umlauf zu vollenden. Die spektroskopischen Doppelsterne dagegen umrunden einander bereits in bis zu 100 Tagen.

In den Sternkarten sind folgende Doppelsterne eingezeichnet:

Mizar-Alkor im Großen Bären. Schon ein gutes Auge sieht beide Sterne getrennt (→ Seite 32, 33). Bis heute ist unklar, ob sie tatsächlich zusammengehören, sich also unter dem Einfluss ihrer gegenseitigen Anziehungskraft umeinander bewegen. Sie liegen mindestens 1/4 Lichtjahr – das sind 2 1/2 Billionen Kilometer – auseinander.

Mizar, der hellere Stern, ist ein visueller Doppelstern, der erste, der je entdeckt wurde, und zwar 1650 von dem italienischen Astronomen Riccioli. Er ist auch einer der berühmtesten, 88 Lichtjahre entfernt, allerdings nur in einem kleinen Fernrohr doppelt zu erkennen. Die beiden Mizar-Sterne benötigen mehrere Tausend Jahre für einen Umlauf. Jeder für sich bildet nochmals einen Doppelstern, und zwar einen spektroskopischen – wieder der erste, der je entdeckt wurde, 1889 von dem Amerikaner Pickering.

Albireo im Schwan. Er wird häufig als der schönste Doppelstern des Himmels bezeichnet. Bereits ein Feldstecher enthüllt die doppelte Natur. In 410 Lichtjahren Entfernung leuchten zwei Sterne von ganz unterschiedlicher Färbung, der eine orange, der andere blau. Dieser Farbunterschied kann allerdings nur mit Mühe genau erkannt werden. Die beiden Sterne leuchten 760- und 120-mal heller als die Sonne. Der hellere, Albireo A genannt, ist nochmals doppelt, bildet einen spektroskopischen Doppelstern in sich.

Epsilon Lyrae in der Leier kann wie Mizar-Alkor bei sehr großer Sehschärfe schon mit dem bloßen Auge getrennt gesehen werden. Die beiden Sterne werden auch als Epsilon 1 und Epsilon 2 bezeichnet. In einem mittelgroßen Fernrohr zeigt sich, dass beide Sterne wiederum doppelt sind. Sterne von Epsilon Lyrae 1 bewegen sich in etwa 1200, die von Epsilon Lyrae 2 in etwa 600 Jahren einmal umeinander. Alle vier Sterne sind gleich hell und 150 Lichtjahre von der Erde entfernt.

Fixsterne

Im Gegensatz zu den Wandelsternen oder Planeten scheinen die Fixsterne unverrückbar, fix an der Himmelskugel zu stehen. Doch dies ist nur eine Folge ihrer gewaltigen Entfernung, die nach Lichtjahren gemessen wird (→ Einleitung, ab Seite 8). Tatsächlich bewegen sich auch die Fixsterne am Himmel weiter, aber so langsam, dass man diese Bewegung erst in Jahrtausenden deutlich sehen (→ Seite 10, 11) und ansonsten nur mit Präzisionsmessungen nachweisen kann (→ Seite 50, 51).

F–G

Fixsterne leuchten aus eigener Kraft, sie sind Sonnen wie unsere Sonne, also Kugeln aus glühendem Gas (in der Fachsprache als Plasma bezeichnet), die in ihrem Inneren durch kernphysikalische Prozesse Energie erzeugen. Ihre Zahl im Weltall ist unschätzbar groß. Mit bloßem Auge sieht man in einer extrem klaren Nacht etwa 4000 Sterne, mit dem Fernrohr sind allein im Bereich der Milchstraße (→ Seite 139–141) viele Millionen zu sehen. Ihre hellsten Vertreter formen die bekannten Sternbilder am nächtlichen Himmel.

Die Fixsterne sind so weit von der Erde entfernt, dass sich ihre Entfernung nur schwer messen lässt. Bis zu etwa 70 Lichtjahren gelingt dies noch verhältnismäßig genau mit einer Methode ähnlich jener, mit der Entfernungen auf der Erde durch Winkelmessungen bestimmt werden. Größere Abstände erschließt man indirekt. Da ein Stern (wie jeder leuchtende Gegenstand) umso schwächer erscheint, je weiter er entfernt ist, versucht man die tatsächliche Leuchtkraft aufgrund physikalischer Überlegungen zu berechnen und vergleicht sie mit der tatsächlichen Helligkeit. Diese Methode ist jedoch ungenauer, sodass insbesondere für sehr weit entfernte Sterne die Entfernungen von verschiedenen Astronomen ganz unterschiedlich

angegeben werden und sich manchmal bis zu 100% voneinander unterscheiden! Eines der interessantesten Forschungsgebiete der modernen Astronomie ist die Berechnung des Lebenslaufs von Fixsternen. Fixsterne entstehen aus den gewaltigen Gasnebeln im Weltraum (→ Seite 142, 143), in denen sich Gas- und Staubteilchen langsam zusammenziehen. Ein Stern ist geboren, wenn er in seinen innersten Regionen zum ersten Mal selbst Energie erzeugt, und zwar durch die Umwandlung des häufigsten Elements im Weltraum, des Wasserstoffs, zu Helium. Seinen Hauptlebensabschnitt verbringt er als stabiler, ruhig leuchtender Stern in diesem Zustand. Irgendwann aber ist der Wasserstoff verbraucht und der Stern entwickelt sich weiter. Er versucht, neue Energiequellen zu erschließen, indem er das gebildete Helium weiterverarbeitet. Dies gelingt ihm jedoch nur mit Mühe. Seine inneren Teile ziehen sich zusammen, während seine äußeren größer werden. Der Stern dehnt sich aus, er wird zum roten Riesenstern. Schließlich, wenn alle Energiequellen erschöpft sind, endet sein Lebenslauf. Er bäumt sich noch einmal auf und stirbt entweder in einer spektakulären Supernova-Explosion oder verlischt einfach (→ Seite 151, 152). Die äußeren Regionen

jagen als Gasnebel ins All, zurück bleibt eine langsam ausglühende Sternleiche, ein Weißer Zwerg (→ »Sirius«, → Seite 148, 149) oder ein Neutronenstern. In einem solchen Stern herrschen unvorstellbare Zustände; die Masse der gesamten Sonne ballt sich in einer Kugel von 10 bis 20 Kilometern Durchmesser zusammen, wobei ein Kubikzentimeter Materie zehn Millionen bis zu einer Milliarde Tonnen wiegt! Die Lebensdauer der Fixsterne hängt entscheidend von ihrer Masse ab. Schwere Sterne, die mehr als fünf Sonnenmassen enthalten, leben (astronomisch gesehen) nur kurz, etwa 1000 bis 200 Millionen Jahre, Sterne wie die Sonne dagegen rund sieben bis acht Milliarden Jahre.

Galaxien

Unsere Milchstraße, die Galaxis, stand mit ihrem Namen Pate für die Welteninseln oder Galaxien, die in kaum abschätzbarer Zahl (mindestens drei Milliarden) das Universum erfüllen. Jede Galaxie ist ein Sternensystem, zusammengesetzt aus Sternen, Gas und Staub. Große Galaxien, wie die Milchstraße, enthalten mehrere Hundertmilliarden Sterne. Kleinere, wie etwa die Magellan'sche Wolke, bringen es noch auf einige Hundertmillionen Fixsterne. Die Galaxien sind durch unvorstellbare Entfernungen voneinander getrennt, welche mindestens nach Hunderttausenden, meistens mehreren Millionen Lichtjahren zählen. Zwischen ihnen ist der Weltraum praktisch leer. Mit Ausnahme der Magellan'schen Wolken (→ Seite 136) am Südhimmel und des Andromedanebels am Nordhimmel sind alle Galaxien nur mit Fernrohren sichtbar.

Der **Andromedanebel,** eine Galaxie ähnlich der Milchstraße in einer Entfernung von 2,2 Millionen Lichtjahren, ist wohl eines der bekanntesten Himmelsobjekte. Dem bloßen Auge erscheint der Andromedanebel als nebliger Fleck; im Fernglas erkennt man deutlich eine lang gestreckte Lichtspindel. Der Andromedanebel gehört mit den Magellan'schen Wolken zu den der Erde und der Milchstraße am nächsten gelegenen Galaxien. Zusammen mit ihnen und 30 Zwerggalaxien bildet er die so genannte Lokale Gruppe, einen Galaxienhaufen mit einem Diameter von etwa fünf Millionen Lichtjahren. Milchstraße und Andromedanebel sind die größten beherrschenden Mitglieder in dieser Gruppe. Man unterscheidet je nach ihrer Form elliptische, spiralförmige, balkenspiralige und unregelmäßige Galaxien. Die schönsten sind die spiralförmigen, zu denen der Andromedanebel (und die Milchstraße) gehört. Um ein großes

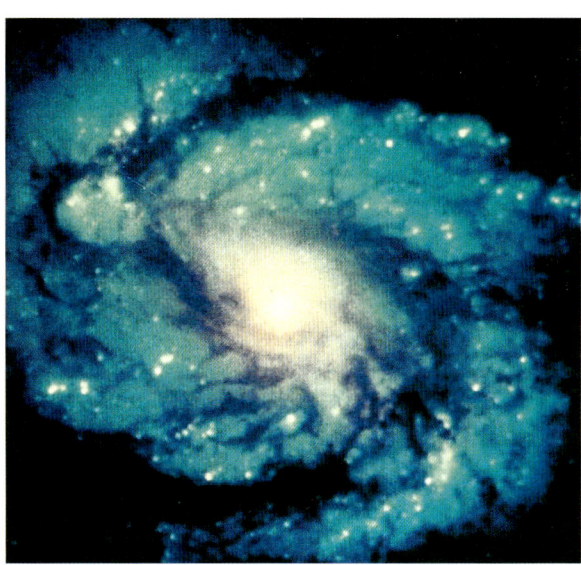

51 Millionen Lichtjahre entfernt – die Galaxie M 100.

massenreiches Zentrum bewegen sich Sterne und Gasmassen wie bei einem Feuerrad und bilden dabei spiralförmige Arme. Man schätzt die Gesamtzahl der Sterne im Andromedanebel auf 400 Milliarden, seinen Durchmesser auf etwa 100.000 Lichtjahre. Die Bezeichnung Andromedanebel ist heute überholt, weil der Begriff Nebel für Gasmassen der Milchstraße reserviert ist. Besser wäre die Bezeichnung Andromedagalaxie. Die Fachbezeichnung lautet M 31, das heißt: 31. Eintragung im Katalog der nebeligen Himmelsobjekte von Charles Messier.

Hyaden

Neben den Plejaden (→ Seite 145) bilden die Hyaden den zweiten offenen Sternhaufen im Sternbild Stier. Er lässt sich mit bloßem Auge gut in Form eines V westlich des Sterns Adelbaran sehen. Der Name Hyaden leitet sich aus dem griechischen ab und bedeutet »Regengestirn«. Die Hyaden gehen im Herbst in der Abenddämmerung auf (→ Sternkarten für September) und werden als Vorboten der jährlichen Regenzeit gesehen. Die Hyaden sind der zweitnächste offene Sternhaufen der Erde überhaupt. Gerade in dieser geringen Entfernung liegt ihre besondere Bedeutung für die Astronomie. Die Hyaden sind zu einer Art Meilenstein für die Entfernungsmessung im All geworden. Bei den Hyaden kann man eine Methode der Entfernungs-

Drei Aufnahmen des Jupitermondes Io von der Raumsonde Galileo (1996).

bestimmung besonders gut anwenden, die exakte Werte ergibt, ohne von speziellen Annahmen abhängig zu sein. An dem so ermittelten Wert eicht man die Helligkeit bestimmter Sterne, die in ihrem Spektrum charakteristische Merkmale aufweisen. Lassen sich diese Merkmale bei anderen Sternen wiederfinden, kann aus dem Unterschied der Helligkeit, in der diese Sterne innerhalb der Hyaden leuchten und in der man sie tatsächlich beobachtet, ihre Entfernung ermittelt werden (ein leuchtender Gegenstand erscheint umso schwächer, je weiter er entfernt ist). Ein Fehler wirkt sich dann bis zur Entfernungsmessung der Millionen Lichtjahre entfernten Galaxien (→ Seite 132) aus. Inzwischen wurde das Rätsel um die Entfernung der Hyaden gelöst. Der Erdsatellit Hipparcos bestimmte im Jahre 1997 die Entfernung mit nie zuvor erreichter Genauigkeit auf 151 Lichtjahre.

Jupiter

Der Jupiter ist der größte und schwerste Planet, größer und schwerer als alle anderen zusammengenommen. Sein Name, der des römischen Göttervaters, wird diesen Eigenschaften voll gerecht.

Jupiter ist völlig anders aufgebaut als die Erde, Mars oder Venus: So besteht er überwiegend aus Wasserstoffgas, Helium und Methan, ist also gasförmig mit einem vermut-

lich kompakten, massiven Kern. Er besitzt eine ausgedehnte, dichte Atmosphäre, in der gewaltige Gewitter und Stürme toben. Zahlreiche Monde begleiten den Planeten. Die ersten vier – Io, Europa, Ganymed, Callisto – entdeckte bereits Galileo Galilei. Viele Erkenntnisse über den Jupiter verdanken wir unbemannten Raumsonden. Im Jahr 1979 flogen zwei am Planeten vorbei. Seit 1995 umkreist ihn »Galileo«.

Dieses überaus erfolgreiche amerikanische Raumschiff startete am 18. Oktober 1989, und nach einer wahren Odyssee durch das Sonnensystem traf es am 7. Dezember 1995 beim Jupiter ein. Vorher hatte Galileo eine kleine Tochtersonde abgesprengt, die an Fallschirmen in die Jupiteratmosphäre sank und dabei Messdaten zum Mutterschiff funkte, das diese an die Erde

Der große rote Fleck, ein Wirbelsturm auf dem Planeten Jupiter.

K

weiterleitete – eine Meisterleistung der Raumfahrttechnik, denn keine Raumsonde hat außer bei der Venus je extremeren Bedingungen standgehalten. Die Tochtersonde überlebte den sechsjährigen Flug von Galileo nur um eine Stunde, bevor sie bei einer Temperatur von 152 Grad Celsius und einem Druck von 22 Atmosphären zerstört wurde.

Die von Galileo zur Erde übermittelten Bilder des Jupiter und seiner großen Monde gehören bestimmt zu den beeindruckendsten Ergebnissen der Raumfahrt.

Der Komet Hale-Bopp erschien am Ende des 20. Jahrhunderts.

Steckbrief des Jupiter

Entfernung zur Sonne:	779 Mill. km
Umlaufzeit:	11,9 Jahre
Durchmesser:	142.790 km
Rotation:	9 Std. 55 Min.
Masse:	318 Erdmassen

Kometen

Die Kometen oder Schweifsterne gehören zu den auffälligsten Himmelserscheinungen. Große Kometen, die man nach ihren Entdeckern benennt, überziehen mit ihren Schweifen manchmal den gesamten Himmel und sind sogar tagsüber zu sehen. Jedes Jahr tauchen im Durchschnitt 20 Kometen auf, die meist nur im Fernrohr sichtbar sind.

Kometen bewegen sich genau wie die Planeten um die Sonne, allerdings auf sehr lang gestreckten ellipsenförmigen Bahnen. Die Umlaufzeiten um die Sonne dauern teils wenige, teils Millionen Jahre. Zu sehen sind diese Schweifsterne nur auf einem winzigen Teilstück ihrer Bahn, in unmittelbarer Umgebung der Sonne. Dort werden sie von den Sonnenstrahlen stark aufgeheizt und ergießen ihre Materie in den Schweif. Die Entstehung des Kometenschweifs wird also entscheidend durch die Sonne beeinflusst, was sich zum Beispiel daran deutlich zeigt, dass Kometenschweife immer von der Sonne weggewandt sind. Denn von ihr geht ein ständiger Strom elektrisch geladener Teilchen aus, der »Sonnenwind«, der das Kometengas von der Sonne forttreibt. Kometen stellt man sich heute als »schmutzige Schneebälle« vor. Sie sind keine fest gefügten Körper wie die Planeten, sondern setzen sich aus gefrorenen Gasen und darin eingelagerten Staubpartikeln zusammen. Da sie sehr klein sind, kaum zehn Kilometer Durchmesser oder weniger, lassen sie sich in großer Sonnenentfernung nicht sehen. Erst die Verdampfung ihres Gases in Sonnennähe lässt sie sichtbar werden.

Nur wenige Kometen sind bisher so oft beobachtet worden, dass sich ihre Wiederkunft berechnen lässt. Am bekanntesten ist der Komet Halley, der 1986 zuletzt am Himmel erschien, aber nur eine geringe Helligkeit zeigte. Im 20. Jahrhundert waren helle Kometen leider selten zu sehen – bis im März 1996 der Komet Hyakutake und vor allem im März 1997 Hale-Bopp auftauchten. Das Foto oben zeigt diesen beeindruckenden Schweifstern, den man mit Recht als »Jahrhundertkometen« bezeichnen kann.

M

Magellan'sche Wolken

Es gibt nur drei Galaxien von insgesamt mindestens drei Milliarden, die man mit dem bloßen Auge erkennen kann: der Andromedanebel M 31 am Nordhimmel und die beiden Magellan'schen Wolken am Südhimmel. Während jedoch der Andromedanebel (→ Seite 26, 133) nur als kleines nebeliges Fleckchen am Herbsthimmel erscheint, lassen sich die beiden Magellan'schen Wolken, von allen Orten südlich 20 Grad Südbreite aus, in jeder Nacht ausgezeichnet erkennen. Sie stehen dem Südpol des Himmels so nahe, dass sie dort zu den zirkumpolaren Himmelskörpern gehören (→ Einleitung, ab Seite 8).

Beide Wolken, die fast wie abgesprengte Stücke der Milchstraße wirken, sind 160.000 Lichtjahre entfernt und damit auch die nächsten Galaxien der Milchstraße. Sie bilden zusammen mit dem Adromedanebel, mit der Milchstraße selbst und einigen weiteren, kleineren Galaxien eine Art »Galaxienhaufen«, der sich gemeinsam durch das Weltall bewegt, die so genannte »Lokale Gruppe«. Die Astronomen rechnen beide Wolken zu den irregulären Zwerggalaxien. Doch das ist rein astronomisch zu verstehen, denn die Große Wolke enthält etwa 6 Milliarden Sonnenmassen, die Kleine 1,5 Milliarden Sonnenmassen in Form von bei-

Das Marsauto Sojourner 1997 auf dem roten Planeten.

nahe unzähligen Sternen sowie Gas- und Staubnebel (→ Foto Umschlag hinten, innen).

Beide Sternwolken bieten im Fernglas einen überwältigenden Anblick. Für die Sternwarten der Erdsudhalbkugel sind sie »das« Beobachtungsobjekt schlechthin, mit dessen Hilfe bereits viele astronomische Probleme gelöst wurden. In der Großen Magellan'schen Wolke leuchtete im Januar 1987 eine Supernova auf, die erste seit dem Jahre 1604, die man mit bloßem Auge sehen konnte (→ Seite 151, 152).

Mars

Nach der Venus steht Mars der Erde am nächsten. Seinen Namen verdankt dieser Planet dem römischen Gott des Krieges. Rote Sandwüsten auf seiner Oberfläche verleihen ihm die charakteristische Fär-

bung, die ihn zu einem unübersehbaren Leuchtpunkt am Himmel macht.

Der Mars ähnelt der Erde in vieler Hinsicht. Er kennt Jahreszeiten wie sie und rotiert in etwa der gleichen Zeit wie sie einmal um seine Achse. Er besitzt eine dünne Atmosphäre und an den Polen ausgedehnte weiße Kappen aus Eis, die im Marssommer abschmelzen. Wegen dieser Ähnlichkeiten vermutete man lange Zeit, der Mars sei bewohnt. Ob auf dem Mars wirklich Leben existiert, beschäftigt die Menschen auch heute noch. Amerikanische und russische Raumsonden besuchten ihn daher so oft wie keinen zweiten Planeten. Nach mehreren Vorbeiflügen landeten 1976 zum ersten Mal die amerikanischen Flugkörper Viking 1 und 2 auf seiner Oberfläche und sandten Jahre lang Fotos und Messdaten zur Erde.

M

Eine gar unwahrscheinliche Pechsträhne verfolgte anschließend die Marsfahrt. Mehrere russische und amerikanische Sonden gingen in den Jahren 1988 bis 1996 verloren. Erst 1997 gelang wieder ein spektakulärer Erfolg; Mars-Pathfinder landete am 4. Juli auf dem Planeten. Die Sonde schwebte zunächst an einem Fallschirm nieder und prallte dann wie ein gewaltiger Ball auf die Marsoberfläche, abgeschirmt durch große Luftkissen. Sie setzte dann ein kleines, sechsrädriges Fahrzeug ab, das vollautomatisch über die Marsoberfläche rollte und verschiedene Steine analysierte. 1999 und 2000 zerschellten dann wieder zwei amerikanische Sonden auf dem Planeten.

Spuren von Leben auf dem Mars wurden auch durch Pathfinder nicht entdeckt. Allerdings gibt es viele Zeichen, die darauf hindeuten, dass der Mars einst flüssiges Wasser, vielleicht sogar Ozeane kannte. Marsaufnahmen zeigen neben einer großen Zahl von Kratern, dass der Planet mit Rillen überzogen ist, die wie ausgetrocknete Flusstäler aussehen. Heute aber scheint er tot und lebensfeindlich, nicht zuletzt wegen seiner dünnen Atmosphäre, die fast nur aus dem lebensfeindlichen Kohlendioxid besteht.

Steckbrief des Mars

Entfernung	
zur Sonne:	227,9 Mill. km
Umlaufzeit:	780 Jahre
Durchmesser:	6794 km
Rotation:	24 Std. 37 Min.
Masse:	0,11 Erdmassen

Merkur

Der geflügelte Bote der römischen Götter (und Gott des Handels) gab seinen Namen dem sonnennächsten Planeten. Denn schon den Völkern des Altertums war aufgefallen, dass sich der Merkur von allen Planeten am raschesten am Himmel bewegt. Er lässt sich immer nur für etwa eine Woche in der Abenddämmerung oder für etwa eine Wo-

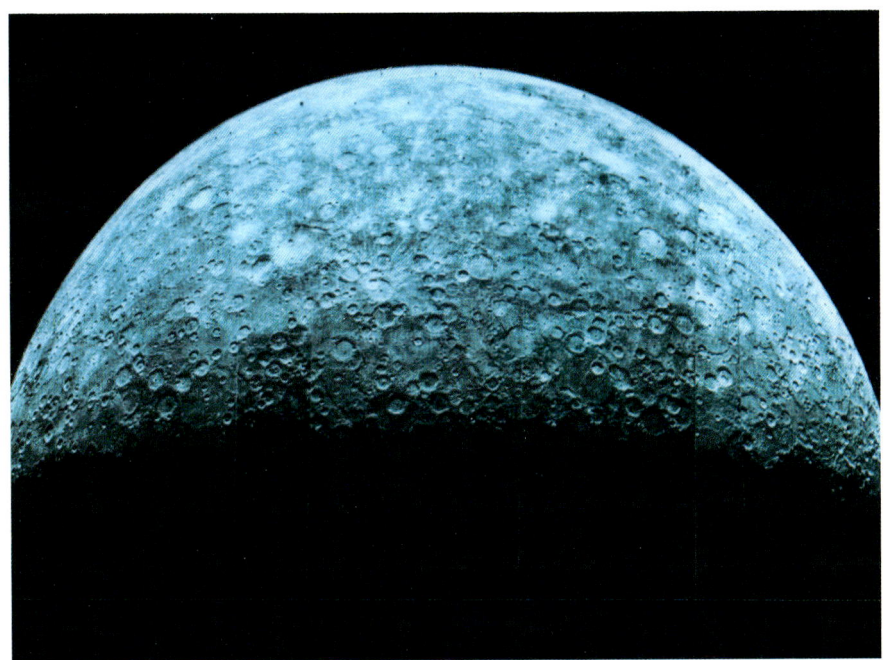

Die Oberfläche des Planeten Merkur – zusammengesetzt aus Fotos der Raumsonde Mariner.

M

che in der Morgendämmerung, tief am Horizont, beobachten (→ Tabelle, Seite 114, 115).
Diese große Geschwindigkeit verdankt Merkur seiner Nähe zur Sonne. Von den neun großen Planeten des Sonnensystems steht der Merkur der Sonne am nächsten. Da die Anziehungskraft der Sonne dort besonders groß ist, muss der Merkur auch besonders rasch um die Sonne laufen, um nicht in sie hineinzustürzen. Die große Sonnennähe hat auch für seine Oberfläche ganz einschneidende Auswirkungen. Auf der sonnenzugewandten Seite kann die Temperatur bis auf 400 Grad steigen; auf der sonnenabgewandten sinkt sie bis auf minus 200 Grad ab. Der Merkur hat nämlich keine Atmosphäre wie die Erde, die derartige Temperaturen ausgleichen könnte.
Nur eine Raumsonde flog bis heute zum Merkur, und zwar die amerikanische Sonde Mariner 10, die in den Jahren 1974 und 1975 dreimal dicht an ihn herankam, beim letzten Vorbeiflug am 16.3.1975 bis auf 327 Kilometer. Sie übermittelte Tausende scharfe Fernsehaufnahmen zur Erde, die die Oberfläche des Planeten als eine von Kratern zernarbte Steinwüste zeigen. Der Merkur sieht dem Mond sehr ähnlich. Aus den Aufnahmen von Mariner 10 hat man genaue Karten des Mer-

kur konstruiert und viele Krater auf seiner Oberfläche nach Astronomen und berühmten Persönlichkeiten benannt. Die Krater des Merkur sind teilweise sehr groß; so weist etwa der Krater Beethoven einen Durchmesser von 625 Kilometern auf. Es gibt jedoch auch große glatte Ebenen auf dem Planeten, etwa das Calores-Becken, das eine Ausdehnung von etwa 1300 Kilometern hat. Die Merkurkrater sind vermutlich, wie die des Mondes, durch den Einschlag großer Meteoriten (→ unten) vor vielen Millionen bis Milliarden Jahren entstanden.

Steckbrief des Merkur

Entfernung zur Sonne:	57,9 Mill. km
Umlaufzeit:	88 Tage
Durchmesser:	4878 km
Rotation:	58 Tage
Masse:	0,05 Erdmassen

Meteore und Meteorite
Häufig sind in einer klaren Nacht kurz dauernde Lichtspuren am Himmel zu sehen – die Sternschnuppen oder Meteore. Diese teilweise sehr auffälligen, blitzschnell durch den Nachthimmel ziehenden, leuchtenden Spuren, werden von winzig kleinen Staubkörnchen erzeugt, die häufig die Überreste von Kometen sind und in die Erdatmosphäre eindringen.
Das Leuchten der Luft erscheint uns als Sternschnup-

penspur. Schon ein Staubkörnchen von weniger als einem Gramm Gewicht kann eine Sternschnuppe erzeugen, die heller leuchtet als die hellsten Sterne.
Die meisten Sternschnuppen blitzen nur für den Bruchteil einer Sekunde auf. Es gibt jedoch auch sehr helle, die man Feuerkugeln nennt und die mitunter sogar Geräusche erzeugen. Wenn das eindringende Teilchen aus dem Weltraum besonders groß ist, verglüht es beim Durchdringen der Luft nicht vollständig, sondern fällt auf die Erde. Ein solches Fundstück bezeichnet man als Meteorit. Leider kann man die Ankunft von Meteoriten und damit das Auftauchen von Meteoren nicht vorhersagen. Es sind Zufallserscheinungen, allerdings mit zwei interessanten Besonderheiten.
Des Morgens sieht man grundsätzlich immer mehr Meteore als abends, grob geschätzt viermal so viel. Wir schauen morgens in Richtung der Erdbewegung, das heißt, die Erde fegt förmlich bei ihrem schnellen Lauf um die Sonne mehr Staubkörnchen im All zusammen als abends, wenn wir auf der anderen Seite der Erdbewegung sozusagen ins Kielwasser der Erde blicken. Zu bestimmten Zeiten des Jahres sind mehr Meteore zu sehen, die man dann Meteor- oder Sternschnuppenschwarm nennt.

M

Meteorströme (Sternschnuppenschwärme)				
Name	Sichtbarkeits-dauer	Maximum	Häufigkeit Meteore pro Stunde	Ursprung
Quadrantiden (Bootes)	1.1.–4.1.	3.1.	110	unbekannt
Lyriden	12.4.–24.4	22.4.	40	Komet 1861 I
Mai-Aquariden	29.4.–21.5.	5.5.	120	Komet Halley
Juli-Aquariden	25.7.–10.8.	3.8.	40	unbekannt
Perseiden	20.7.–19.8.	11.8.	300	Komet 1862 III
Orioniden	11.10.–30.10.	19.10.	50	Komet Halley
Leoniden	14.11.–20.11	16.11.	10 (variabel, 1966 über 100.000!)	Komet 1866 I
Geminiden	5.12.–19.12.	12.12.	50	Kleiner Planet Phaeton?

Meteorströme

Wenn sich Kometen auflösen (→ Seite 135) und ihre Staubteilchen verteilen, kreisen diese auf der Bahn des Kometen weiter um die Sonne. Kreuzt die Erde nun aber eine solche Staubbahn eines Kometen, so dringen besonders viele Teilchen in die irdische Lufthülle ein, sodass ganz viele Sternschnuppen entstehen – ein Meteorstrom oder Sternschnuppenschwarm.

Genau wie wir beim Fahren auf einer Landstraße den Eindruck haben, die Bäume am Straßenrand kämen von einem Punkt in der Ferne auf uns zu und flögen dann seitwärts an uns vorbei, scheinen auch die Sternschnuppen eines Schwarms von einem Punkt am Himmel aus in alle Richtungen davonzufliegen. Das Sternbild, aus dem sie zu kommen scheinen, gibt dem Schwarm seinen Namen.

Zur Zeit sind die Perseiden der stärkste Sternschnuppenschwarm. Da sie im August am Tag des Heiligen Laurentius ihre größte Häufigkeit erreichen, heißen sie auch die »Tränen des Laurentius«. Die Quadrantiden Anfang Januar verdanken ihren Namen einem alten Sternbild, das es heute nicht mehr gibt, dem Mauerquadranten, der beim Sternbild Bärenhüter stand. Am interessantesten sind die Leoniden. Zwar tauchen sie jedes Jahr auf, doch alle 33 Jahre durchläuft die Erde eine besonders starke Konzentration von Staubteilchen, und sie erscheinen in so unglaublicher Zahl, dass der Himmel hell erleuchtet erscheint. So geschah es etwa am 12. November 1799 (von Alexander von Humboldt in Südamerika beobachtet), am 12. November 1833 und am 14. November 1866, als pro Stunde

7200 Sternschnuppen aufleuchteten. Doch 1899 blieben die Leoniden aus – bis zum 14. November 1966, als im Mittleren Westen der USA der gewaltigste Sternschnuppenschauer aller Zeiten niederging, mit zeitweilig 40 Meteoren pro Sekunde (144.000 pro Stunde!).

Alle Welt erwartete daher im November 1999 wieder eine spektakuläre Erscheinung. Es waren auch deutlich mehr Sternschnuppen zu sehen als in anderen Jahren – doch ein Ereignis wie 1966 oder 1799 blieb aus. Auch in der Astronomie lässt sich leider nicht alles vorherberechnen.

Milchstraße

Eines der auffälligsten Himmelsobjekte ist das leuchtende Band, das sich, von dunklen Stellen zerklüftet und mit unregelmäßigem Rand versehen, rund um den Himmel

M

Das Zentrum der Milchstraße, eine Ansammlung unzähliger Sterne.

zieht. Der matte Schimmer des Milchstraßenbandes hat bereits die Astronomen des Altertums fasziniert und zu den verschiedensten mythologischen Deutungen angeregt (→ Seite 40, 41, 48, 49). Das bekannteste Ergebnis dieser alten Deutungen hat sich bis zur modernen Fachbezeichnung der Milchstraße erhalten, die man als Galaxis bezeichnet, von griechisch Gala, »Milch«.

Die Galaxis oder Milchstraße bildet die kosmische Heimat von Sonne und Erde im Weltraum. Sie ist ein gewaltiges Sternensystem, das in Form von einer flachen Scheibe im Weltraum steht. Von außen betrachtet würde die Milchstraße etwa so aussehen wie der größere Andromedanebel, ein Schwestersystem der Milchstraße (→ Seite 26, 133). Die Galaxis hat einen Durchmesser von 100.000 Lichtjahren. Um einen gewaltigen Zentralbereich, in dem mindestens 70 Millionen Sonnenmassen vereinigt sein müssen, bewegen sich auf großen Bahnen Millionen von Sternen, die aus einem noch unbekannten Grund auf spiralförmigen Armen angeordnet sind. Die Galaxis wirkt daher von oben betrachtet wie ein überdimensionales Feuerrad. Sonne und Erde stehen in den Randbezirken der Milchstraße, etwa 28.000 Lichtjahre vom Zentrum entfernt. In dieser Entfernung braucht die Sonne mit dem Sonnensystem und damit auch der Erde etwa 200 Millionen Jahre, um einmal einen Umlauf um das Zentrum zu vollenden. Die Spiralarme der Milchstraße bewegen sich um das Zentrum der Milchstraße, ähnlich wie die Erde und die Planeten um die Sonne kreisen.

Die Sterne sind sehr stark zur Ebene der Milchstraße konzentriert. Da die Erde inmitten dieser Ebene steht, scheinen die Sterne bei einem Blick rundherum wie ein Band um die Erde angeordnet zu sein. Nur die nächsten Sterne vermögen wir einzeln zu sehen, die Millionen Sterne in den Spiralarmen verschwimmen zu einer leuchtenden Fläche. Da auch viele Gas- und Staubwolken in den Spiralarmen der Milchstraße konzentriert sind, erscheint das Band zerklüftet und teilweise wie mit Löchern und Spalten versehen, zum Beispiel im Sternbild Kreuz des Südens in Form des Kohlensacks (→ Seite 84, 85) und im Sternbild Schwan, wo sich die Milchstraße scheinbar in zwei Teile spaltet (→ Seite 44, 45).

140

Das Milchstraßenband am Himmel ist so leuchtschwach, dass man zur Beobachtung gute Sichtbarkeitsbedingungen benötigt. Der Mond sollte möglichst nicht am Himmel stehen.

Mira

Der wunderbare Stern (lat. mira = wunderbar) im Sternbild Walfisch war der erste jemals entdeckte, veränderliche Stern (→ Seite 74, 75). Schon 1596 sah ihn der ostfriesische Pfarrer David Fabricius, der davon ausging, einen neuen Stern entdeckt zu haben – ihn dann nicht wiederfand, aber 1606 erneut sah und daher Mira nannte. Erst 1638 wurde er als veränderlicher Stern erkannt, der im Maximum seiner Helligkeit gut für das bloße Auge sichtbar ist, im Minimum aber zum Fernrohrobjekt wird. Mira ist 220 Lichtjahre von der Erde entfernt und gehört zu den roten Riesensternen. Ihre Helligkeit schwankt in etwa 330 Tagen, also rund 11 Monaten. Mira pulsiert, dehnt sich aus und zieht sich wieder zusammen und ändert so die Größe ihrer leuchtenden Oberfläche. Im Maximum ihrer Helligkeit ist die Mira etwa 500-mal größer als die Sonne, im Minimum etwa 350-mal. Insgesamt sind heute über 5000 Sterne bekannt, die ihre Helligkeit auf dieselbe Weise ändern wie die Mira und daher Mira-Veränderliche heißen.

M

Mond

Die meisten Planeten im Sonnensystem besitzen Begleiter, die man Satelliten oder Monde nennt. Diese Bezeichnung stammt von dem Mond im engeren Sinn, dem Begleiter der Erde. Die Erde besitzt nur einen Satelliten, der aber dafür eine besondere Stellung im Sonnensystem einnimmt. Er ist nämlich im Verhältnis zur Erde einer der größten. Die Masse des Mondes beträgt 1/81 der Erdmasse, während die Satelliten der übrigen Planeten (mit Ausnahme des Pluto) noch nicht einmal 1/1000 der Masse ihres Zentralplaneten erreichen. Man kann daher Erde und Mond besser als eine Art Doppelplanet betrachten, die zusammen um die Sonne kreisen. Neben der Sonne ist der Mond der nächste Himmelskörper der Erde, der dem bloßen Auge als Fläche erscheint. Auf seiner Oberfläche sind deutlich helle und dunkle Stellen auszumachen, die zusammen auch den Eindruck eines Gesichts (»Mann im Mond«) hervorrufen mögen. Die dunklen Stellen entsprechen tiefer liegenden, mit dunkler Lava überzogenen Gebieten auf der Mondoberfläche. Sie heißen Mondmeere oder Maria und enthalten wenige Krater. Die hellen liegen höher, sie sind von granitähnlichem Gestein bedeckt und von vielen Kratern

übersät. Man nennt sie auch die Kontinente des Mondes, obwohl es kein Wasser auf dem Mond gibt. Die Bezeichnungen stammen aus der Zeit der ersten Fernrohrbeobachtungen. Ein Blick durch den Feldstecher zeigt bereits eine große Zahl von Mondkratern. Auch Gebirgszüge sind zu sehen, etwa die Mondalpen. Die Mondkrater, die bis zu 200 Kilometer groß sein können, sind nach berühmten Wissenschaftlern und anderen Persönlichkeiten der Weltgeschichte benannt. Die Mondmeere tragen Fantasiebezeichnungen. Das Aussehen des Mondes ändert sich je nach seiner Stellung zur Erde und zur Sonne. Diese Mondphasen (zur Entstehung → Seite 105–107) sind auch bei der Beobachtung des Mondes im Feldstecher von großer Bedeutung. Bei Vollmond werfen die Mondkrater und -gebirge keine Schatten, sodass sie sich nicht plastisch hervorheben. Am besten kann man die Mondkrater, Gebirge und Meere dicht an der Grenze zwischen heller und dunkler Mondseite beobachten, in den Abendstunden am besten um die Zeit des so genannten ersten Viertels (Mondphasentabelle → Seite 106, 107). Der Mond wendet uns immer dieselbe Seite zu, weil er sich in der gleichen Zeit, in der er um die Erde läuft, einmal um seine Achse dreht. Auch die Rückseite des Mondes ist je-

N

doch inzwischen durch die Aufnahmen vieler Raumflugkörper genauestens bekannt, da sie bei Flügen um den Mond fotografiert wurde. Auf dem Mond sind in den Jahren 1969–1972 bisher 12 Menschen an Bord von 6 Raumschiffen, den amerikanischen Raumfähren Apollo 11 bis 17, gelandet, dazu noch rund zwei Dutzend unbemannter Raumflugkörper. Der Mond ist dadurch auch der am besten erforschte Himmelskörper.

Steckbrief des Mondes

Mittlere Entfernung zur Erde:	384.400 km
Umlaufzeit:	27 1/2 Tage (von Stern zu Stern)
	29 1/2 Tage (von Neumond zu Neumond)
Durchmesser:	3476 km (0,27 Erddurchmesser)
Masse:	1/81 Erdmasse

Nebel

Der Raum zwischen den Fixsternen ist nicht leer. Die so genannte »interstellare Materie« füllt ihn, allerdings in einer so dünnen Verteilung, dass selbst das höchstmögliche Vakuum auf der Erde, der luftleerste Raum, den man noch herstellen kann, dagegen wie ein überfüllter Saal wirkt. Höchstens 50.000 bis 100.000 Atome findet man in einem Liter Rauminhalt der interstellaren Materie – die Luft auf der Erde enthält dagegen in einem Litergefäß 30 Trilliarden Atome (eine 3 mit 22 Nullen!). Die interstellare Materie besteht zu 99% aus Gasatomen, aus Wasserstoff und Helium und zu 1% aus Staubpartikeln. Zusammen erzeugen sie die kosmischen Nebel, die wohl schönsten und farbenprächtigsten Erscheinungen im Weltall. Wenn in der Nähe einer kosmischen Gaswolke helle Sterne strahlen, regen diese das Gas durch ihre energiereiche ultraviolette Strahlung zum Leuchten an. Es strahlt dann in verschiedenen Farben und teilweise chaotischen Formen, während die Staubwolken die abenteuerlichsten Muster in die strahlenden Lichtwände zaubern. Sie verschlucken das Licht der dahinter stehenden Gaswolken auf dem Weg zur Erde. Mit dem bloßen Auge erscheinen die kosmischen Nebel als kleine verwaschene Fleckchen. In einem Fernglas, vor allem aber einem Fernrohr, enthüllen sie bereits ihre eindrucksvollen Formen, die Farben aber zeigen sich nur in lang belichteten Fotografien mit großen Teleskopen. Die drei bekanntesten Nebel, die auch in den Sternkarten erscheinen, sind:

Großer Orionnebel M 42 Er ist der hellste Nebel des Himmels und gehört nach Auffassung vieler Astronomen zu den eindrucksvollsten Himmelsobjekten überhaupt. Mit einem Durchmesser von 100 Lichtjahren bedeckt er eine erhebliche Fläche am Himmel, die beim Blick durch das Teleskop viele Beobachter an das Bild gewordene Chaos erinnert. Der Orionnebel ist 1500 Lichtjahre entfernt und verdankt seine große Helligkeit vier extrem hellen Sternen in seiner Mitte. Man nennt sie auch das Trapez im Orion, weil sie auf den Ecken dieser geometrischen Figur zu stehen scheinen (→ Foto Seite 52).

Lagunennebel M 8 Der englische Astronom Flamsteed entdeckt diesen galaktischen Nebel im Jahre 1747 im Sternbild Schütze. Er leuchtet inmitten der Sterne der Milchstraße in einem intensiven Rot, der Farbe, die Wasserstoffgas bei einer Temperatur von etwa 10.000 Grad ausstrahlt. Eine Dunkelwolke schiebt sich quer über die leuchtende Gasmasse und erzeugt so den Eindruck einer Lagune (→ Foto Seite 5). Aus dem Gas des Lagunennebels könnte man 200 Sonnen formen. Seine Entfernung beträgt rund 3000 Lichtjahre.

Eta Carinae Nebel Er gehört zu den schönsten Objekten der südlichen Regionen der Milchstraße. Eine gewaltige Wasserstoffwolke lagert sich im Sternbild Schiffskiel um den Stern Eta Carinae in einer Entfernung von etwa 6000 Lichtjahren. Diesem Stern der Superlative, den man lange

Zeit für den hellsten und schwersten Stern der gesamten Milchstraße hielt, verdankt der Nebel auch die Leuchtkraft. Eta Carinae strahlt nämlich mindestens 4 Millionen Mal heller als die Sonne und regt so die Gasatome im Umkreis mehrerer Lichtjahre zum Leuchten an. Heute läßt sich Eta Carinae, der Ursprungsstern des Nebels, nicht mehr mit dem bloßen Auge sehen. Doch im vergangenen Jahrhundert gehörte er zu den hellsten des Himmels. 1843 war er der zweithellste Stern nach Sirius, doch anschließend sank die Helligkeit, bis er ab 1865 bis heute etwa gleichbleibend hell zum Fernrohrobjekt wurde. Der Grund dieser seltsamen Veränderung blieb bis heute unbekannt. Allerneueste Messungen scheinen zu zeigen, dass Eta Carinae tatsächlich aus vier oder fünf Sternen besteht. Und manche Astronomen vermuten in ihm gar einen Kandidaten für den nächsten Ausbruch einer Supernova in der Milchstraße – irgendwann in den kommenden 100 Jahren (→ Seite 151, 152).

Nova

Von Zeit zu Zeit leuchten unvorhergesehen am Himmel Sterne auf, werden so hell, dass man sie mit dem bloßen Auge für einige Tage bis Wochen sehen kann, und verschwinden dann wieder. Sie durchlaufen einen plötzlichen Helligkeitsausbruch, sodass man sie für einen neuen Stern halten könnte (daher auch der lateinische Name Nova, »die Neue«), aber tatsächlich sind sie vorher wie nachher vorhanden. Novae gehören zu den veränderlichen Sternen (→ Seite 153, 154), bei denen der Helligkeitswechsel nicht mehr oder weniger regelmäßig, sondern abrupt, in teilweise astronomischen Dimensionen verläuft. Die Nova im Schwan steigerte beispielsweise im Jahre 1975 ihre Helligkeit in wenigen Tagen um das 40-Millionenfache (→ Seite 46, 47). Über einen Zeitraum von mehreren Wochen sank die Helligkeit dann wieder auf den ursprünglichen Wert ab. Es gibt darüber hinaus Sterne, bei denen bereits mehrfach eine Nova-Erscheinung beobachtet wurde.

Man vermutet heute, dass alle Novae Doppelsterne sind (→ Seite 130, 131). Einer der Sterne ist ein sehr kleiner, heißer und dichter Weißer Zwerg (→ Seite 149), der andere ein großer, kühler, rötlich strahlender Stern. Beide stehen einander so nahe, dass ständig Materie von dem großen zum kleinen strömt. Schließlich sammelt der Weiße Zweig so viel Materie des großen auf seiner Oberfläche an, dass die Materie anfängt, sich selbst zu entzünden. Wasserstoffgas fügt sich zu Helium zusammen, der gleiche Prozess, der im Inneren der Sterne, auch der Sonne, abläuft (→ Seite 149, 150). Hier jedoch vollzieht er sich nicht kontrolliert wie auf der Sonne, sondern explosionsartig – ähnlich der Explosion einer Wasserstoffbombe auf der Erde, die nach dem gleichen Prinzip der Fusion von Wasserstoff zu Helium funktioniert. Als Folge dieser gigantischen Nova-Wasserstoffexplosion wird die heiße Wasserstoffhülle des kleineren Sterns abgestoßen – und das Spiel des Weißen Zwergs mit seinem großen Begleiter beginnt von vorne, bis der große seine äußere Materie vollständig an den kleinen verloren hat.

Von den Novae sind die Supernovae (→ Seite 151, 152) zu unterscheiden, die trotz des ähnlichen Namens ganz andere Himmelsobjekte sind.

Planeten

Die Planeten oder Wandelsterne erscheinen am irdischen Himmel nur als leuchtende Punkte wie die Fixsterne (→ Seite 131, 132). Doch der Unterschied zwischen beiden Gruppen von Gestirnen könnte nicht größer sein. Planeten sind kalte Himmelskörper, die sich um die Sonne bewegen und von ihr beleuchtet werden. Sie stehen der Erde wesentlich näher, sind nur zwischen 38,3 Millionen (Venus) und 7,5 Milli-

P

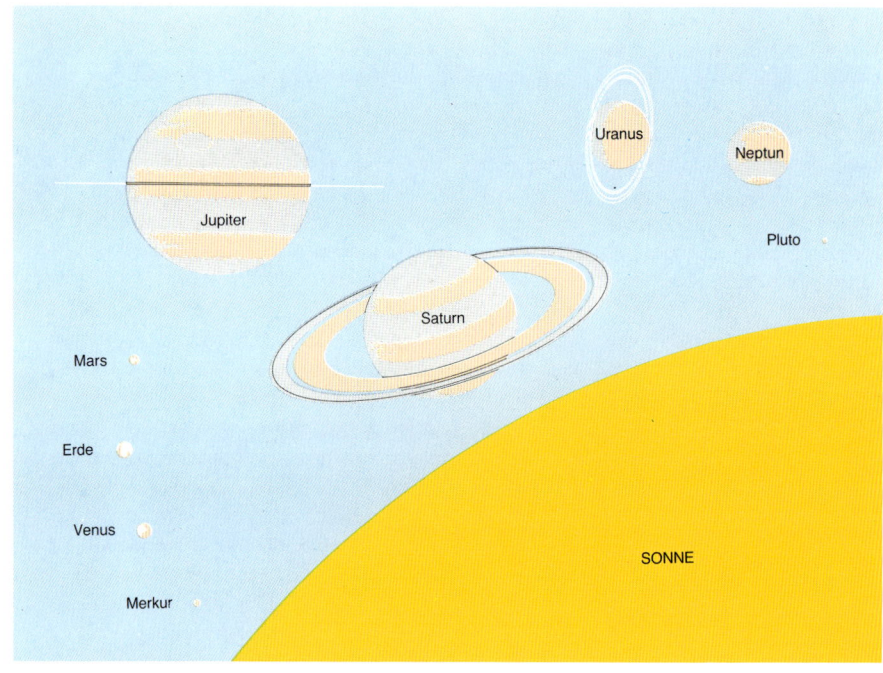

Die Planeten sind unterschiedlich groß – doch im Vergleich zur Sonne (unten rechts der Sonnenrand) wirken alle wie Zwerge.

arden (Pluto) Kilometer von der Erde entfernt. Zum nächsten Fixstern, Alpha Centauri (→ Seite 128, 129), sind es 43 Billionen Kilometer.

Die Astronomen vermuten heute, dass viele Fixsterne Planetensysteme besitzen. Jedoch ist der genaue Nachweis bisher trotz vieler Versuche nicht gelungen. Wir kennen daher im Augenblick nur ein Planetensystem, das der Sonne, bestehend aus neun großen Planeten und einer nicht abzuschätzenden Zahl von kleinen Planeten. Die kleinen Planeten lassen sich nur im Fernrohr sehen und erscheinen wegen ihrer geringen Größe auch dort nur als Punkte wie die Sterne. Sie bewegen sich zum größten Teil zwischen dem Mars und dem Jupiter um die Sonne. Man kennt heute die Bahnen von etwa 15.000 kleinen Planeten. Früher wurden sie nach Sagengestalten und heute werden sie überwiegend nach berühmten Wissenschaftlern benannt.

Die großen Planeten dagegen zeigen im Fernrohr deutliche Einzelheiten auf ihrer Oberfläche. Trotzdem gelang eine genaue Erforschung erst in dem Zeitalter der Raumfahrt. Heute sind sämtliche großen Planeten von Raumsonden besucht worden, mit der einzigen Ausnahme des sonnenfernsten Planeten Pluto. Der sensationellste Flug gelang der amerikanischen Raumsonde Voyager II, die in den Jahren 1977 bis 1989 auf einer beinahe unglaublichen Reise durch das Sonnensystem 6 Milliarden Kilometer zurücklegte und dabei Jupiter, Saturn, Uranus und Neptun erreichte.

Die nicht mit dem bloßen Auge sichtbaren, dennoch sehr interessanten Planeten sind:

P

Uranus Er wurde im Jahre 1781 von dem deutsch-englischen Astronomen Wilhelm Herschel entdeckt. Uranus ist ähnlich wie der Jupiter aufgebaut, besteht also vorwiegend aus Gasen, hat aber eine deutlich geringere Masse. Der Vorbeiflug der Raumsonde Voyager II im Januar 1986 enthüllte den Uranus als einen ruhigen Planeten, der erstaunlich wenig Einzelheiten in seiner dichten, bläulich schimmernden Atmosphäre zeigt.

Steckbrief des Uranus

Entfernung	
zur Sonne:	2,8 Mrd. km
Umlaufzeit um	
die Sonne:	84,6 Jahre
Durchmesser:	50.800 km
Masse (Erdmassen):	14

Neptun Die Entdeckung des Neptun im Jahre 1846 war einer der größten Triumphe der Naturwissenschaft im 19. Jahrhundert. Der Neptun wurde von dem englischen Astronomen Adams und dem Franzosen Leverrier vorhergesagt. Beide hatten gefunden, dass sich der Uranus nicht so um die Sonne bewegt, wie er es nach den Berechnungen hätte tun sollen. Folgerichtig schlossen sie auf die Existenz eines weiteren Planeten, der mit seiner Anziehungskraft den Uranus störte, und berechneten aus den Abweichungen jenen Ort, an dem Neptun dann auch gefunden wurde.

Bis zum August 1989, als die Raumsonde Voyager II den Neptun erreichte, wusste man über diesen Planeten sehr wenig. Die Aufnahmen der Raumsonden enthüllten den Neptun erstaunlicherweise als einen sehr aktiven Planeten, wesentlich aktiver als der Uranus, mit vielen Wirbeln und gewaltigen Wolkenbändern in seiner Atmosphäre. Auch Neptun ist wie der Uranus ein dem Jupiter ähnlicher Planet, besteht also überwiegend aus Gas.

Steckbrief des Neptun

Entfernung	
zur Sonne:	4,5 Mrd. km
Umlaufzeit um	
die Sonne:	165,5 Jahre
Durchmesser:	48.600 km
Masse (Erdmassen):	17

Pluto Der Amerikaner Clyde Tombaugh entdeckte den Pluto im Jahre 1930. Erst 1978 gelang die Entdeckung eines Mondes, Charon, der den Pluto umkreist. Aus dessen Bahn konnte man (→ vergleiche Doppelsterne, Seite 130, 131) die Masse des Planeten berechnen und auch seinen Durchmesser abschätzen. Es zeigt sich, dass Pluto der mit Abstand kleinste und leichteste Planet des Sonnensystems ist. Viele Astronomen vermuten daher, dass er einmal ein Mond des Neptun war und von diesem durch ein unbekanntes Ereignis getrennt wurde.

Steckbrief des Pluto

Entfernung	
zur Sonne:	5,9 Mrd. km
Umlaufzeit um	
die Sonne:	251,8 Jahre
Durchmesser:	3000 km
Masse (Erdmassen):	0,002

Plejaden

Die sieben Töchter des Riesen Atlas (→ Seite 54, 55) verdrehten wegen ihrer Schönheit nicht nur dem Jäger Orion den Kopf, die Götter machten diese anschließend auch zu einem der schönsten Himmelsobjekte, dem Siebengestirn. In einer klaren Winternacht kann man leicht einen matt schimmernden Flecken im Sternbild Stier erkennen, der vor allem im Fernglas sehr eindrucksvoll aussieht. 7 (bis 13) Sterne der Plejaden sind auch mit dem bloßen Auge zu sehen, sie heißen Alcyone (der Hauptstern), Maia, Asterope, Tageta, Celaeno, Electra und Merope. Die Plejaden sind der bekannteste offene Sternhaufen am Himmel (→ Sternhaufen, Seite 150, 151). Etwa 130 Sterne gehören dazu, die sich über einen Raum von 30 Lichtjahren verteilen. Die Plejaden sind 410 Lichtjahre von der Erde entfernt. Man schätzt ihr Alter auf 60 Millionen Jahre.

Die Sterne der Plejaden sind von feinen Nebelschleiern umgeben, die man auf langzeitbelichteten Aufnahmen gut sehen kann. Es handelt

P

sich um Staubwolken, die das Licht der Plejadensterne reflektieren (→ Foto unten).

Polarlicht

In hohen nördlichen und südlichen Breiten, in einer Zone um die magnetischen Pole der Erde, sind häufig nachts faszinierende Lichterscheinungen am Himmel zu beobachten. Grünlich und rötlich leuchtende Lichtbögen und ganze Lichtwände jagen am Himmel entlang oder stehen für Stunden ruhig über dem Beobachter.

Diese Polarlichter werden von der Sonne erzeugt, die einen beständigen Strom geladener Teilchen ins Weltall abstößt. Das Magnetfeld der Erde lenkt diese Teilchen zu den Polarregionen ab, wo sie mit Luftmolekülen zusammenstoßen und diese zum Leuchten anregen.

Die Polarlichter sind vor allem bei einem Sonnenfleckenmaximum häufig.

Praesepe

Neben den Plejaden und Hyaden (→ Seite 133) ist die Praesepe, übersetzt »Krippe«, im Sternbild Krebs der dritte offene Sternhaufen, der einen Eigennamen trägt. Die Fachbezeichnung, die auch in den Sternkarten escheint, lautet M 44. Die Praesepe bietet im Fernglas nach den Plejaden den schönsten Anblick aller offenen Sternhaufen.

Insgesamt 500 Sterne gehören zu Praesepe, die 520 Lichtjahre von der Erde entfernt steht. Sie füllen einen Raum von 15 Lichtjahren aus und sind vor rund 400 Millionen Jahren entstanden (→ Foto Seite 25).

Procyon

Fixsterne erscheinen am irdischen Himmel aus zwei Gründen besonders hell: Sie sind entweder extrem groß und erzeugen sehr viel Energie wie Beteigeuze (→ Seite 129, 130) oder Rigel (→ Seite 147), oder sie stehen der Erde sehr nahe wie Alpha Centauri (→ Seite 128, 129) oder Sirius (→ Seite 148, 149).

Procyon im Sternbild Kleiner Hund gehört zur zweiten Gruppe. Sein Name kommt aus dem Griechischen und bedeutet so viel wie »vor dem Hund«. Procyon erscheint nämlich im Osten kurz vor Sirius im Großen Hund.

Der Sternhaufen der Plejaden, der schönste am Himmel.

R–S

Der Planet Saturn in einer vom Computer eingefärbten Aufnahme der Raumsonde Voyager I.

Procyon ist ein sonnenähnlicher Stern, aber etwa sechsmal heller und auch zweimal größer als diese. Seine Masse konnte verhältnismäßig gut bestimmt werden, denn Procyon ist zudem ein bekannter Doppelstern (→ Seite 130, 131). Sein Begleiter umrundet ihn in 40 Jahren. Er gehört zur Gattung der Weißen Zwerge, auch dies eine Ähnlichkeit zu seinem großen Bruder, dem Sirius. Die Masse von Procyon wurde auf 1,7 Sonnenmassen, die seines wesentlich kleineren Begleiters auf 0,65 Sonnenmassen berechnet.

Rigel

»Das linke Bein des Riesen« nannten arabische Astronomen den weiß leuchtenden Stern im Sternbild Orion (→ Seite 54, 55). Rijil Jauzah al Yusra, woraus später stark verkürzt nur noch Rigel wurde. Rigel ist ein Stern von wahrhaft astronomischen Dimensionen. Von den zehn hellsten des Himmels ist er am weitesten von der Erde entfernt: 900 bis 1300 Lichtjahre geben verschiedene Astronomen an. Wenn Rigel in einer solchen Entfernung noch deutlich am Sternenhimmel zu sehen ist, muss er sehr viel Energie erzeugen. Die Astronomen bezeichnen ihn als Überriesen, 12.000 Grad heiß an seiner Oberfläche, mit einer Leuchtkraft, die 57.000 Sonnen zusammen aufbringen. Sein weiterer Steckbrief zeigt eine Masse von 30 Sonnenmassen und einen Durchmesser von 19 Sonnendurchmessern.

Saturn

Der schönste Planet des Sonnensystems ist zweifellos der Saturn. Bereits ein kleines Fernrohr zeigt ab etwa 40facher Vergrößerung das Ringsystem des Planeten.

Saturn wird von mehreren Ringen umgeben. Sie sind nicht massiv, sondern sie bestehen aus einer sehr hohen Zahl von Staubpartikeln, Eisklumpen und Gesteinsbrocken, die um den Planeten kreisen. Nur in der großen Entfernung zur Erde scheinen diese Teilchen zu einer festen Fläche zusammenzuwachsen. Neben seinen Mini-Monden in Gestalt der Ringe hat der Saturn noch viele große Begleiter, Monde im engeren Sinn. Der größte von ihnen ist Titan, neben dem Jupitermond Ganymed einer der größten Planetenbegleiter im Sonnensystem. Er hat einen Durchmesser von 5220 Kilometern (Ganymed hat ca. 100 Kilometer mehr).

Zum Saturn und seinem Mond Titan fliegt zur Zeit der Entstehung dieser Auflage die amerikanische Raumsonde »Cassini«; ihre Mission im All gehört neben dem Flug von Voyager I und II, die 1980 bzw. 1981 am Saturn vorbeiflogen, zu den aufregendsten der Raumfahrtgeschichte. Am 6. Oktober 1997 startete Cassini mit dem Tochterschiff Huygens an Bord. Die Sonde flog zunächst zur Venus, dann am 16. August 1999 in nur 800 Kilometer Entfernung an der Erde vorbei, um durch die Anziehungskraft dieser Planeten genügend »Schwung« für die Reise in die Außenregionen des Sonnensystems zu bekommen. Den letzten »Kick« holt sie sich beim Jupiter am 30. Dezember 2000, der sie in Richtung Saturn schleudert, wo sie am 1. Juli 2004 ankommt und in eine Umlaufbahn eintritt. Davor jedoch hat sie die kleine Tochtersonde Huygens abgekoppelt, die an Fallschirmen auf Titan herabsinken und Messdaten über Cassini zur Erde zurückfunken soll. Die Ausbeute an Daten und Fotos von den Außengebieten des Sonnensystems wird hoffentlich genauso spektakulär ausfallen wie der Flug von Cassini selbst.

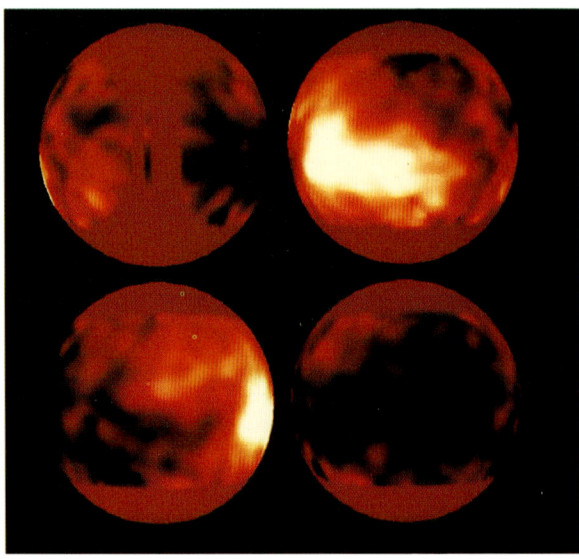

Der Saturnmond Titan, aufgenommen vom Teleskop Hubble.

Steckbrief des Saturn

Entfernung zur Sonne:	1432 Mill. km
Umlaufzeit:	29,6 Jahre
Durchmesser:	120.000 km
Rotation:	10 Std. 40 Min.
Masse:	95 Erdmassen

Sirius

Der berühmteste Fixstern verdankt seine große Helligkeit einem vergleichsweise einfachen Grund. Er steht der Erde besonders nahe; nur 8,7 Lichtjahre trennen uns von ihm. Er sendet 23-mal mehr Licht aus als die Sonne und ist 1,8-mal größer als sie; im Vergleich zu den Fixsternen Rigel (→ Seite 147) oder Beteigeuze (→ Seite 129, 130) gehört er zu den kleineren Vertretern seiner Gattung. Doch er hat eine große Geschichte. Im alten Ägypten genoss er göttliche Verehrung, weil sein Erscheinen die Nilfluten ankündigte (→ Seite 56, 57). Immer wurde er als rötlicher Stern beschrieben. Heute jedoch strahlt Sirius rein weiß, wie ein Blick zum Himmel sofort lehrt.

Wie kann ein Fixstern in knapp 1500 Jahren seine Farbe ändern – diese Frage ist bis heute ungeklärt. Sie bildet ein großes Rätsel der Stellarastronomie, der Kunde von den Fixsternen. Denn obgleich sich auch die Sterne entwickeln, dauern so eindeutig sichtbare Veränderungen wie der Farbwechsel von Rot nach Weiß doch nach den herkömmlichen Theorien einige Hunderttausend und nicht nur 1500 Jahre.

S

Vielleicht hat der ungewöhnliche Farbwechsel des Sirius etwas mit seinem Begleiter zu tun. Sirius ist nämlich ein Doppelstern. Schon 1844 hatte der deutsche Astronom Friedrich Bessel bemerkt, dass der Sirius sich nicht geradlinig am Himmel bewegt (auch Fixsterne bewegen sich → Seite 131, 132), sondern in einer Schlangenlinie. Bessel schloss aus dieser Bewegung auf einen unsichtbaren Begleiter, der durch seine Anziehungskraft den großen Sirius-Partner beeinflusste. Erst 1862 wurde der Begleiter des Sirius, genannt Sirus B, im Fernrohr als äußerst schwaches Lichtpünktchen neben dem hell strahlenden Sirius A entdeckt.

Diese Entdeckung verblüffte die Astronomen. Denn aus der Bewegung beider Sterne (→ Doppelsterne, Seite 133) hatten sie errechnet, dass Sirius A 2,36 und Sirius B 0,98mal so schwer wie die Sonne sein müsste. Wenn Sirius B aber so viel schwächer leuchtet als sein großer Bruder (obwohl er an seiner Oberfläche sehr heiß ist), musste er wesentlich kleiner sein, nur etwa 30.000 Kilometer groß, das ist gerade der doppelte Durchmesser der Erde. Eine so große Masse auf so kleinem Raum bedeutet eine unvorstellbare Dichte. Ein Kubikzentimeter Materie des Sirius B wiegt 150 Kilogramm! Sirius B wurde so zum ersten Exemplar einer ganz neu entdeckten Gattung von Sternen, der Weißen Zwerge. Die Weißen Zwerge zeichnen sich durch geringen Durchmesser (der kleinste bisher bekannte Weiße Zwerg ist nur halb so groß wie der Mond), hohe Oberflächentemperatur und unvorstellbar kompakte Materie aus. Die Astronomen sagen, die Materie in einem Weißen Zwerg sei entartet. Die Weißen Zwerge sind sterbende Sterne, die kein eigenes Licht mehr erzeugen, sondern nur noch ausglühen.

Sonne

Die Sonne ist der wichtigste Himmelskörper, ohne den kein Leben auf der Erde möglich wäre. Ohne den ständigen Fluss von Sonnenenergie wäre die Erde eine tote, vor Kälte starrende Gesteinskugel mit einer durchschnittlichen Temperatur um minus 270 Grad Celsius. Die Sonne strahlt jedoch bereits seit mehreren Milliarden Jahren, vor allem in Form von sichtbarem Licht, unvorstellbare Energiemengen auf die Erde. Die gesammelte Sonnenenergie würde ausreichen, alles Wasser der Erdoberfläche, also alle Ozeane, Eisberge, Flüsse und Seen innerhalb von nur 10 Sekunden zu verdampfen! Wegen der großen Entfernung zwischen Erde und Sonne erreicht die Erde aber tatsächlich nur ein halbes Milliardstel der Sonnenstrahlung, was immer noch jährlich 1,5 Trillionen kWh entspricht!

Die Sonne ist der der Erde nächstgelegene Stern. Genau wie alle anderen Fixsterne, die erheblich weiter von der Erde entfernt sind, erzeugt sie Energie und leuchtet selbst. Im Vergleich zu den anderen Sternen gehört sie zu den unscheinbaren, kleineren Vertretern, durchschnittlich nur, was ihre Masse, ihre Leuchtkraft und ihre Energieerzeugung betrifft. Alle anderen hellen Sterne am Himmel, die wir gut mit bloßem Auge sehen können, sind deutlich, ja teilweise sogar ganz erheblich größer und leuchtstärker als sie (→ Antares, Seite 69, Arktur, Seite 129, Deneb, Seite 44, 45).

Im Vergleich zur Erde sind die Dimensionen der Sonne dennoch gewaltig. Ihre Energie erzeugt die Sonne vermutlich durch den Prozess der Kernfusion in ihrem Inneren. Dort müssen eine Temperatur von etwa 16 Millionen Grad und ein Druck von etwa 200 Milliarden Atmosphären herrschen. Unter solchen Bedingungen verschmelzen Wasserstoffatome, die den Hauptbestandteil der Sonne ausmachen, zu Helium, wobei ein winziger Teil der Masse direkt nach der berühmten Formel von Albert Einstein: Energie = Masse x Lichtgeschwindigkeit ins Quadrat ($E = mc^2$) in Energie umgesetzt wird. Die

S

Sonne »verbraucht« so pro Sekunde etwa 4 Millionen Tonnen Masse. Sie ist aber so unvorstellbar groß, dass sie seit ihrer Entstehung erst 0,02% ihrer Masse in Energie umgewandelt hat. Die Sonne ist der einzige Stern, auf dessen Oberfläche wir Einzelheiten erkennen können. Berühmt sind vor allem die Sonnenflecken, kühle Stellen auf ihrer Oberfläche, die wegen der geringeren Temperatur schwarz erscheinen. In diesen Sonnenflecken entladen sich oft riesenhafte Eruptionen, bei denen Strahlung und Materie in das Weltall geschleudert werden. Auf der Erde erzeugen derartige Strahlungsausbrüche die berühmten Polarlichter (→ Seite 146), führen zu Funkausfällen und beeinflussen die obere Atmoshäre in vielfältiger, zum Teil noch nicht ganz erforschter Weise. Die Zahl der Sonnenflecken und damit die Aktivität der Sonne schwankt in einem durchschnittlich elfjährigen Rhythmus. Die Entstehung dieses »Sonnenflecken-Zyklus« sowie vieler sonstiger Vorgänge auf der Sonne ist bis heute immer noch ein Rätsel. Die Sonne strebt zur Zeit einer ruhigeren Phase ihrer Tätigkeit entgegen. Das letzte Sonnenfleckenmaximum trat im Jahr 2000 ein; das nächste Minimum wird für das Jahr 2005 erwartet. Anschließend werden bis etwa zum Jahre

2010 wieder mehr Flecken erscheinen.

Wegen ihrer großen Bedeutung für die Erde war die Sonne zu allen Zeiten Gegenstand beinahe religiöser Verehrung. Viele alte Kulturen kannten Sonnengötter, und auch heute noch wird die Sonne oft als Symbol des Lebens und der Kraft angesehen; zum Beispiel bei Sonnenwendfeiern Mitte Juni oder bei Feiern der Wintersonnenwende Mitte Dezember (zu diesen Daten und den Jahreszeiten allgemein, → Seite 13 und 104, 105).

Steckbrief der Sonne

Durchmesser: 1,4 Mio. km (109facher Erddurchmesser)
Entfernung
zur Erde: 149,6 Mio. km (im Durchschnitt)
Masse: 2000 Quadrillionen Tonnen (333.000 Erdmassen)
Alter: ca. 5 Milliarden Jahre
Oberflächentemperatur: 5800 Grad
Gesamtstrahlung: 380.000 Trillionen Kilowatt

Sternhaufen

Die Fixsterne stehen nicht einzeln und isoliert im Weltraum. Sie bilden übergeordnete Systeme, in denen sie sich unter dem Einfluß der Schwerkraft umeinander bewegen oder gemeinsame Bahnen ziehen. So formen alle sichtbaren Sterne das Milchstraßensystem (→ Seite 139),

viele haben Begleiter, sind also Doppel- und Mehrfachsysteme (→ Seite 130) oder gruppieren sich zu Ansammlungen von mehreren Dutzend bis zu einigen Hunderttausend Sternen, den Sternhaufen. Die Sonne, die weder Mitglied eines Sternhaufens noch eines Doppelsystems ist, gehört eher zu den Ausnahmen in der Milchstraße.

Bis heute haben die Astronomen allein in der Milchstraße etwa 1000 Sternhaufen entdeckt. Nach ihrem Aussehen untergliederte man sie in die offenen Sternhaufen, bei denen man die Sterne noch trotz ihrer Zusammengehörigkeit einzeln erkennen kann, und die Kugelsternhaufen, bei denen die Sterne so dicht gepackt sind, dass sie wie eine einzige weiße Fläche erscheinen.

Die bekanntesten Sternhaufen sind die Plejaden und Hyaden im Sternbild Stier (→ Seite 133, 146) und die Praesepe im Krebs (→ Seite 146). Daneben lassen sich gut mit dem bloßen Auge sehen:

h und χ (chi) Persei Gleich zwei offene Sternhaufen erleuchten im Sternbild Perseus unmittelbar nebeneinander und lassen sich im Feldstecher auch zusammen erkennen. Da sie dem bloßen Auge fast wie zwei Sterne erscheinen, tragen sie die typischen Sternbezeichnungen (→ Einleitung, ab Seite 8); h Persei erscheint etwas eindrucksvoller

S

Der Kugelsternhaufen 47 im Sternbild Tukan.

mit helleren Sternen. Beide Sternhaufen sind 8000 Lichtjahre entfernt und enthalten je 300 bis 350 Sterne.

IC 2602 im Schiffskiel Die auch südliche Plejaden genannten Sterne dieses Haufens tragen die nüchternste Bezeichnung, nämlich die Nummer 2602 im Index Catalog, einem Verzeichnis von Sternhaufen und Nebeln. In einer Entfernung von 700 Lichtjahren stehen sie der Erde astronomisch sehr nahe.

M 7 im Skorpion gehört ebenfalls zu den offenen Sternhaufen. Er leuchtet in einer besonders sternreichen Gegend als kleiner verwa-

schener Fleck vor dem leuchtenden Band der Milchstraße. Etwa 60 Sterne versammeln sich hier in einer Entfernung von 780 Lichtjahren. Der Sternhaufen wurde von dem französischen Astronomen Charles Messier im Frühjahr 1746 als siebtes und südlichstes Objekt in seinen Katalog aufgenommen.

Omega Centauri im Sternbild Zentaur ist der hellste aller Kugelsternhaufen. Dass man ihn trotz einer Entfernung von 15.000 Lichtjahren noch gut als sternähnliches Nebelfleckchen sehen kann, zeigt die große Leuchtkraft seiner Sterne. Die Gesamtzahl

seiner Mitglieder wird auf 100.000 geschätzt. Kugelsternhaufen wie Omega Centauri spielen in der Astronomie eine große Rolle bei der Altersbestimmung von Sternen. Da alle Sterne des Haufens zusammen entstanden sein müssen, bieten sie ein genaues Bild über den Entwicklungszustand verschiedener Sterne nach Ablauf einer bestimmten Zeit. Das Alter von Omega Centauri hat man so auf etwa 8–10 Milliarden Jahre bestimmt.

Supernova

Zu den spektakulärsten, leider auch seltensten Erscheinungen am Sternenhimmel gehören sicher die Supernovae. Plötzlich leuchtet ein Stern auf, wird ungeheuer hell und überstrahlt für Wochen und Monate alle anderen Fixsterne. Im letzten Jahrtausend ließen sich nur sechs Supernovae mit dem bloßen Auge sehen, 1006 im Sternbild Wolf (→ Seite 96, 97), 1054 im Stier, 1181 und 1572 in der Cassiopeia (→ Seite 28, 29), 1604 im Schlangenträger (→ Seite 66, 67) und 1987 in der Großen Magellan'schen Wolke (→ Seite 136). Mit Teleskopen hat man allerdings in fernen Galaxien (→ Seite 132) etwa 400 weitere Supernovae entdeckt. Supernovae wurden auch als neue Sterne (lat. Nova → Seite 143) bezeichnet, doch sind sie auch schon vorher als viel leuchtschwächere, unscheinbare Sterne vorhanden. Doch in wenigen Wochen erzeugt ein solcher Stern plötzlich eine Energie, die unsere Sonne in mehreren Milliarden Jahren produziert, seine äußeren Teile werden förmlich zerrissen und ergießen sich mit hoher Geschwindigkeit ins All. Man vermutet daher, dass die Supernova-Erscheinung das Ende, das Sterben eines besonders schweren Sterns markiert. Wenn ein Stern alle Möglichkeiten, Energie zu erzeugen, erschöpft hat, bricht er schließlich in sich zusammen. Bei diesem blitzartigen Zusammenbruch der innersten Teile werden unvorstellbare Energiemengen freigesetzt. Die innersten Teile ergeben einen Neutronenstern, die äußeren werden zu Gasnebeln, bereichern also die Materie zwischen den Sternen, aus der später wieder

neue Sterne werden können. Aber nicht alle Sterne enden so. Kleinere wie etwa die Sonne erlöschen weit weniger spektakulär.

Noch sind viele Fragen bei dem Phänomen der Supernovae ungeklärt, die man zum Teil durch intensive Beobachtungen der nächsten Supernova, die von Astronomen sehnlichst erwartet wird, zu lösen hofft. Ein Aspekt aber scheint besonders faszinierend. Die große Energie einer Supernova setzt aus dem Inneren des sterbenden Sterns verschiedene Elemente frei, die dort in Millionen von Jahren entstanden, und bildet während der Explosion selbst neue: Kohlenstoff, Sauerstoff, Stickstoff, Metalle wie Eisen, Nickel und Kobalt. Alle Elemente außer dem Wasserstoff, aus dem sich die Materie im All auch heute noch zu

über 90% zusammensetzt, wurden vor langer Zeit bei Supernova-Explosionen herausgeschleudert, Elemente, die die Grundlage des Lebens bilden. Wir alle verdanken unsere Existenz den Supernovae der vergangenen Jahrmilliarden.

Venus

Die römische Göttin der Liebe stand Patin für den zweiten Planeten der Sonne. Die Venus kommt der Erde von allen Planeten am nächsten, sodass sie sehr hell am Himmel leuchtet – entweder als Abendstern im Westen nach Sonnenuntergang oder als Morgenstern im Osten vor Sonnenaufgang.

Die moderne Astronomie hat allerdings gezeigt, dass die Zustände auf der Oberfläche des Planeten nicht unbedingt dem Bild einer Liebesgöttin entsprechen. Die Venus ist eine Gluthölle. An der mit riesigen Lavafeldern bedeckten Oberfläche herrscht nämlich eine Temperatur zwischen 400 und 500 Grad Celsius – genug, um Blei zu schmelzen, und die dichte Kohlendioxidatmosphäre lastet mit etwa dem 90fachen irdischen Luftdruck auf der Landschaft. Schwefelsäure regnet aus den Wolken. Raumsonden, die durch dieses Inferno zum Venusboden sanken, hielten nur wenige Stunden stand.

Die Atmosphäre der Venus ist so undurchsichtig und dicht,

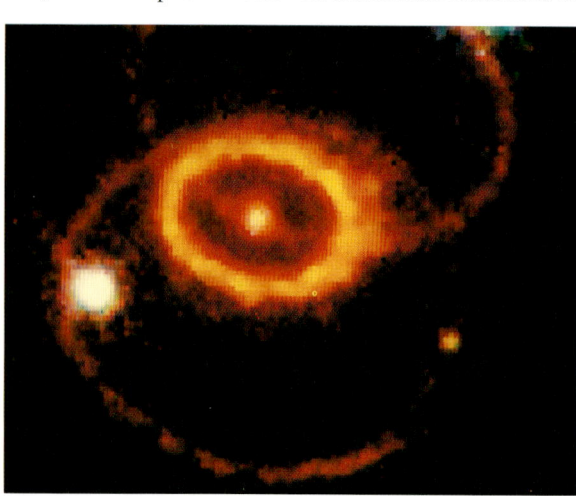

Die Supernova 1987 A.

V

dass noch niemand einen Blick auf die Oberfläche der Venus werfen konnte. Erst seit dem Jahre 1990 sind nähere Aufschlüsse möglich. Am 10. August 1990 schwenkte die amerikanische Raumsonde Magellan in eine Umlaufbahn um die Venus ein und begann, die Oberfläche mit einem Radarstrahl abzutasten. Im Laufe mehrerer Jahre entstand so eine indirekte Karte der Venusoberfläche, auf der Krater und zwei große Hochlandregionen zu sehen sind. Mächtige Vulkane zeigen, dass die Venus stark von Vulkanismus geprägt ist und große Lavamassen einst die Oberfläche überfluteten.

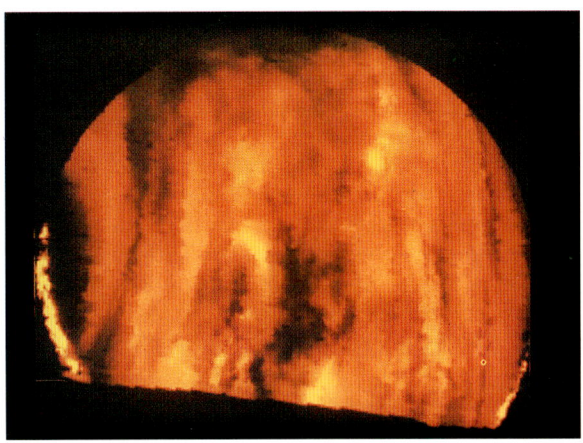

Die Venus im UV-Licht aus 114 Millionen km Entfernung.

Steckbrief der Venus

Entfernung zur Sonne:	108,2 Mill. km
Umlaufzeit:	224 Tage
Durchmesser:	12.104 km
Rotation:	243 Tage
Masse:	0,81 Erdmassen

Veränderliche Sterne

Viele Fixsterne strahlen nicht immer mit der gleichen Helligkeit. Sie verändern ihre Leuchtkraft im Zeitraum von mehreren Stunden bis zu mehreren Jahren, meistens mit einer so genannten Periode von einem bis zu 100 Tagen. Bei manchen dieser veränderlichen Sterne schwankt die Helligkeit eher regelmäßig, bei manchen aber ohne klar erkennbare Gesetzmäßigkeit.

Zwei Gründe gibt es für dieses Auf und Ab der Helligkeit. Entweder verändern sich die physikalischen Daten des Sterns, er wird etwa größer oder kleiner, seine Oberflächentemperatur steigt und sinkt – oder er wird, wie die Sonne bei einer Sonnenfinsternis vom Mond, von einem anderen Stern bedeckt, der, genau in der Linie heller Stern – Erde stehend, das Licht für einige Zeit verschluckt. Die erste Gruppe nennt man physisch veränderliche Sterne. Der berühmteste Stern dieser Art ist die Mira im Sternbild Walfisch (→ Seite 74, 141). Die zweite Gruppe heißt Bedeckungsveränderliche. Ihr berühmtester Vertreter ist der Stern Algol, der Teufelsstern im Sternbild Perseus (→ Seite 30, 31, 128). Die Bedeckungsveränderlichen könnte man auch als eine Untergruppe der spektroskopischen Doppelsterne (→ Seite 130, 131) bezeichnen. Sie verraten sich aber nicht nur durch charakteristische Veränderungen im Spektrum, sondern durch die Lage ihrer Bahn zur Erde, auf der sie sich gegenseitig bedecken können. Außer Mira und Algol erscheinen daher in den Sternkarten:

Delta Cephei im Cepheus. Obwohl wegen seiner Helligkeit schon den Astronomen des Altertums bekannt, wurde die schwankende Helligkeit dieses Sterns erst im Jahre 1784 von dem Engländer Goodricke entdeckt. Dies ist erstaunlich, weil der Helligkeitswechsel von Delta Cephei mit bloßem Auge zu sehen ist, ebenso wie der von Algol. Delta Cephei gehört zu den besonders großen Sternen, zu den »Überriesen«; er leuchtet 3300-mal heller als die Sonne. In 5 Tagen, 8 Stunden und 40 Minuten ändert er

V–Z

außerordentlich regelmäßig seine Helligkeit, indem er sich ausdehnt und zusammenzieht und seinen Durchmesser um 6% verkleinert und vergrößert. Dadurch sinken oder steigen sowohl die Temperatur an seiner Oberfläche als auch die strahlende Oberfläche selbst und damit natürlich die Helligkeit. Delta Cephei gehört daher zu den physisch veränderlichen Sternen. Er ist ca. 1200 Lichtjahre von der Erde entfernt.

L 2 Puppis im Hinterdeck des Schiffes ist ebenfalls ein physisch veränderlicher Stern. Er ähnelt der Mira (→ Seite 141). Seine Helligkeit schwankt mit einer Periode von 141 Tagen. In 200 Lichtjahren Entfernung strahlt er im Mittel 200-mal heller als die Sonne.

Epsilon Aurigae im Fuhrmann ist ein Bedeckungsveränderlicher, eines der rätselhaftesten Sternsysteme des Himmels. Er hat die längste Periode aller bekannten Bedeckungssterne – nämlich 9885 Tage. Seine Helligkeit schwankt also in einem Rhythmus von rund 27 Jahren! Während der Hauptstern von Epsilon Aurigae gut bekannt ist (1900 Lichtjahre entfernt, 60.000-mal heller als die Sonne), bildet der Begleiter ein überaus mysteriöses Objekt. Bis heute konnte keine Spur von ihm entdeckt werden, obwohl er in der Lage ist, den gigantischen Hauptstern von 100fachem

Sonnendurchmesser für zwei Jahre zu bedecken – so lange dauert der Helligkeitstiefpunkt, das Bedeckungsminimum. Der Begleiter muss daher mindestens 1500-, vielleicht sogar 3000-mal größer sein als die Sonne, größer als jeder bisher bekannte Stern. Man vermutet heute eher, dass es sich bei dem Begleiter um einen heißen, noch jungen Stern handelt, den eine große Gas- und Staubwolke einhüllt, aus der er geboren wurde und die noch so undurchsichtig ist, dass sie das Licht des Hauptsterns für mehr als zwei Jahre abschwächen kann. Die nächste Bedeckung von Epsilon Aurigae wird für die Jahre 2009 bis 2011 erwartet.

Wega

Der hellste Stern im Sternbild Leier und gleichzeitig hellster des Sommerdreiecks gehört zu den Sternen, die physikalisch wenig zu bieten haben, geschichtlich aber umso interessanter sind. Nähere Informationen zur Wega lauten kurz: Entfernung: 25 Lichtjahre, Durchmesser 3- und Masse 4-mal die Werte der Sonne. Wega leuchtet 45-mal heller als sie. Am 16. Juli 1850 wurde Wega als erster Stern in der Geschichte der Astronomie fotografiert. 100 Sekunden dauerte die Belichtung mit Hilfe der gerade erfundenen Daguerreotypie auf der amerikanischen Harvard-Sternwarte. Vor etwa 12.000 Jahren stand der Nordpol des Himmels, der sich langsam in einem großen Kreis bewegt, bei der Wega (→ Seite 42, 43). Der heutige Polarstern erfüllt seine Funktion allerdings besser, denn Wega blieb 9-mal weiter vom Pol entfernt als er.

Zodiakallicht

Unter sehr guten Sichtbarkeitsbedingungen und ohne störende Lichteinflüsse kann man gegen Ende der Dämmerung im Westen oder morgens zu Beginn der Dämmerung im Osten eine schmale Lichtpyramide entlang der Ekliptik sehen. Die Basis ist der Horizont: Die Spitze zeigt nach oben. Der zarte Lichtschimmer des Zodiakallichts lässt sich besonders gut sehen, wenn die Ekliptik steil zum Horizont verläuft, das heißt ganzjährig in den Tropen sowie in nördlichen höheren Breiten abends im Februar und März (→ Sternkarte N I/2 und N I/3). Das Zodiakallicht ist ähnlich hell wie die Milchstraße, sodass der helle Mond, etwa bei Vollmond, die Beobachtung erheblich stört. Ursache des Zodiakallichts sind Staubteilchen, die in der Ebene der Ekliptik um die Sonne kreisen und von ihr knapp unterhalb des Horizonts günstig angestrahlt werden. Sie werfen das Sonnenlicht dann auf die Erde zurück.

Planetarien und Sternwarten mit öffentlichen Führungen

Aachen
Sternwarte am Hangeweiher 23
Volkshochschule Aachen –
Sternwarte
Peterstraße 21–25
52062 Aachen
Tel.: 0241/47920
Internet: www.vhs-aachen.de

Augsburg
Sparkassen-Planetarium
Im Thäle 3 (Naturmuseum)
86152 Augsburg
Tel.: 0821/3246740
Internet: www.a-city.de/s-
planetarium

Basel
Astronomischer Verein
Venusstraße 7
CH-4102 Binningen
Tel.: 061/2055454

Bautzen
Sternwarte und Planetarium
Czornebohstraße 82
02625 Bautzen
Tel.: 03591/607126

Berlin
Archenhold-Sternwarte
Alt-Treptow 1
12435 Berlin
Tel.: 030/5348080
Internet: www.astw.de
Wilhelm-Foerster-Sternwarte e.V.
mit ZEISS-Planetarium am
Insulaner
Munsterdamm 90
12169 Berlin
Tel.: 030/790093-0
Internet: www.wfs.be.schule.de
ZEISS Großplanetarium
Prenzlauer Allee 80
10405 Berlin
Tel.: 030/42184512
Internet: www.astw.de

Bochum
ZEISS Planetarium
Castroper Straße 67
44777 Bochum
Tel.: 0234/51606-0
Internet: www.planetarium-
bochum.de

Bonn
Volkssternwarte Bonn e.V.
Poppelsdorfer Allee 47
53115 Bonn
Tel.: 0228/222270
Internet: www.volkssternwarte-
bonn.de

Braunschweig
Sternfreunde Braunschweig-
Hondelage e.V.
Ackerweg 1B
38108 Braunschweig
Tel.: 05309/1758

Bremen
Planetarium und Sternwarte der
OLBERS-Gesellschaft
Werderstraße 73
28199 Bremen
Tel.: 0421/5905-4824
Internet: www.fbw.hs-
bremen.de/~olbers

Duisburg
Rudolf-Römer-Sternwarte
Schwarzenberger Straße 147
47226 Duisburg-Rheinhausen
Tel.: 02065/75012

Erkrath
Planetarium »Stellarium
Erkrath« und Sternwarte
Neanderhöhe Hochdahl e.V.
Sedenthaler Straße 105
40699 Erkrath-Hochdahl
Tel.: 02104/947666
Internet: snh.rp-online.de

Frankfurt/Main
Volkssternwarte Frankfurt des
Physikalischen Vereins
Robert-Mayer-Straße 2–4
60054 Frankfurt/Main
Tel.: 069/704630
Internet: www.physikalischer-
verein.de

Freiburg
Volkssternwarte
Staudinger Straße 10
79115 Freiburg i. Br.
Tel.: 0761/46700

Halle/Saale
Raumflug-Planetarium
Preißnitzinsel 4a
06108 Halle/Saale
Tel.: 0345/8060317
Internet: www.planetarium.
halle-aktuell.de

Hamburg
Planetarium
Hindenburgstraße Ö1
22303 Hamburg
Tel.: O40/514985-0

Hannover
Planetarium der Bismarckschule
An der Bismarckschule 5
30173 Hannover
Tel.: 0511/16843456
Volkssternwarte Geschw.
Herschel Hannover e.V.
Am Lindener Berge 27
30449 Hannover
Tel.: 0511/456290
Internet:
www.volkssternwarte.de

Heidelberg
Landessternwarte
Königstuhl
69117 Heidelberg
Tel.: 06221/5090
Internet: www.lsw.uni-
heidelberg.de

Jena
ZEISS-Planetarium der Ernst-
Abbe-Stiftung
Am Planetarium 5
07743 Jena
Tel.: 03641/885488
Internet: www.planetarium-
jena.de

Klagenfurt
Volkssternwarte Kreuzbergl
Raumflug-Planetarium
Villacher Straße 239
A-9020 Klagenfurt
Tel.: 0463/21700
Internet:
www.buk.ktn.gv.at/sterne/
avk.htm

Planetarien und Sternwarten mit öffentlichen Führungen

Köln
Sternwarte und Planetarium
Gymnasium Blücherstraße 17
50733 Köln
Tel.: 0221/221-95448
Internet: www.uni-koeln.de
Volkssternwarte
Nikolausstraße 55
50937 Köln
Tel.: 0221/415467
Internet: www.Volkssternwarte-Koeln.de

Linz
Johannes Kepler Sternwarte
Sternwarteweg 5
A-4020 Linz
Tel.: 0732/674042
Internet: www.sternwarte.at

Luzern
ZEISS Planetarium Longines
Lidostraße 5
CH-6006 Luzern
Tel.: 041/3704444
Internet: www.verkehrshaus.org

Mainz
Volkssternwarte
Karmeliterplatz 1
55116 Mainz
Tel.: 06131/2625-110
Internet: www.vhs-Mainz.de

Mannheim
Planetarium
Wilhelm-Varnholt-Allee 1
68165 Mannheim
Tel.: 0621/415692

München
Bayrische Volkssternwarte
München e.V.
Rosenheimer Straße 145 h
81671 München
Tel.: 089/406239
Internet: www.sternwarte-muenchen.de
ZEISS-Planetarium im
Deutschen Museum
Museumsinsel 1
80538 München
Tel.: 089/2179-1
Internet: www.DEUTSCHES-MUSEUM.DE

Münster
Planetarium im Naturkunde-museum
Sentruper Straße 285
48161 Münster
Tel.: 0251/591-05
Internet: www.lwl.org/natur kundemuseum

Nürnberg
Nicolaus-Copernicus-Planetarium
Am Plärrer 41
90317 Nürnberg
Tel.: 0911/265467
Internet: www.planetarium-nuernberg.de

Osnabrück
Planetarium im Museum
Am Schölerberg 8
49082 Osnabrück
Tel.: 0541/560030
Internet: www.osnabrück.de

Recklinghausen
Westfälische Volkssternwarte
und Planetarium
Stadtgarten 6
45657 Recklinghausen
Tel.: 02361/23134
Internet: home.t-online.de/home/Sternwarte.RE

Stuttgart
Carl-Zeiss-Planetarium
Mittlerer Schlossgarten
Willy-Brandt-Straße 25
70173 Stuttgart
Tel.: 0711/1629215
Internet: www.s.shuttle.de/planetarium
Sternwarte Welzheim des Carl-Zeiss-Planetariums Stuttgart
Tel.: 07182/4284
Schwäbische Sternwarte e.V.
Zur Uhlandshöhe 41
70188 Stuttgart
Tel.: 0711/281871
Internet: www.Sternwarte.de

Welzheim siehe Stuttgart

Wien
Planetarium
Oswald-Thomas-Platz 1
A-1020 Wien
Tel.: 01/72954940
Internet: members.ping.at/sonne
URANIA-Sternwarte
Uraniastraße 1
A-1010 Wien
Tel.: 01/72954940
Internet: members.ping.at/sonne

Wolfsburg
Planetarium
Uhlandweg 2
38440 Wolfsburg
Tel.: 05361/21939

Würzburg
Sternwarte der Universität
Johannes-Kepler-Straße
97074 Würzburg
Tel.: 0931/73020

Zürich
URANIA-Sternwarte
Uraniastraße 9
CH-8001 Zürich
Tel.: 01/2116523
Internet: urania.astronomie.ch

Register

Register

Register/Impressum

Foto auf der nachfolgenden Seite: Sternspuren um den nördlichen Himmelspol.

© (Der überarbeiteten Auflage) 2000 Graefe und Unzer Verlag GmbH, München
Alle Rechte vorbehalten. Nachdruck, auch auszugsweise, sowie Verbreitung durch Film, Funk und Fernsehen, durch fotomechanische Wiedergabe, Tonträger und Datenverarbeitungssysteme jeder Art nur mit schriftlicher Genehmigung des Verlages.

Fotos auf dem Umschlag
Rückseite: oben: M17 Omeganebel (links), M8 Lagunennebel (rechts); Mitte: totale Mondfinsternis; unten: Galaxie NGC 253 im Sternbild des Bildhauers. Rückseite innen: Die große Magellan'sche Wolke, das schönste Objekt des Südhimmels. Vorderseite innen: Der blaue Planet Erde und Jupiter, der Riese im Sonnensystem (Fotomontage).

Fotoquellen
Arbeitsgemeinschaft ASTROPHOTO, Alt, Brodkorb, Rihm, Rusche: S. 5, 24, 25 links, 146, Umschlag hinten innen; Döring: S. 109; Hudel: S. 110 links und rechts; Europäische Südsternwarte ESO: S. 151; Nasa/Baader Planetarium: 137; NASA/JPL: Umschlag vorne innen, S. 2/3, S. 6/7, 134 oben und unten, 136, 147, 153; NASA/STSCI: S. 17 links, Mitte, rechts, 133, 148, 152; SAG/US Naval Observer: 26, 52, 78; Slawik: 135; TREUGESELL Verlag: S. 10, 18, 25 rechts, 140, 160.

Wissenschaftliche Beratung
Dipl. Phys. Rahlf Hansen; Planetenpositionen: Hartwig Lüthen.

Sternkarten und Grafiken
Wil Tirion.

Sternbildkarten
Aus »Johannis Hevelii uranographia totum zoelum stellatum« Danzig, 1690; (Neudruck: Taschkent 1978)

Autorenbiographie
Dr. Joachim Ekrutt, langjähriger Mitarbeiter des Hamburger Planetariums, Mitarbeiter der Zeitschriften »Stern« und »GEO«, Autor des ersten Bildsachbuches über die Sonne und des GU-Kompasses »Sterne«.

Lektorat: Anne Leopold, Ulrike Pichler
Produktion: Ute Hausleiter
Umschlaggestaltung: Independent Medien-Design
Satz: Johannes Kojer
Druck und Bindung: Stürtz

ISBN: 3-7742-1788-2

Auflage: 4. 3. 2. 1.
Jahr: 03 02 01 00

Das Original mit Garantie

Ihre Meinung ist uns wichtig. Deshalb möchten wir Ihre Kritik, gerne aber auch Ihr Lob erfahren. Um als führender Ratgeberverlag für Sie noch besser zu werden. Darum: Schreiben Sie uns! Wir freuen uns auf Ihre Post und wünschen Ihnen viel Spaß mit Ihrem GU-Ratgeber.

Unsere Garantie: Sollte ein GU-Ratgeber einmal nicht Ihren Vorstellungen entsprechen und einen Fehler enthalten, schicken Sie uns bitte das Buch mit einem kleinen Hinweis und der Quittung innerhalb von sechs Monaten nach dem Kauf zurück. Wir tauschen Ihnen den GU-Ratgeber gegen einen anderen zum gleichen oder ähnlichen Thema um.

Ihr Gräfe und Unzer Verlag
Redaktion Natur
Postfach 86 03 25
81630 München
Fax: 089/41981-113
e-mail: leserservice@ graefe-und-unzer.de

C2215 90
8002

6,95